RÜBENSIRUP

SEINE HERSTELLUNG, BEURTEILUNG UND VERWENDUNG

VON

BERTHOLD BLOCK

OBERINGENIEUR, BERLIN-CHARLOTTENBURG

MIT 71 ABBILDUNGEN IM TEXT
UND AUF EINER TAFEL

Springer-Verlag Berlin Heidelberg GmbH

1920

ISBN 978-3-662-33463-8   ISBN 978-3-662-33861-2 (eBook)
DOI 10.1007/978-3-662-33861-2

Druck
der Spamerschen
Buchdruckerei in Leipzig

Vorwort.

Viele werden sich noch des Sirups erinnern, der uns als Kindern ein hoch-
willkommener Brotaufstrich war. Die Nachfrage nahm mehr zu als die Erzeugung, so daß man ihn immer seltener zu sehen bekam. Die bestehenden
Fabriken konnten nur kleine Bezirke befriedigen, denn er wird in größerer
Menge nur im Rheinland, in Schlesien und in der Gegend des Harzes hergestellt. In den Zuckerfabriken wird als wertvolles Nahrungsmittel Rübenzucker in großer Menge erzeugt, der zum Süßen der Speisen und Getränke
vorteilhafte Verwendung findet und auch seinen Wert a's Süßstoff und Nahrungsmittel gegenüber Saccharin u. dgl. einwandsfrei bewiesen hat. In seiner
krystallinischen Form stellt der Zucker einen konzentrierten, unbedingt
haltbaren Nährstoff dar. Er ist in dieser Form aber nicht als Brotaufstrich
unmittelbar geeignet; auch nicht in sirupartiger Auflösung, weil er dann einen
zu unbestimmten Geschmack besitzt und zu stark süßt. Vor allen Dingen
ist er bei einem Wassergehalt von etwa 20 Proz., wie er höchstens für einen
gut streichbaren Sirup zulässig ist, nicht in gleichmäßiger Lösung zu erhalten, weil sich Kristalle ausscheiden. Zuckerlösungen mit etwa 35 bis
40 Proz. Wassergehalt, bei denen Auskrystallisation nicht erfolgt, sind zu dünnflüssig. Der Rübenzucker wird deshalb durch Säuren in Invertzucker umgewandelt, mit aromatischen Zusätzen versehen und als Kunsthonig in den
Handel gebracht. Ferner dient er zur Herstellung der Marmeladen. Hierzu
ist aber Obst notwendig, welches uns nicht immer in hinreichender Menge
zur Verfügung steht, so daß hiermit unser Bedarf an Aufstrichmitteln nicht
gedeckt werden kann.

Man kann nun aus den Zuckerrüben unmittelbar einen guten, schmackhaften Speisesirup herstellen, der eine wertvolle Bereicherung unserer Auswahl an Aufstrichmitteln darstellt und eine angenehme Abwechslung ermöglicht. Die Eintönigkeit der Ernährung ist ebenso schädlich wie die ungenügende. In vielen Gegenden ist der Rübensirup deshalb fest eingebürgert,
auch deshalb, weil er infolge seiner Billigkeit die immer teurer werdende
Lebenshaltung wesentlich erleichtert.

Die Herstellung des Rübensirups lag abseits vom Wege der Großindustrie,
sie erfolgte meistens in Kleinbetrieben. Solche schöne Fabriken wie die
von Fr. Fudickar, Rommerskirchen, Rheinl. (Fig. 1), findet man nur
selten. Im Jahre 1918 wurde in etwas über 500 Betrieben Rübensirup hergestellt. Von diesen erzeugten:

315 Betriebe jährlich bis 2 500 kg Rübensirup
 50   ,,   ,,   ,,   5 000 ,,   ,,
100   ,   ,,   ., 50 000 ,,   ,,
 10   ,,   ,,   ,, 100 000 ,,   ,,
 15   ,,   ,,   ,, 300 000 ,,   ,,
  5   ,,   ,,   ,, 500 000 ,,   ,,
 10   ,,   ,,   ,, 2 250 000 ,,   ,,

Nur wenige Verbesserungen und Erfahrungen sind deshalb bekanntgeworden. Kleinere Betriebe arbeiten unverändert in der alten üblichen Weise fort, größere halten aus Wettbewerbsrücksichten mit Angaben vollständig zurück. Es gibt deshalb auch noch keine einheitliche Arbeitswe:se, wie z. B. in den Zuckerfabriken, die fast wie ein Ei dem andern gleichen und darum auch ihre Erfahrungen in weitestgehendem Maße gegenseitig austauschen. Es fehlt ein Buch über die Herstellung des Rübensirups, und deshalb habe ich es unternommen, das bisher Bekanntgewordene zusammenzustellen und zu bearbeiten. Ich mußte hierbei auch auf die kleinsten Betriebe eingehen, die bemüht bleiben müssen, mit einfachsten Hilfsmitteln auszukommen. Größere Kreise sollen durch dieses Buch mit dem Rübensirup bekannt gemacht werden, so daß er eine weitere Ausbreitung findet. Mit der Ausbreitung der Rübensirupherstellung wird aber auch eine wesentliche Erzeugnissteigerung der Landwirtschaft erreicht, denn die Zuckerrübe ermöglicht, wie keine andere Pflanze, die Gewinnung von Nahrungs- und Futtermitteln zu erhöhen. Die verschiedenen Untersuchungen, Analysen und sonstigen Angaben zur Beurteilung des Rübensirups sind angeführt, um zu seiner Verbesserung und zur Erkennung von Verfälschungen dienen und Sirup von gleichmäßiger Güte liefern zu können, wie ihn der Kaufmann ver!angt.

Es fehlt noch manches, vieles ist unvollkommen, trotzdem dürfte dies Buch doch nützlich sein. Hoffentlich gibt es auch Veranlassung, daß auf diesem Gebiete weitere Untersuchungen und Erfahrungen bekanntgegeben werden, zum Vorteil des Einzelnen, zum Nutzen der Allgemeinheit.

Berthold Block.

Fig. 1. Gesamtansicht einer großen Rübensirupfabrik.

Inhalt.

A. Allgemeines.

1. Begriffsbestimmung, Geschmack und Name.

Unter „echtem Rübensirup" versteht man den eingedickten Saft der Zuckerrübe, ohne deren Pflanzenfasern und ohne jeden nachträglichen Zusatz. Seine sämtlichen Bestandteile sollen nur aus dem ursprünglichen Rohstoff, der Zuckerrübe, bestehen. Von der Marmelade, dem Mus, unter scheidet er sich demnach dadurch, daß er Pflanzenfasern nicht enthält, vom Gelee dadurch, daß dieses beim Erkalten fest, dagegen der Rübensirup eine zähflüssige, extraktartige Beschaffenheit beibehält.

Der Rübensirup hat einen angenehmen, aber eigenartigen, wohl an Rüben oder Malz erinnernden Geschmack, und wird von Erwachsenen, besonders aber von Kindern, gern genossen. Auch von Großstadtkindern, deren Geschmack, durch die verschiedenartigsten Leckereien verwöhnt, schon höhere Anforderungen stellt.

Je nach der Gegend wechselt die Benennung. Im Rheinland wird der Rübensirup als „Rübenkraut", Rübenkreude, auch Kreide bezeichnet; in Schlesien lediglich als „Saft" und in der Gegend des Harzes als „Sirup". Die im Kriege 1914/18 gegründete deutsche Kriegs-Rübensaftgesellschaft (K. R. G.) verteilte ihn anfangs unter der Bezeichnung „Rübensaft" und später, als auch zuckerreiche Futterrüben verarbeitet wurden, zur deutlicheren Unterscheidung als „Zuckerrübensaft". Unter „Saft" versteht man aber nach dem Sprachgebrauch den natürlichen Saft aus den Früchten und Pflanzen, während es sich doch hier um eingedickten „Sirup" handelt, also nur dieser Gattungsname der richtige ist. In den Frachttarifen der deutschen Eisenbahnen wird er amtlich als „Rübenspeisesirup" bezeichnet. Für den allgemeinen Sprachgebrauch ist dies Wort meines Erachtens zu lang, ich wähle deshalb die geläufigere Bezeichnung „Rübensirup".

2. Die Wirkung auf den Rübenbau.

Die Herstellung des Rübensirups setzt sich zusammen aus dem Waschen, Dämpfen, Schälen und Zerquetschen der Rüben, dem Pressen des Breies, Reinigen und Eindicken des Preßsaftes. Diese Arbeitsweise ist wesentlich einfacher als die der Rübenzuckerfabrik. Nur große, mit teueren Einrichtungen versehene Zuckerfabriken können wirtschaftlich Rübenzucker herstellen. Kleine Fabriken haben einen größeren Kohlenverbrauch, verhältnismäßig größeren Aufwand an Löhnen und Unkosten, so daß im allgemeinen Zuckerfabriken unter einer täglichen Verarbeitung von 500 t (10 000 Ctr.) Rüben, das sind stündlich etwa 21 000 kg, nicht mehr wettbewerbsfähig sind gegen Fabriken, die täglich bis 2500 t (50 000 Ctr.) und mehr verarbeiten. Deshalb verschwinden die Rübenzuckerfabriken auch aus Gegenden, in denen wohl ein guter Rübenboden vorhanden ist, aber doch nicht in solcher Ausdehnung, daß große Fabriken die für ihre Verarbeitung nötige Menge anbauen lassen können. Hohe Transportkosten sind für die Rüben ungünstig. So mußte z. B. die Zuckerfabrik Eckersdorf ihren Betrieb einstellen, weil sie mitten im Glatzer Gebirge, wohl an fruchtbaren, aber schmalen, langgestreckten Tälern lag. Die Zuckerfabriken Uslar, Göttingen, Hünfeld und Rittmarshausen konnten dauerndem Wettbewerb nicht widerstehen, infolge ihrer Lage in den geologisch ungünstigen Gebieten des Oberlaufes der Leine mit ihren Nebenflüssen und Nachbargebieten, die von unfruchtbaren Buntsandstein- und Muschelkalkgebirgen umschlossen sind. Ebenso Ahrensbök und Oldesloe (bei Lübeck), Stockheim (Oberhessen), eingeschlossen von den zerklüfteten Basalt-Zechsteinausläufern des Vogelsberg, Gotha an den Kalksteinausläufern des Thüringer Waldes, Altshausen (Württemberg) im Moränengebiet der Schwäbischen Hochebene. Diesen und anderen Fabriken ist es durch ihre Lage in den geologischen Randgebieten, zwischen fruchtbarem und unfruchtbarem Boden, nicht möglich, den für ihren wirtschaftlichen Betrieb notwendigen Bedarf an Rüben zu decken. Sie sind eingegangen, und mit ihnen zum Teil auch der Rübenbau, sehr zum Schaden der Gegend und der Landwirtschaft. Die nebenstehende Karte (Fig. 2) zeigt die Verteilung der Zuckerfabriken ○ neben den Rübensirupfabriken ● und somit die Verteilung des Rübenbaues in Deutschland und den Grenzländern.

Hier auf solchen Vorpostenstellungen würden die Rübensirupfabriken mit ihrem kleineren Bedarf an Zuckerrüben am Platze sein. Sie würden für weitere Ausdehnung des Rübenanbaues sorgen und meiner Ansicht nach nicht als schädliche Wettbewerber den Zuckerfabriken gegenüber auftreten, sondern nützliche Pionierarbeit leisten. So hat sich im Rheinland der Bestand der vorhandenen 10 Zuckerfabriken seit mehr als 15 Jahren nicht geändert, aber die Anbaufläche hat von 1500 ha Rübenland auf 2000 ha zugenommen. Trotzdem, oder gerade weil die Rübensirupherstellung (Kraut) dort eine so große Ausdehnung gefunden hat.

Im großen Gebiet Bayerns hat bisher nur eine einzige Zuckerfabrik (Regensburg) genügend Zuckerrüben in transportgünstiger Lage gefunden. Ob die jetzt gegründeten Zuckerfabriken Würzburg und Ochsenfurt im weinbebauten, von Muschelkalk umschlossenen Maintal plötzlich genügend Rüben für eine große Fabrik finden, muß abgewartet werden, nachdem sich Hattersheim im Weingebiet nicht hielt. Daß es auch im Ausland ähnliche Gebiete gibt, z. B. Aarberg in der Schweiz, sei nur nebenbei erwähnt.

Hier dürfte die Herstellung von Rübensirup vorteilhaft sein. Auch bei kleinen Verarbeitungsmengen ist seine Wirtschaftlichkeit sicher, auch dort, wo nur wenige 100 Ctr. Rüben zur Verfügung stehen. Die Einrichtung ist billig, einfach, ohne teures, geschultes Personal betriebsfähig.

Für die Landwirtschaft ist der Rübenbau von außerordentlicher Bedeutung. Der Zuckerrübenbau war aber bisher an die frachtgünstige Nähe von Zuckerfabriken gebunden. Trocknereien würden wohl die Verwertung als Viehfutter ermöglichen, ließen den Zucker jedoch als menschliches Nahrungsmittel verlorengehen. Nur wo der Landwirt mit gesicherter, preiswerter Abnahme der Rübenernte rechnen kann, wird er an deren Anbau denken können. Die Rübensirupfabrik scheint deshalb ganz besonders berufen, den Anbau der Zuckerrübe weiter auszubreiten. Zum Teil auch als Bahnbrecher, um den Anbau erst in kleinerem Umfange wirtschaftlich zu ermöglichen. Mit der Zunahme des Anbaues könnten dann, wenn das Bedürfnis hierfür vorliegt, die Zuckerfabriken auf sicherer Grundlage folgen.

Die Bedeutung des Zuckerrübenanbaues liegt nicht nur in der Erzeugung der Rübe als Rohstoff für die Herstellung von Zucker und Sirup, sondern auch in den großen Mengen von Futterstoffen (Blätter, Köpfe, Preßlinge).

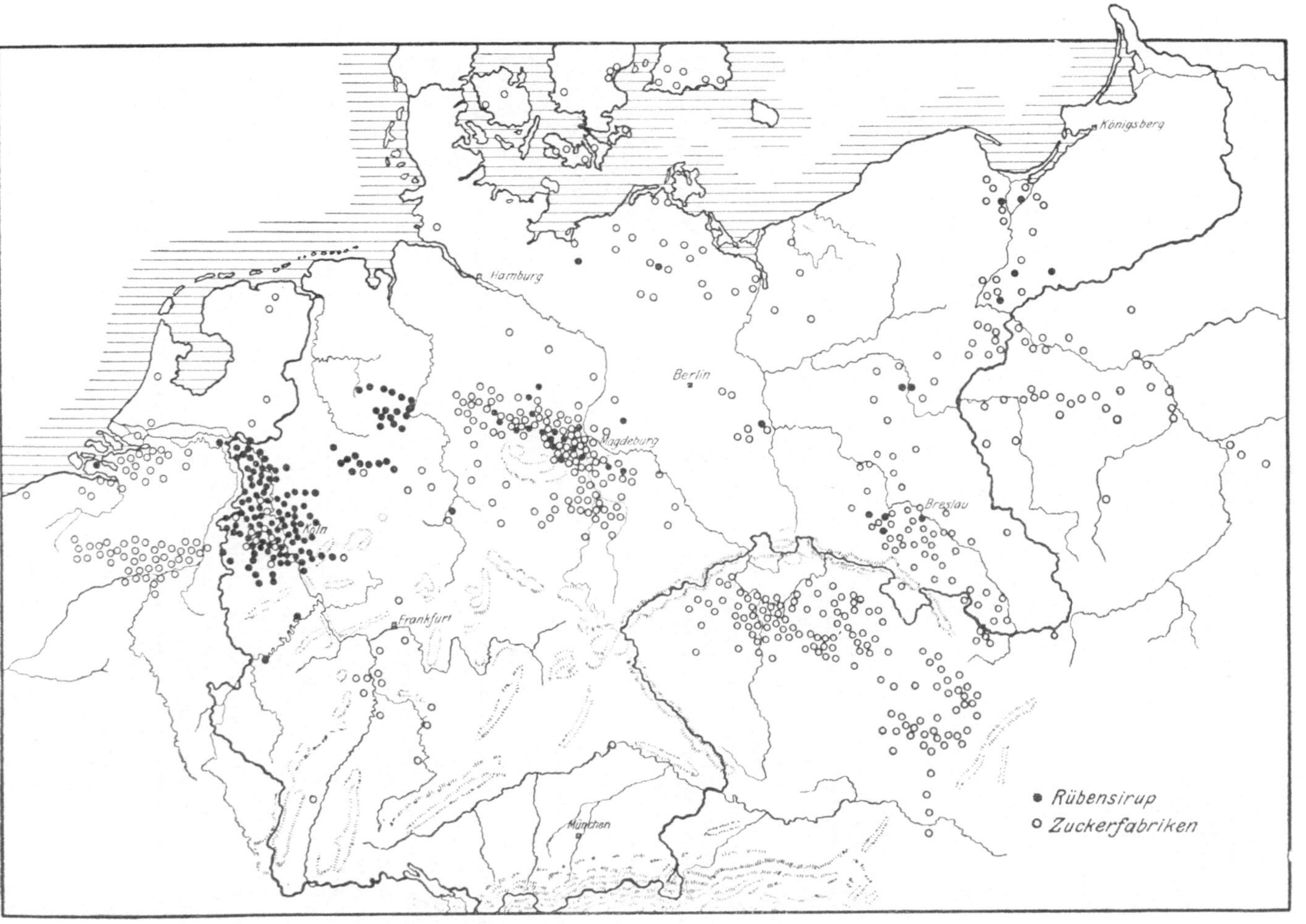

Fig. 2. Die Verteilung der Zucker- und Rübensirupfabriken in Deutschland und den Grenzländern

3. Der Rübensirup als Nahrungs- und Genußmittel.

In Wettbewerb steht der Rübensirup mit anderen süßen Brotaufstrichmitteln, so besonders mit Marmelade und Kunsthonig, und in neuerer Zeit mit Speisesirup, der unmittelbar aus dem „Dicksaft" der Rohzuckerfabriken gewonnen wird. Nach Zeitungsnachrichten (August 1917) wurden in Deutschland im Betriebsjahr 1916/17 280 000 t Marmelade, 120 000 t Kunsthonig und 20 000 t Rübensirup hergestellt. Im Betriebsjahr 1918/19 stieg die Erzeugung an Rübensirup auf 33 000 t. Norddeutschland, wo sich die billigen Seefrachten noch geltend machen, wurde vor 1914 von Amerika mit Maiszuckersirup überschwemmt.

Der Rübenzucker, der Hauptbestandteil des Rübensirups, ist als Kohlehydrat neben Eiweiß und Fett für unsern Körper die wichtigste Quelle der Lebenskraft. Die hochmolekularen, verwickelten chemischen Verbindungen zerfallen, nach der Nahrungsaufnahme, im menschlichen Körper zu einfacheren Verbindungen, wobei Energie frei wird. Diese kommt unserm Körper in Form von Muskelkraft, Nervenkraft, Wärme, Elektrizität u. dgl. zugute. In bezug auf die Energielieferung kann 1 g Eiweiß oder 0,5 g Fett durch 1 g Kohlehydrat (Zucker) ersetzt werden. In ihrer Verdaulichkeit sind aber nicht alle Kohlehydrate gleichwertig. Während die Stärke durch die Körperfermente erst in den für das Blut aufnahmefähigen Traubenzucker verwandelt werden muß, unterliegt Rohr- bzw. Rübenzucker sehr schnell der Aufnahme. Er wird im Magen und Darm in den vom Blut leicht aufnehmbaren Invertzucker verwandelt. Rübenzucker gehört somit schon zu den leicht verdaulichen Nährstoffen und deshalb auch ganz besonders der Rübensirup, in dem ein Teil des Rübenzuckers während seiner Herstellung in Invertzucker umgewandelt wurde, so daß unsere Verdauungsorgane durch ihn noch weniger belastet werden. Dabei ist der Zucker nicht nur Nahrungs-, sondern auch Genußmittel. Die Verdauungssäfte werden durch ihn zur vermehrten Ausscheidung veranlaßt und bewirken dadurch eine schnelle und bessere Aufnahme der eingeführten Nahrung. Besonders bei seiner Verwendung als Brotaufstrich macht sich dies günstig bemerkbar, indem Schwächliche durch seine Süßigkeit zur Aufnahme größerer Brotmengen angeregt werden. Außerdem dürften die aus der Rübe in den Sirup übergegangenen Salze, als Nährsalze, für die Blutbildung und den Knochenbau von nicht zu unterschätzender Bedeutung sein. Er stellt eben keine chemisch reine Zuckerlösung dar (wie z. B. der Kunsthonig), sondern einen zuckerreichen Nährsalzextrakt. Wenn aber Dr. med. *Wilhelm Winsch* (Archiv für physikalisch-diätische Therapie in der ärztlichen Praxis 1917, Nr. 3 und 4) schreibt: „Das einzig hochwertige Produkt aus der Zuckerrübe ist der Rübensaft, der allein an Stelle des Zuckers genossen werden sollte," so ist dies weit über das Ziel geschossen. Diese sogenannten „Ernährungsreformer" stehen auf dem Standpunkt, daß die nach *Rubner* allgemein verbreitete Ansicht, den Menschen als eine Wärmekraftmaschine anzusehen, in welcher die Nahrungsmittel verbrannt und in Arbeit umgewandelt werden (wie die Kohle unter dem Dampfkessel), einseitig ist, weil hierbei die ganze elektrolytische Wirkung der Säfte unberücksichtigt bleibt. Ohne Zweifel ist unser Blut als Salzlösung ein Elektrolyt, welcher nach Dr. *Georg Hirth* unsere Lebenstätigkeit elektrochemisch in Tätigkeit setzt. Diese Salzlösung braucht aber Betriebsstoffe, eben die Wärme liefernden Nahrungsmittel der *Rubner*schen Schule. Die „Reformer" stehen jetzt auf dem Standpunkt, daß der Zucker zu seiner unschädlichen Verbrennung im Körper notwendig als Ergänzung Natron und Kalk gebraucht. Der Zucker verbrennt im Körper zu Kohlensäure und Wasser. Die Kohlensäure ist ein giftiges Gas und muß sofort an Natron und Kalk gebunden werden, um ihre Giftwirkung zu verlieren. Wird daher durch die Nahrung nicht genügend Natron und Kalk zugeführt, so zieht die Kohlensäure diese Salze aus dem Körper heraus und macht ihn so allmählich immer mineralstoffärmer. Diese Mineralstoffarmut bildet dann die Veranlagung für Nervenschwäche, Blutarmut, Zahnfäule, Tuberkulose u. a. Sie bezeichnen daher den künstlichen Zucker als einen Nährsalzräuber. Ganz anders dagegen sei der Rübensirup, der zu dem Zucker auch noch die nötige Menge von Mineralstoffen bietet. Die Zuckerfabriken sind daher ihrer Meinung nach eine Stätte, von der eine immer mehr zunehmende Entartung des Volkes ausgeht, während die Rübensirupfabrik dem Volke ein durchaus vollwertiges und zuverlässiges Nahrungsmittel bietet.

Diese sind deshalb auch zu der Ansicht gekommen, daß, um eine weitere Schädigung der Volksgesundheit und eine Entartung des Gebisses zu verhüten, die Zuckererzeugung ganz verboten werden müßte. Sie vergessen dabei aber ganz, daß während der Kriegszeit uns der Zucker die wertvollen Fette ersetzt hat, und vergessen auch, daß die täglich verbrauchte Menge Zucker keinen so auslaugenden oder die Gesundheit schädigenden Einfluß ausüben kann, als wenn man z. B. mehrere Liter Wasser, schlechtes Bier oder dergleichen trinkt. Die Hauptnotwendigkeit ist, bei der Nahrungsaufnahme eine weise Abwechslung walten zu lassen, um dem Körper die verschiedensten Nähr- und Erhaltungsstoffe zuzuführen, damit er in der Lage ist, sich das herauszusuchen, was er zum Aufbau und zu seiner Erhaltung benötigt.

Die große Verdauungskraft des Magens wird dadurch erklärt (*F. Seeligmann*, Chem. Ztg. 1909, S. 360), daß Fette u. dgl. durch Bildung von Emulsionen, Schaum und Feinstverteilung (Dispersion) große Oberflächen bilden, die dem Magensaft schnellen Angriff gestatten. Während reiner Zucker nicht schaumfördernd ist, ist dies beim Rübensirup der Fall, so daß sich das beim Eindampfen unangenehm bemerkbar machende Schäumen eine die Verdauung begünstigende Eigenschaft ist.

Der Rübensirup besitzt, gegenüber reinen Zuckerlösungen (z. B. beim Essen sich auflösenden Kunsthonig), eine bedeutend geringere Oberflächenspannung, welche deren Aufnahme durch die Magen- und Darmwandungen beschleunigt. Der Oberflächenspannungsunterschied ist die treibende Kraft der Osmose, welche die Säfte in den Körper fördert. Die Richtung und Geschwindigkeit der Osmose ist in der Weise vom Unterschied der Oberflächenspannung abhängig, daß die Strömung nach der Richtung der größeren Oberflächenspannung erfolgt. Auch im tierischen Körper geht, nach *J. Traube* (Theorie des Haftdruckes, Biochem. Zeitschr. 1910, **24**, S. 323), meist die Strömung von der Flüssigkeit mit geringerer Oberflächenspannung zu der mit größerer. So vom Magen und Darm zum Blut, vom Blute zum Urin.

Der Rübensirup erfüllt infolge seiner zähen und doch glitschigen Beschaffenheit in hervorragender Weise die Anforderungen, die man besonders an die Aufstrichmittel stellt, indem sie das Kauen durch schmierende Wirkung erleichtern sollen.

Der Rübensirup hat darum und infolge seines niedrigen Preises die hohe Bedeutung eines Volksnahrungsmittels, das auch auf dem einfachen Tische die so notwendige Abwechslung an Brotaufstrich gestattet. Im Frühjahr 1919 kosteten nach den Höchstpreisen 1 kg Krystallzucker 1,08 Mk., Kunsthonig 1,60 Mk. und Rübensirup nur 1,12 Mk., trotzdem nachweislich die Rübensirupfabriken bei diesen Preisen ein recht gutes Auskommen fanden.

Merkwürdigerweise ist die Herstellung des Rübensirups nicht in allen rübenbauenden Gegenden bekannt. In Mitteldeutschland wird sie nur in einigen wenigen Saftfabriken geübt, teilweise auch in sogenannten Lohnpressereien, die ihre Presse gegen Tageslohn den Nachbarn zur Verfügung stellen, in größerer Zahl im Rheinland und Westfalen, in den sog. Krautfabriken, die auch Äpfel und Birnen verarbeiten. In Holland wird der Rübensirup (bietenstroop) weniger als Speisesirup verwendet, sondern meistens nur in den Obstkrautfabriken hergestellt (in der sog. Betuwe, Elst und Umgegend von Nymwegen) zum Vermischen mit Obstkraut. In Belgien wird er in ziemlicher Menge verbraucht, doch sind die Rübensirupfabriken nur klein, hauptsächlich auf dem Plateau von Hervé (Warenne, Jupille, Micheroux usw.), den Provinzen Lüttich, Limburg und Namur. Der Rübensirup wird dort ebenfalls hauptsächlich an Stelle von Zucker zum Süßen von Obstkraut verwendet. In Böhmen wird kein Rübensirup hergestellt, trotz des starken Rübenanbaues (s. Fig. 2); nur in Zeiten von Zuckermangel stellen die Bauern ihn für eigenen Bedarf her. In Schlesien dagegen erzeugt fast jeder Landwirt seinen eigenen Rübensirup. Das Sirupkochen (Saftkochen) ist in Schlesien bodenständig, es wird nach alten, wohlausgebildeten Regeln gehandhabt. Da bei der dort allgemein üblichen Arbeitsweise, mit den einfachen Hilfsmitteln, die Herstellung am besten erklärt werden kann, so will ich diese schlesische Art erst beschreiben, um dann in den anderen Abschnitten auf weitere Einzelheiten einzugehen.

4. Die Herstellung des Rübensirups in schlesischen Bauernwirtschaften.

Das Waschen der Zuckerrüben geschieht von Hand oder in kleinen Trommelwäschern, in denen auch andere Knollenfrüchte für die Herstellung von Viehfutter gewaschen werden. Fig. 3 zeigt eine Waschmaschine, deren Waschtrommel so eingerichtet ist, daß beim Rechtsdrehen die Rüben darin bleiben und gewaschen werden, während durch Linksdrehung die im Innern der Trommel angeordneten Schaufeln die gewaschenen Rüben hinten aus der Trommel heraus auf die Ablaufschurre werfen. In größeren Fabriken sind sie häufig als sog. Prozentwäschen zur Feststellung des Schmutzes (S. 18) an den gelieferten Rüben in Anwendung.

Fig. 3. Handwaschmaschine.

Die sorgfältig gewaschenen Rüben werden dann gebrüht, meistens in den vorhandenen Kartoffeldämpfern. Die kleineren Bauern haben oft auch nur gewöhnliche Kochkessel nach Art der Waschkessel, die mit direktem Feuer geheizt werden. Damit die Rüben durch das unmittelbare Feuer nicht anbrennen, wird in den Kessel ein gelochtes Blech gelegt, welches etwa 40 mm vom Kesselboden absteht. Der Kessel wird dann so weit mit Wasser angefüllt, daß dieses etwa 10 mm über dem Siebboden steht. Man kann damit rechnen, daß auf 100 kg Rüben etwa 15 l Wasser zugesetzt werden. Das Wasser wird in dem durch einen lose aufgelegten Deckel verschlossenen Kessel zum lebhaften Kochen gebracht. Das nach beendetem Kochen im Kessel zurückbleibende Brühwasser, etwa 10 bis 12 l auf 100 kg Rüben, schmeckt herb süß-salzig, sieht schmutzigbraun aus und reagiert auf Lackmuspapier sauer. Da es für Genußzwecke ungeeignet ist, wird es den Schweinen gegeben, die es infolge des süßen Geschmacks gern nehmen.

Besser als diese einfachen Kessel sind die sog. Viehfutterschnelldämpfer geeignet. Auch bei diesen gießt man vor dem Feueranzünden nur so viel Wasser in den Kessel, daß der Einsatzboden bedeckt ist. Das Brühen dauert etwa 3 Stunden. Die Rüben müssen vollständig weich sein. Man überzeugt sich davon, indem man mit einem Messer in die Rüben sticht, ganz so, wie wenn man sich vom Garkochen der Kartoffeln überzeugt.

Die gargebrühten Rüben werden von der Schale durch Abschälen befreit. Da dies von Hand geschieht und das Anfassen der heißen Rüben nicht möglich ist, so werden diese kurz in einen Eimer mit reinem kalten Wasser getaucht und dadurch abgeschreckt. Die Haut sitzt dann ganz lose und läßt sich bequem abstreifen, so daß 2 Frauen in etwa 2 bis 3 Stunden 100 kg Rüben schälen können.

Beim Schälen werden natürlich auch die Rüben von den schlechten Köpfen und sonstigen schadhaften Stellen mittels Messer befreit. Die geschälten Rüben werden dann in einem Trog grob zerstampft. Dieser gekochte Rübenbrei sieht hellgrau bis weißgrau aus und hat schon einen milderen Geschmack als die ursprünglich verwendete rohe Zuckerrübe. Er kann längere Zeit an der Luft liegen, ohne seine hellgraue Farbe zu verändern, während bekanntlich Brei aus rohen Rüben schnell rotbraun und schließlich schwarz wird.

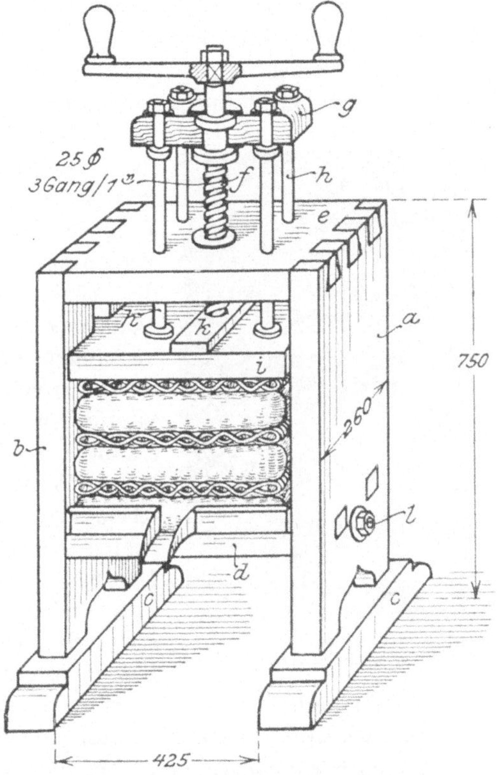

Fig. 4. Schlesische Rübenpresse.

Um nun den Rübensaft zu gewinnen, muß der Rübenbrei gepreßt werden. Das Pressen der gebrühten und zerkleinerten Rüben erfolgt meistens in Handpressen. Die Arbeit erinnert besonders an die ersten Anfänge der Zuckerindustrie und scheint in unveränderter Weise schon seit sehr langer Zeit eingehalten zu sein.

Die in der Fig. 4 dargestellte Presse wird in den Hauptteilen aus Eichenholz angefertigt und besteht aus zwei seitlichen kräftigen Eichenholzwangen a und b, die unten auf zwei Leisten c ruhen. Zwischen den Wangen befindet sich das Brett d, auf welches die Tropfschalen gesetzt, und in die die abzupressenden Rüben, nachdem sie in die Preßtücher eingeschlagen sind, gelegt werden.

Die obere Brücke *e* hat in der Mitte eine Gewindebüchse, in welcher sich die
Druckspindel f auf und ab bewegt. Sie besitzt noch eine zweite bewegliche
Brücke *g*, die durch vier kleine schmiedeeiserne Spindeln *h* senkrecht geführt
wird und durch diese mit der Druckplatte fest verbunden wird. Beim Heraus-
schrauben der Druckspindel wird dadurch die Preßplatte *i* mit hochgezogen.
Damit der Druck der Preßspindel *f* sich auf der Eichenholzplatte *i* besser
verteilt, ist noch ein Flacheisen *k* als Druckverteiler aufgeschraubt. Die
Preßplatte *i* ist in den beiden Seitenwangen *a* und *b* an jeder Seite in zwei
eingehobelten Nuten geführt. Unter der Platte *d* befindet sich ein Anker *l*,
um die ganze Presse zusammenzuhalten. Die Presse konnte (1913) vom Dorf-
stellmacher und zum Preise von etwa 20 bis 30 Mk. hergestellt werden.

Zum Pressen wird der Rübenbrei in rechteckige Tücher geschlagen
und das Einfüllen dadurch erleichtert, daß man diese auf eine flache Schüssel

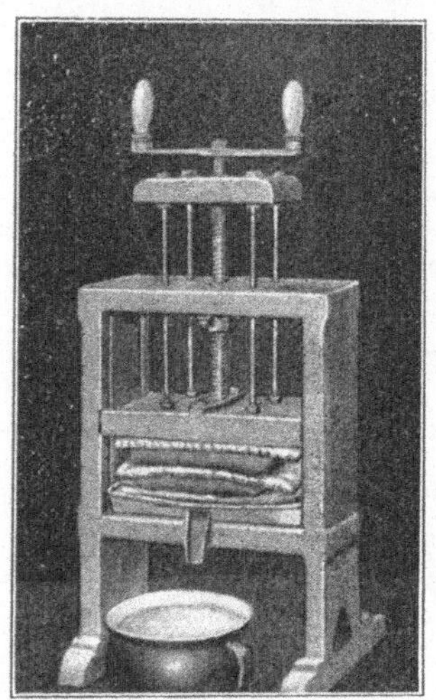

Fig. 5. Schlesische Rübenpresse.

legt. Man kann dann in ein solches Tuch (für
die beschriebene Presse mit Preßkuchen von
250 × 400 mm Breite) unter Verwendung von
Preßtüchern von 550 × 620 mm Länge 4 bis 5 kg
Rübenbrei einfüllen. Vor dem Einfüllen werden
die Tücher mit warmem Wasser angefeuchtet,
weil man verhindern will, daß sie zuviel Saft
aufsaugen. Diesen Zweck wird man aber damit
nicht erreichen, sondern nur den ersten Preßsaft
verdünnen. Die Ecken der Tücher werden übereinander nach innen geschlagen, um einen möglichst dichten Verschluß zu erzielen. (Die deutschen, sächsischen Kolonisten in der Ukraine verwenden
richtige Säcke, die nach dem Füllen zugebunden werden.)
Das erste mit Brei gefüllte Preßtuch wird in den
untenstehenden Weißblechkasten gelegt, nachdem
auf dessen Boden ein Korbgeflechtdeckel in einer
Stärke von etwa 16 mm gelegt wurde. Für diesen
Deckel verwendet man Weiden in einer Stärke von etwa 5 mm. Das erste
mit Brei gefüllte Preßtuch besitzt eine Höhe von etwa 50 mm. Hierauf wird
wieder ein Korbdeckel gelegt, auf diesen der zweite Preßkuchen, dann wieder
ein Korbdeckel usw., bis 3 solcher Preßkuchen eingelegt sind. Es wird
dann die Presse mittels der Handkurbel kräftig angezogen. Der Saft quillt
heraus, er läuft in den Weißblechkasten und aus dessen Tülle in einen Auf-
fangtopf. Mit der fortschreitenden Abpressung wird die Presse immer mehr
angezogen. Sind die Kuchen sehr weit zusammengedrückt, dann wird häufig
noch ein frischer Preßkuchen eingelegt. Das Abpressen dauert etwa $1^1/_2$ bis
2 Stunden. Fig. 5 zeigt eine schlesische Saftpresse.

Der ablaufende Preßsaft sieht trüb-hellgrau aus, ist undurchsichtig
und ähnelt auch im Aussehen sehr wässeriger Magermilch. Er spindelt bei
einem Versuche 15,2 Brix bei 15° C. Er schäumt etwas und ist an und für
sich etwas dunkler als der gekochte Rübenbrei. Der Geschmack ist sehr

ähnlich dem der gekochten Rüben, doch etwas milder als der der rohen Rüben. Er reagiert auf Lackmuspapier sauer.

Die vom Schälen herrührenden Abfälle, sowie die aus der Presse entnommenen Preßlinge dienen zum Füttern. Schweine nehmen die Preßlinge weniger gern, dagegen mit Vorliebe die Kühe.

Der gewonnene Preßsaft wird nicht weiter gereinigt oder filtriert, sondern sofort eingedampft. Man zieht bei kleinen Mengen die Eindampfung in möglichst flachen Schalen vor. Die emaillierten Bratpfannen eignen sich gut, weil die Abdunstung schnell vor sich geht, ohne daß der Saft zu stark erhitzt wird. Man setzt die Pfanne deshalb auch nicht unmittelbar dem offenen Feuer aus, sondern auf die heiße Herdplatte. Je nach der Größe der Pfanne kann damit gerechnet werden, daß das Abdampfen und Eindicken des Saftes in etwa $2^1/_2$ bis 3 Stunden vollendet ist. Während des Eindickens schäumt der Saft etwas; die noch vorhandenen Eiweißstoffe und sonstige Unreinigkeiten scheiden sich zum großen Teil an der Oberfläche ab. Viele lieben den dadurch entstehenden, etwas trüberen Rübensirup mit starkem Geschmack, während bei solchem, der auch noch für den Verkauf bestimmt ist, ein sorgfältiges Abschäumen beachtet wird, um ihn möglichst klar zu gewinnen. Je schneller die Eindickung erfolgt, unter Vermeidung unmittelbaren Feuers und unter sorgfältigem Abschäumen, um so schöner wird der Geschmack und um so klarer das Aussehen des Rübensirups.

Zusätze irgendwelcher Art werden vermieden. Die Abdampfung geschieht bis zur „Fadenprobe“, bei der der gut eingedickte Sirup zwischen dem Zeigefinger und Daumen einen etwa 5 cm langen Faden bilden soll, ohne zu zerreißen. Auch die sog. Löffelprobe kommt zur Anwendung, d. h. es darf von einem Löffel der Sirup nicht fließen, sondern nur breit abtropfen, gleichsam in breiten Fladen abbrechen.

Der auf diese Weise gewonnene Rübensirup sieht immerhin noch etwas gelbgrau aus, und hat den an Malzextrakt und an Rüben erinnernden Geschmack. Man rechnet hierbei damit, daß aus 100 kg Rüben etwa 8 bis 9 l eingedickter Rübensirup erzeugt werden, wobei sich dies natürlich ganz nach dem Saftgehalt und der Stärke der Abpressung der Rüben richtet. Ein auf diese Weise gewonnener Rübensirup hatte 80 Proz. Trockengehalt bei 43,8 Proz. Zuckerpolarisation. Im allgemeinen regelt sich der Preis des Rübensaftes in den schlesischen Bauernwirtschaften nach dem Preis der Zuckerrüben, indem für 1 l „Saft“ ungefähr der gleiche Preis wie für 50 kg Rüben gerechnet wird. Anfangs 1914 kostete dort der Rübensirup etwa 60 Pfg. bis 1 Mk. das Liter, oder 44 bis 72 Pfg. für 1 kg, während Ende 1916 1,70 bis 2 Mk. für 1 l und mehr gezahlt wurden.

In Friedenszeiten erzeugen verschiedene schlesische Bauern mehr Rübensaft, als sie selbst benötigen, und die Landfrauen bringen ihn in Blechkannen (Milchkannen) auf den Markt. Häufig wird dabei billiger Rübensaft angeboten, der mit Mehl vermischt ist; man braucht weniger lange einzudampfen und bekommt in kürzerer Zeit einen genügend dickflüssigen Sirup. Es ist dies aber eine Verfälschung, und soll sich dieser Rübensaft auch weniger lange halten und in kurzer Zeit in Gärung übergehen.

Die vorbeschriebene Arbeitsweise wird man überall dort anwenden können, wo es sich darum handelt, kleinere Mengen Rübensirup für den eigenen Haushalt, für den eigenen Bedarf einer Wirtschaft herzustellen.

Nachdem so in großen Zügen die Herstellung des Rübensirups beschrieben und ein Überblick gewonnen ist, soll nun auf Einzelheiten eingegangen werden.

B. Die Zuckerrübe.

Vor allen Dingen müssen wir uns mit der Zuckerrübe selbst beschäftigen, weil von ihr das gute Gelingen der Arbeit, der wirtschaftliche Betrieb und die Gewinnung eines guten Rübensirups in allererster Linie abhängig ist.

5. Art und Wahl der Zuckerrübe.

Die sowohl zur Herstellung des Rübenzuckers als auch des Rübensirups verarbeitete Feldfrucht ist die Zuckerrübe (Beta cicla altissima), die aus einer wildwachsenden Rübe gezogen wurde. Während die wildwachsende Beta vulgaris eine einjährige Pflanze ist, ist die Kulturzuckerrübe zweijährig, denn im ersten Jahre bildet sich aus dem Samen nur die blätterreiche, für uns nützliche Rübe, die im zweiten Jahre schießt, Blüten treibt und Samen bildet. Solche, die schon im ersten Jahre Samenstengel und Blüten treiben, nennt man Schoßrüben, Schosser; deren Wurzel ist holzig und für die Siruperzeugung unbrauchbar. Die Fig. 6 zeigt eine Rübenpflanze zur Reifezeit mit ihrem Samen (*Stammer*, Zuckerfabrikation).

Die erste planmäßige Züchtung der Zuckerrübe erfolgte in Schlesien, dann in der Quedlinburger Gegend, wo sich namentlich die Rübensamenzüchter ansiedelten. Heute gibt es die verschiedensten Zuchtarten, die sich für die entsprechenden Bodenarten mehr oder weniger eignen.

Fig. 6.
Rübenpflanze
mit Samen.

Bei der Wahl der Zuckerrüben wird man die vorziehen, die sich durch hohen Zuckergehalt, guten Geschmack, geringen Gehalt an Bitterstoffen, hohes Ernteerträgnis und schöne Form auszeichnen. Die Fig. 7 zeigt eine gut gezogene Rübe (*C. Braune*, Bernburg). Die beste, überhaupt für die Zuckerfabriken zur Verfügung stehende Rübe ist für die Rübensirupfabrik schließlich gerade gut genug. Aus schlechter Rübe kann man zur Not noch guten Zucker herstellen, weil alle nachteiligen Stoffe bei der Krystallisation vom Zucker abgestoßen werden, aber kaum guten Speisesirup, da die aus schlechten Rüben in den Saft gelangten Stoffe mit einfachen Mitteln nicht zu entfernen sind.

Will man wirklich schmackhaften Rübensirup herstellen, so muß man schon bei der Wahl der Zuckerrübe planmäßig vorgehen; nicht nur auf hohen Zuckergehalt achten, der die Herstellungskosten vermindert, sondern auch auf geschmacklich angenehme Rüben. Es wäre meiner Ansicht nach in jedem Falle für die Rübensamenzüchter eine dankbare Aufgabe, eine Zuckerrübe zu züchten, die besonders in der Schale schmackhafter ist und vielleicht auch eine recht dünne Hülle hat, um das Schälen unnötig zu machen. Wenn man bedenkt, was durch eine planmäßige Zuchtwahl nach dem Zuckergehalt erreicht worden ist, so dürfte hier auch manches zu erzielen sein. Man darf hierbei nicht denken, daß die Reinheitszahl (Reinheitsquotient) schon recht hoch ist und eine nennenswerte weitere Steigerung, sagen wir bis auf das theoretisch mögliche und ideale Maximum von 100, nicht zu erwarten sei. Unter Reinheitsquotient oder kurz „Reinheit" eines Saftes oder Zuckers versteht man das Verhältnis des vorhandenen Zuckers zum gesamten Trockengehalt.

$$\text{Reinheit} = \frac{\text{Zuckergehalt}}{\text{Trockengehalt}} \cdot 100 \, . \qquad [1]$$

Enthält z. B. der Saft einer Rübe 18 Proz. Zucker und beträgt der Wassergehalt 80 Proz., also der Trockengehalt 20 Proz., dann hat dieser Saft eine Reinheit von $\frac{18}{20} \cdot 100$ = 90. Ist der Wassergehalt durch unmittelbares Trocknen (Seite 98) festgestellt, dann nennt man die daraus nach Formel 1 errechnete Reinheit, die wahre Reinheit. Wird der Wassergehalt aber mittelbar durch Spindelung (Seite 70) bestimmt, dann ist die damit errechnete die „scheinbare" Reinheit.

So hat nach *Schobert*s Angaben seine Rübe „Ideal" bei der Herbstkontrolluntersuchung 1916 eine Saftreinheit von 92,83, bei einem Zuckergehalt im Saft von 19,8 Proz., gezeigt. Aber vielleicht ist eine eigentliche Erhöhung der Reinheit gar nicht notwendig. Vielleicht genügt eine Verschiebung in der Zusammensetzung der Nichtzuckerstoffe. Nur geringe Mengen, häufig nur

Fig. 7. Gut gezogene Zuckerrübe.

Spuren, sind als Geschmacks- oder Geruchsstoffe außerordentlich wirksam. Die schlechtschmeckenden müssen beseitigt, verdeckt werden, die angenehmen in den Vordergrund geschoben werden. Daß hier neben der Zucht auch eine entsprechende Wahl der Düngung günstig wirkt, ist anzunehmen, kann aber nur durch Versuche gezeigt werden. Es ist deshalb wohl denkbar, daß ohne Erhöhung der Reinheit doch eine wesentliche Geschmacksverbesserung möglich ist. Die Mohrrübe, die ohne weiteres einen angenehmen, wohlschmeckenden Speisesirup liefert, beweist die Möglichkeit solcher Zuchtrichtungen.

Bisher ist meines Wissens auf den Rübengeschmack und auf die Zucht einer geschmacklich veredelten Rübe gar kein Wert gelegt worden, man hat in dieser Beziehung die Rüben genommen, wie sie wachsen, trotzdem über die allgemeine Verteilung des Zuckers in der Rübe ziemliche Klarheit herrscht.

Die Zuckerrüben enthalten im allgemeinen:

Mark, das feste Zellengewebe . . . . 4—6 Proz.

Saftgehalt 94—96 Proz. { Zucker . . . . . 12—22 „ } Sirupstoff } Trockengehalt
{ Nichtzuckerstoffe 2—2½ „ }
{ Wasser . . . . . 75—80 „ }

Hierbei versteht man unter Nichtzuckerstoffen, die außer dem Zucker im Saft noch gelösten Salze (Kalk, Kali, Natron), Säuren (Phosphorsäure, Schwefelsäure, Kiesel-, Oxal-, Citronen-, Apfel-, Weinsäure), Pektinstoffe, Eiweißstoffe, Amidoverbindungen, Farbstoffe, aromatische Verbindungen, Harze, Fette, Invertzucker, Raffinose u. dgl. Diese Nichtzuckerstoffe gehen mit dem Rübenzucker in den Sirup, stellen mit ihm den Sirupstoff dar, worauf ich noch im Abschnitt I näher eingehen werde.

Um die Herstellungsunkosten zu vermindern, wird man Rüben mit hohem Trockengehalt zu verarbeiten suchen: Der Zucker ist der wertvollste Bestandteil und dient als Maßstab für die Güte einer Zuckerrübe. Im allgemeinen wird man sich mit Rüben, die einen Zuckergehalt von etwa 16 bis 18 Proz. besitzen, zufrieden geben. Unter 14 Proz. sollte aber selten vorkommen. Häufig werden die Rüben nach dem Zuckergehalt bezahlt.

Die Form soll, wie auf Fig. 7 dargestellt, möglichst gleichmäßig sein, mit einfacher ungeteilter Wurzel, ohne Seitenäste, die beim Ernten abbrechen, ohne üppige Wurzelfaserbildung, die viel Erde festhält und die Reinigung erschwert. Der über der Erde wachsende, die Blätter tragende Kopf soll klein sein, mit viel Blattansätzen, denn er gibt weniger und vor allen Dingen schlecht schmeckenden Saft. Das Fleisch soll hart und dicht sein.

Die Art der erzeugten Rübe hängt in erster Linie vom verwendeten Samen ab. Selbst ziehen auch große Zuckerfabriken den Samen nur selten. Eigenzüchtung hat sich fast nie als nützlich erwiesen. Da man dem Zuckerrübensamen aber nicht ansehen kann, ob er gute oder schlechte Rüben erzeugt, so liefern die Zuckerfabriken ihren Landwirten meistens den Samen selbst, um Gewähr für Güte und Ertrag zu haben. Am besten ist es, diesen von guten Samenzüchtern zu kaufen. Niemals darf man Samen von einjährigen Schoßrüben (Fig. 6) zur Aussaat benutzen, weil dieser Samen entartet ist und das Übel fortpflanzt. Alte bekannte Stammformen sind die weiße schlesische Rübe, die Quedlinburger, die Imperialrübe von *Knauer* und die französische von *Vilmorin*.

6. Der Anbau der Zuckerrüben.

Hier kann der Anbau der Zuckerrübe, der in das Gebiet der praktischen Landwirtschaft fällt, viel Erfahrungen erfordert und wohlüberlegte, meist vierjährige Fruchtfolge bedingt, nicht eingehend behandelt werden.

Je lockerer, luftiger, lehmiger, dabei aber krümlich, tiefgründig und kalkhaltig, der Boden bei sonniger Lage ist, um so besser. Moorboden ist erst nach Besandung und Entwässerung geeignet. Die Rübe geht tief, treibt meterlange Spindelwurzeln, so daß auch der Untergrund von größerer Bedeutung ist als bei anderen Ackergewächsen. Sandige, nasse, steinige Boden sind sicher ungünstig; solche mit mehr als 10 Proz. Steine über 5 mm Größe sind ganz unbrauchbar. Das Grundwasser reiche nicht höher als 1 m unter die Erdoberfläche, sonst bilden die Rüben Seitenwurzeln, weil die Rübenwurzel Belüftung verlangt. Größere Höhenlagen über dem Meeresspiegel verschlechtern die Güte. Schon *Stammer* sagt, daß man aber aus einzelnen Anbauversuchen nicht zu frühe Schlüsse ziehen darf, denn die Einwirkung der erforderlichen Bodenbearbeitung macht sich erst nach und nach fühlbar. Man kann wohl sagen, daß der Boden erst allmählich zum guten Rübenboden wird. Ausdauer ist nötig.

Im Herbst tief pflügen, durchlüften, Düngung mit Stallmist und Kali. Im Frühjahr flachpflügen, krummern, eggen, düngen mit Stickstoff (Chilisalpeter, Norgesalpeter, salpetersaurem Ammoniak) und Phosphor (Superphosphat, Thomasschlacke). Zu späte Jauche- und Latrinendüngung gibt schlechte Sirupe. Aussaat in Mitteldeutschland Mitte April, frühere gibt Schoßrüben, während Mai zu geringe Ernten bringt. Guter Samen ist von ausschlaggebender Bedeutung. „Wie die Saat, so die Ernte!" Eindrillen oder Dibbeln auf 1 ha 25—40 kg Samen mit 38 cm Reihenabstand, flach $^1\!/_2$—1 cm

tief (auch bis 4 cm, doch richte man sich nach der Vorschrift der Samenzüchter).
Zeigen sich die Rübenpflänzchen, dann 3—4mal hacken; alte Regel: „Zucker muß in
die Rübe hineingehackt werden." Sind die Rübenreihen gut aufgewachsen, dann
quer durchhacken, einzelne Büschel bleiben im Abstand 21—30 cm. Haben die Rüben-
wurzeln Strohhalmdicke, dann Herausziehen der überflüssigen Pflanzen (Verziehen)
bis auf die Kräftigste. Wenn im Juli die Blätter den Boden bedecken, hört weitere
Feldarbeit bis zur Ernte auf. In den Monaten August bis Oktober bildet sich der
Zucker und um so besser, je sonniger der Herbst ist. Die Wurzeln werden von
Nematoden, Engerlingen, Drahtwürmern, Wurzelbrand, Pilzen und Herzfäule angegriffen; die Blätter von Käfern, Raupen, Läusen, Erdflöhen, Larven und Fliegen,
besonders in trockenen Jahren.

Die Ernte beginnt im September und sollte bei Frostbeginn, gegen Ende November,
beendet sein; sie beträgt 30000 bis 40000 kg auf 1 ha. Die Blätter und Kopfansätze
sind für die Sirupgewinnung unbrauchbar. Mangelhaft geköpfte Rüben halten sich in
der Miete schlecht, indem sie neues Blattwerk treiben, auf Kosten des aufgespeicherten
Zuckers. Das Ausroden und Köpfen muß vorsichtig geschehen. Jede unnütze Beschädigung bedingt eine Abnahme der Güte; die verletzten Stellen, die offenen Zellen
verderben und beschädigen die gesunden Zellen. Die Blätter mit den Köpfen stellen
sowohl frisch als auch eingesäuert oder getrocknet ein gutes Futter dar.

Die Rüben werden gesammelt und auf dem Felde eingemietet oder zu Sammel-
haufen abgefahren.

Nach F. *Knauer* (Rübenbau 1912) sind die Rübenanbaukosten für 1 ha (ungefähr
vier preußische Morgen):

Zahlenreihe I.

	Magdeburger Börde ℳ	Kreis Kulm in Westpreußen ℳ	Provinz Hannover ℳ
Pacht	204,00	80,00	72,00
Einsaat und Dünger	359,20	279,20	272,84
Bestellungskosten	279,20	271,40	218,52
Allgemeine Unkosten	54,12	—	76,00
Gesamtkosten, ohne Entschädigung für Oberleitung und ohne Gewinn	896,52	—	639,36

Im Jahre 1918 wurden die Gesamtkosten im Durchschnitt aus 50 meist kleinen
bäuerlichen Betrieben aller Gegenden auf 2250 Mk. für 1 ha berechnet (Centralblatt
f. d. Z. 1919. S. 181).

Um mit Sicherheit auf eine genügende Rübenmenge rechnen zu können, ist es
zweckmäßig, mit den Landwirten Rübenanbauverträge abzuschließen, z. B. nach dem
Muster der K. R. G.

Rübenanbauvertrag.

. . . . , den . . . . 19. .

Herrn

. . . .

. . . .

Hiermit bestätige.. *ich — wir —, mit Ihnen folgendes Abkommen getroffen zu
haben:

    1. Sie sind verpflichtet, den Ertrag von . . . . preuß. Morgen Zuckerrüben aus
dem Betriebsjahr 19. ./. . für *mich — uns — anzubauen und restlos an *mich
— uns — abzuliefern. Bei Nichtinnehaltung dieser Verpflichtung haben Sie,
unbeschadet *meines — unseres — Rechtes zur Geltendmachung eines höheren
Schadens, eine Vertragsstrafe von Mk. . . . . . . auf jeden Morgen zu zahlen.

2. Für die Beschaffung des Samens habe... Sie — *ich — wir — Sorge zu tragen. Die Berechnung des von *mir — uns — gelieferten Samens erfolgt zum Preise von Mk. .... je Zentner.

3. Die Lieferung der Rüben muß spätestens .... beginnen und bis .... beendet sein, sie hat *frachtfrei Fabrik — *frei Verladestation — zu erfolgen. Bei Lieferung der Rüben in Waggons muß das Ladegewicht der Waggons voll ausgenutzt werden. Das Verladen der Rüben muß in möglichst schmutzfreiem Zustande vorgenommen werden.

Die Köpfe und Blätter der Rüben sind zu entfernen.

Die Fracht auf mehr als 10 Proz. Schmutz geht zu Ihren Lasten.

4. Verdorbene, erfrorene, hohle und in den Samen geschossene Rüben dürfen nicht geliefert werden. Die Abnahme von Rüben, die auf dem Transport Frostschaden erlitten haben, behalte.. *ich mir — wir uns — vor.

5. Das Gewicht der in Waggons angelieferten Rüben wird .... bahnamtlich festgestellt, während die Ermittelung des Gewichts der mit Fuhre zur Fabrik gelieferten Rüben sowie der Schmutzprozente auf *meiner — unserer — Fabrikwage vorgenommen wird. Es steht Ihnen frei, bei dem Verwiegen der Rüben und der Ermittelung der Schmutzprozente zugegen zu sein oder sich durch einen Beauftragten vertreten zu lassen.

6. Sie erhalten für den Zentner reine Zuckerrüben Mk. .... *ab Verladestation .... — *frei Fabrik —, ferner .... Proz. *feuchte — *trockene — Preßrückstände — *ohne Berechnung — *unter Berechnung von Mk. .... je Zentner *ab Fabrik — *ab Verladestation .... —.

7. Die Zahlung erfolgt nach beendeter Abnahme der Rüben und Feststellung der Schmutzprozente.

Teilzahlungen im Verhältnis zu den abgelieferten Mengen reiner Rüben können von Ihnen beansprucht werden.

8. Im Falle von Betriebsstörungen oder eines Brandschadens müssen Ihrerseits Rübenlieferungen auf Ersuchen bis Erhalt *meiner — unserer Lieferungsanweisungen eingestellt werden.

....

....

....

Abmachungen, die in dieser Bestätigung nicht vermerkt sind, haben keine Gültigkeit.

....

(Name oder Firma des Rübensaftherstellers.)

Mit vorstehenden Preisen und Bedingungen erkläre ich mich in allen Punkten einverstanden.

Gleichzeitig gebe ich die Erklärung ab, daß

*ich im Jahre 19../.. für Zuckerfabriken keine Zuckerrüben angebaut habe, mithin auch nicht verpflichtet bin, im Betriebsjahre 19../.. Zuckerrüben für Zuckerfabriken anzubauen.

*ich für die Zuckerfabrik ....

....

im Jahre 19../.. .... Morgen Zuckerrüben angebaut habe.

Dem Ersuchen vorgenannter Fabrik...., für dieselbe.. im Betriebsjahre 19../.. ebenfalls .... Morgen Zuckerrüben anzubauen, bin ich nachgekommen.

....

(Name des Rübenanbauers.)

---

* Nichtzutreffendes ist zu streichen.

7. Kraut und Köpfe.

Die beim Ernten zurückbleibenden Blätter mit den daranhängenden Köpfen dürfen nicht untergepflügt werden, sondern müssen für Futterzwecke erhalten bleiben. Das Unterpflügen bedingt bedeutende Verluste und eine unangenehme Erhaltung bzw. Vermehrung der Rübenkrankheiten. Einige Rübenarten geben auch für menschliche Nahrung geeignete Blätter (rote Beete), doch ist der Verbrauch immer nur gering einzuschätzen.

Die Erträge sind natürlich sehr verschieden. Die zuckerreichsten Rüben sind auch meist die blattreichsten. Durchschnittlich wird ein Ertrag aus Köpfen und Blättern zu 20 000 bis 28 000 kg auf 1 ha angenommen oder auf 100 kg etwa 33 bis 72 kg Blätter. In Lauchstädt angestellte Versuche hatten folgendes Ergebnis:

Zahlenreihe II.

	Blätter und Köpfe auf 1 ha	Rüben auf 1 ha
Ohne Stickstoffdüngung	22 000 kg	41 500 kg
Mit „ (400 kg Salpeter)	33 000 „	45 000 „

Diese Zahlen zeigen so recht die außerordentliche Bedeutung des Rübenbaues auf die Futtergewinnung.

Die Köpfe und Blätter bestehen durchschnittlich aus 25 Proz. Köpfen und 75 Proz. Blättern, deren Trockengehalt etwa 15 bis 16 Proz. beträgt. Das mittelgroße Rübenblatt besteht seinerseits aus etwa 38 Proz. Laub und 62 Proz. Stengel. Angaben über die Zusammensetzung der Zuckerrübenblätter macht *Serger*, Chem.-Ztg. 1918, S. 53. Sie enthalten 78 bis 93 Proz. Wasser, 2 bis 5,4 Proz. Mineralstoffe, 0,1 bis 0,7 Proz. Fett, 1,4 bis 3,3 Proz. Rohproteïn und 3 bis 15 Proz. stickstofffreie Extraktstoffe; der Gehalt an Oxalsäure beträgt 0,618 Proz. (Spinat hat 0,434, Sauerampfer 8,442 Proz.).

Beim Lagern auf dem Felde kann durch Abwelken der Wassergehalt bis auf die Hälfte zurückgehen. Für die Grünfütterung werden die Blätter möglichst vom Schmutz befreit und in Wölfen zerrissen. Den Überschuß sucht man durch Einsäuern in Mieten oder durch Trocknung zu erhalten. *Knauer* (1912) gibt die mittlere Verwertung der angesäuerten Rübenköpfe durch die Fütterung zu 54 bis 80 Pfg. für 100 kg an. Der Verlust an Nährstoffen in den Mieten kann bis 25 Proz. betragen. In gemauerten Gruben und unter Anwendung von Milchsäure-Reinkulturen kann der Verlust auf 5 Proz. herabgedrückt werden.

Durch Trocknen wird das Rübenkraut unbegrenzt haltbar. Kleinere Landwirte trocknen sie auf Zäunen, wagerecht gelagerten Stangen oder sog. Kleereitern. Für größere Mengen sind Trockenanlagen vorzusehen. Auf einer offenen Kastendarre von 2 m Breite und 4 m Länge kann man bei einer Schütthöhe von 0,5 m täglich etwa 2500 kg Rübenblätter trocknen. Die Köpfe müssen zerkleinert werden, weil sie sonst nicht durchtrocknen.

Der Futterwert, der sehr von dem Aschengehalt beeinflußt wird (zum größten Teil aus Sand und Erde bestehend), ist geringer als bei frischen Rübenblättern, aber es ist doch ein Rauhfutter von hoher Verdaulichkeit. Verfüttert werden sie an Rinder, Schafe und Pferde. An der Berliner Produktenbörse wurden am 1. September 1919 gezahlt für getrocknete Zuckerrübenblätter 50 M., für Kleeheu 36 bis 50 M. für 100 kg frei Berlin.

8. Anfuhr und Lagerung der Rüben.

Der Arbeitsbeginn in der Rübensirupfabrik hängt mit dem Reifen der Rüben zusammen. Unreife Rüben haben noch nicht ihre Zuckeraufspeicherung beendet, bedingen also Verluste. Je reifer die Rüben, um so besser ist die Arbeit und Ausbeute. Aber es wird nicht möglich sein, den Betrieb gerade so einzurichten, daß nur reife Rüben zur Verarbeitung kommen. Sind wenig Rüben vorhanden, so ist das wohl eher möglich, aber meistens werden in der Erntezeit von Mitte September bis November mehr Rüben angeliefert, als die Rübensirupfabrik in dieser Zeit verarbeiten kann. Sie wird sich darauf einrichten müssen, noch weit über diese Zeit hinaus die Rüben zu verarbeiten. Ohne Aufspeicherung der geernteten Rüben wird sie nicht auskommen. Dazu kommt, daß die gegebene Leistungsfähigkeit einer Sirupfabrik nicht viel geändert werden kann, die großen oder kleinen Erntemengen müssen deshalb durch Lagerung ausgeglichen werden. Sorgt man für gute Lagerung, dann kann man auch mit einer kleinen Fabrik große Rübenmengen in wirtschaftlicher Weise verarbeiten. Von Fall zu Fall ist festzustellen, ob es besser ist, z. B. in einer großen Fabrik in $2^1/_2$ Monaten eine bestimmte Rübenmenge zu verarbeiten, oder in einer halb so großen erst in 5 Monaten. Der erste Weg ist in Zuckerfabriken üblich, um die größte Menge krystallisierbaren Zuckers aus möglichst frischen Rüben zu gewinnen. Er bedingt großes Anlagekapital und ist deshalb im allgemeinen für die Rübensirupfabriken weniger begehbar. Hier wird man meistens das Bedürfnis haben, mit geringen Anlagekosten recht viel Rüben zu verarbeiten, und die mit der Lagerung verbundenen Zuckerverluste in Kauf zu nehmen. Dabei ist der während der Lagerung sich bemerkbar machende Rückgang an Polarisationszucker wohl für die Zuckerfabrik als Verlust zu betrachten, doch nur zum allergeringsten Teil auch für die Rübensirupfabrik.

Mit einer Lagerung der Rüben wird man also immer rechnen müssen, und bei der Rübensirupfabrik mit längeren Zeiten als bei den Zuckerfabriken, und diese deshalb dieser langen Lagerzeit anpassen. Die Sammelstellen sind so anzulegen, daß eine geregelte, leichte Anfuhr nach der Fabrik auch bei ungünstigem Winterwetter möglich ist, ohne die Rübe dabei großer Frostgefahr auszusetzen. Gefrorene Rüben verderben beim Auftauen und sind sofort zu verarbeiten. Die Lagerung soll so geschehen, daß die Eigenschaften der geernteten Rübe möglichst erhalten bleiben. Die alte Bauernregel „Aus der Erde — in die Erde", gibt die beste Lagerung. Sie soll kühl sein, aber über dem Gefrierpunkt, und vor Austrocknung durch Sonnenstrahlen schützen, weil sich welke Rüben schlecht verarbeiten. Deshalb sollen die Rüben auch nach dem Ernten sofort eingelagert werden.

Die Einlagerung geschieht in Kellern, Haufen oder Mieten. Keller sind wohl am besten, aber teuer und deshalb nur für kleine Mengen, für die Aufspeicherung der in einigen Tagen zu verarbeitenden Rüben anwendbar. Im Freien lagernde Haufen erfordern die geringsten Kosten, sind aber nur für die Rüben zulässig, die noch im November und Dezember verarbeitet werden können, in Gegenden milden Klimas; doch müssen die Haufen bei eintretendem Frost mit Stroh oder Strohmatten abgedeckt werden. Die Haufenhöhe sei nicht über $1^1/_2$ m, um Durchlüften zu ermöglichen und Überhitzen zu vermeiden. Erdmieten auf dem Felde wurden früher auch viel von den Zuckerfabriken angewendet, als die Rübenverarbeitung sich noch weit in den Winter hineinzog, die aber bei den Rübensirupfabriken wohl als Regel gelten kann, denn diese brauchen nicht die Schwierigkeit zu fürchten, die lange gelagerten Rüben bei der Diffusion und Filtration bereiten. Die Fig. 8 zeigt eine Miete, der man eine Fußbreite von 2 bis 3 m gibt und höchstens 30—40 cm tief eingräbt, an trockenen Stellen mit lockerem Boden. Der ausgehobene Boden wird seitlich aufgeschüttet als Frostschutz und gegen Sonnenstrahlen, doch ohne die Lüftung vollständig abzuschließen. Oben bleibt die Erdabdeckung offen und wird mit Stroh abgeschlossen, um den Dämpfen freien Ausgang zu lassen. Die Rübe dampft, erzeugt Wärme durch Atmung, die entweichen muß, wenn die Rübe nicht schimmlig werden und faulen soll. Die geringe natürliche Atmung muß der Rübe ermöglicht werden, wie wenn sie in der Erde geblieben wäre, um nicht zu ersticken. Die erste Erddecke sei nur 15 cm dick, unten bringe man alle 3 m Luftlöcher an, die bei eintretendem Frost, durch Aufbringen der zweiten 30 bis 50 cm dicken Erddecke verstopft werden. Die Länge der Miete richte man von Ost nach West, damit kalte Ostwinde nicht die Längsseiten treffen und starke Abkühlung bewirken. Werden die Mieten in jedem Jahre auf dasselbe

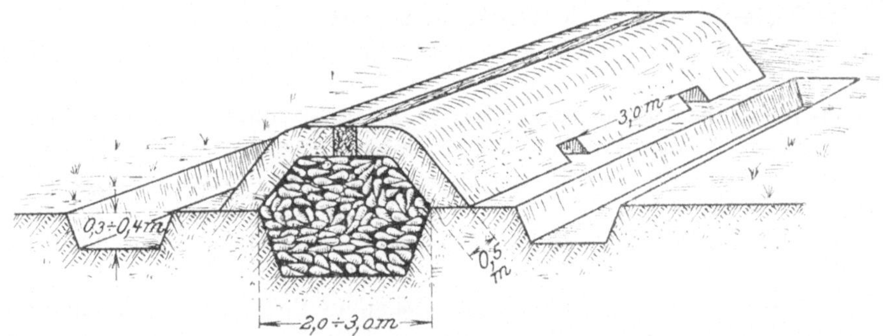

Fig. 8. Rübenerdmiete.

Feld gegraben, dann ist wohl darauf Bedacht zu nehmen, daß sich hier alle möglichen Krankheitserreger ansammeln. Nur gesunde Rüben dürfen eingemietet werden; alle welken, gefrorenen, aufgetauten und verletzten sind sofort zu verarbeiten. Der größte Feind der eingemieteten Rübe ist die Wärme. Eine regelmäßige Überwachung der Haufen durch eingesteckte Thermometer in dafür vorgesehene Holzschächte ist notwendig. Am besten ist die Temperatur zwischen 0 und 4°, unter 0° erfriert die Rübe, während bis +8° noch unbedenklich sind. Steigt die Temperatur weiter, dann ist für starke Belüftung zu sorgen, und wenn dies nicht hilft, ist eine sofortige Verarbeitung angezeigt. Immer findet, je nach der Einmietungsdauer, ein Gewichtsverlust von 5 bis 10 und mehr Prozent statt. Der Zuckerverlust der eingemieteten Rüben ist (nach *Claassen*) um so größer, je höher die Temperatur, je größer der Wechsel zwischen Feuchtigkeit und Trockenheit und je stärker die Lüftung ist. Der Zuckerverlust beträgt bei einer durchschnittlichen Temperatur von 5° in den Mieten, bei einer Einmietungsdauer von Ende Oktober bis Dezember, täglich:

in großen unbedeckten Haufen . . . . . . 0,010 bis 0,012 Proz.
„ durchlüfteten Haufen . . . . 0,012 „ 0,017 „
„ mit Erde gedeckten Mieten . . . . . .   0,019 „

Wenn die Rüben auswachsen, dann ist dies stets ein Zeichen, daß sie zu warm und zu feucht gelagert sind. Dann wird der Rübenzucker in Invertzucker umgebildet, der für die Krystallzuckergewinnung verloren ist, nicht aber für die des Rübensirups, da der Saft sowieso teilweise umgewandelt (invertiert) wird.

Diese Zahlen weisen eindringlichst darauf hin, die Verarbeitungszeit möglichst abzukürzen. Je länger man die Verarbeitung hinzieht, je mehr verliert man an Zucker; je schlechter die Rüben werden, um so geringer wird die Ausbeute und um so schlechter der erzeugte Rübensirup. Man erreicht dann bald einen Punkt, bei dem die Arbeit sehr schwierig wird und mehr Unkosten verursacht, als an dem noch zu gewinnenden Rübensirup verdient werden kann. Bei der Bestimmung der Leistungsfähigkeit der Rübensirupfabrik und der Gesamtmenge der zu beschaffenden Rüben ist hierauf sorgfältig Bedacht zu nehmen.

Zur Größenbemessung der Mieten diene, daß 1 cbm Rüben 570 bis 650 kg wiegt, daß eine Waggonladung von 10 000 kg 15,4 bis 17,5 cbm Raum beansprucht.

Von Kaufrüben werden der anhaftende Schmutz und die kleinen Wurzeln (deren Gewicht sich gewöhnlich zwischen 2 bis 5 Proz. bewegt) in Abrechnung gebracht. Festgestellt wird er durch Abwiegen einer Probemenge Rüben vor und nach dem Waschen in sog. Prozentwäschen nach Fig. 3. Dem Rübenlieferer wird dann nur das daraus sich berechnende Reingewicht der Rüben bezahlt.

Die Abschipperde ist eine unangenehme Beigabe der Rübenanfuhr; in ihr befindet sich häufig die Rübennematode (Rübenälchen), welche der schlimmste Wurzelschädiger ist. Man sollte sie deshalb nie wieder auf das Rübenland zurückfahren, weil sonst der vielleicht noch stellenweise von Nematoden freie Acker verseucht oder mindestens für Vermehrung gesorgt wird, wenn die Nematoden nicht vorher mit Schwefelkohlenstoff getötet sind. Sie wird für die Auffüllung wüsten Landes, Sandgruben u. dgl. empfohlen.

C. Die Verarbeitung der Zuckerrüben.

Vom Rübenlager werden die Rüben je nach der täglich zu verarbeitenden Menge mit Fuhrwerken. Feldbahnen oder Schwemmrinnen zur Fabrik gefördert. Die Fig. 9 zeigt drei nebeneinanderliegende, langgestreckte Rübenlagerstellen, in deren Mitten unten die

Fig. 9. Schwemmrinnenanlage.

Schwemmrinnen liegen, um mit starkem Wasserstrom die Rüben nach der Fabrik schwemmen zu können. Dazwischen sind Fahrwege für Landfuhrwerke und Schienen für Eisenbahnwagen. Da die Wäschen meist über dem

Erdboden stehen, so müssen die Rüben gehoben werden. Hierzu dienen die verschiedensten Einrichtungen. Die Fig. 10 zeigt z. B. einen Ketten-heber, der die Rüben mittels der aufgeschraubten Schaufeln aus dem Fülltrichter hebt und in die Wäsche wirft. Für grö-ßere Leistungen kommen die in Zuckerfabriken üblichen Hub-vorrichtungen, wie Schnecken, Hubräder, Mammutpumpen u. dgl. in Frage, auf die hier nicht eingegangen werden kann, weil sich jeder leicht in ent-

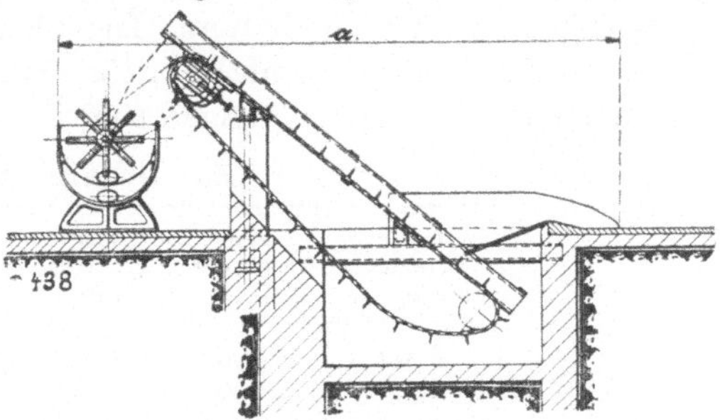

Fig. 10. Rübenkettenheber.

sprechenden Lehrbüchern der Zuckerfabrikation hierüber unterrichten kann.

9. Das Waschen und Wiegen der Rüben.

Die vom Felde oder aus den Mieten kommenden Rüben müssen vom anhaftenden Schmutz sorgfältig gereinigt werden. Faulige Stellen, Blätter-köpfe u. dgl. müssen durch Handarbeit entfernt werden, weil sie den Geschmack

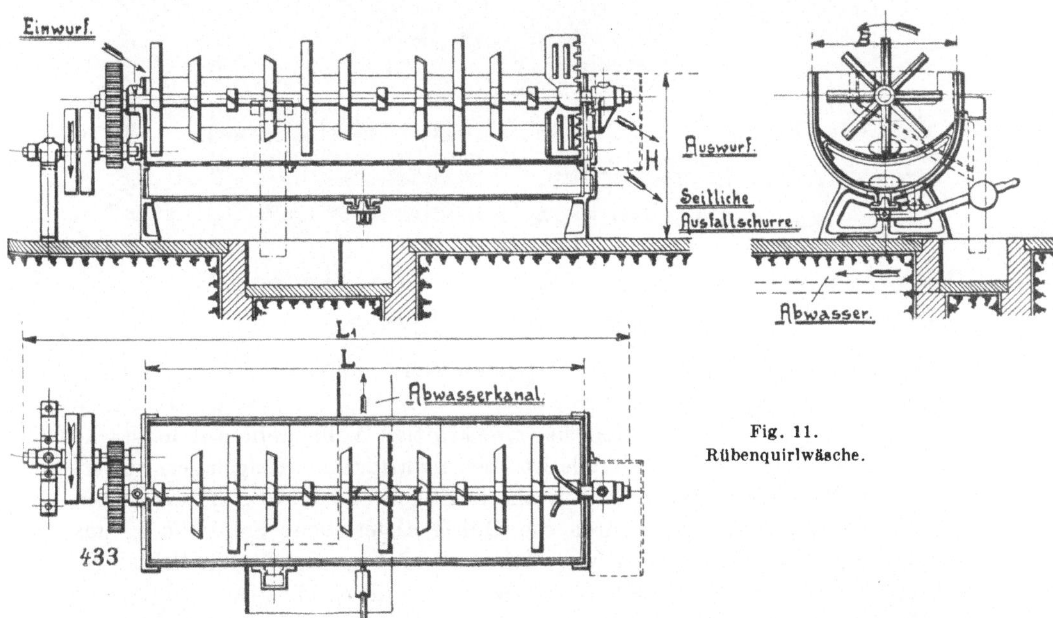

Fig. 11.
Rübenquirlwäsche.

des Saftes ungünstig beeinflussen würden. Das Waschen der Rüben von Hand, weil teuer und zeitraubend, kommt nur bei kleinster Verarbeitung in Anwendung. Auch die kleinen Trommelwäschen nach Fig. 3 kommen na-türlich für größere Verarbeitungen nicht in Frage. Mehr als 100 kg Rüben wird man mit ihnen in der Stunde nicht waschen können. Besser als die Trommel-wäschen sind, besonders in bezug auf die Schonung der Rüben, trotz besseren

Waschens und Abreibens des oft fest anhaftenden, fetten Schmutzes, die sog. Quirlwäschen. Auch werden von den Quirlarmen Stroh und Blätter abgefangen und zurückgehalten. Die Fig. 11 zeigt eine solche Quirlwäsche der Sangerhäuser Maschinenfabrik, für eine stündliche Leistung bis 6000 kg. Die Abmessungen und Leistungen sind in der Zahlenreihe III angegeben.

Zahlenreihe III.

Stündliche Leistung kg	Lichte Trogbreite mm	Lichte Troglänge mm	Ganze Länge mm	Ungefährer Kraftbedarf PS
3000	1000	2500	3500	$2^1/_2$
4000	1000	3000	4000	3
5000	1000	3500	4500	$3^1/_2$
6250	1000	4000	5000	4

Für größte Leistungen kommen die in Zuckerfabriken üblichen Quirlwäschen nach Fig. 12 (von C. Kulmiz, Saarau) in Anwendung. Die Rüben

Fig. 12. Große Quirlwäsche mit Steinfängern.

werden aus der tief im Fußboden liegenden Schwemmrinne durch ein Hubrad gehoben und in die Wäsche geworfen. Diese Wäsche besteht aus einem eisernen oben offenen Trog, in dem sich eine kräftige Welle dreht, auf der starke Quirlarme befestigt sind. Die Welle ist noch mehrfach in Hängelagern unterstützt. Im Waschtrog befindet sich ein kräftiger Siebeinsatz, durch dessen Lochung der abgewaschene, durch die Quirle abgeriebene Schlamm in das Unterteil des Troges sinken kann. Hieraus wird er durch die Schlammablaßventile von Zeit zu Zeit abgelassen. In der Siebeinsatzmulde sind drei Unterbrechungen vorgesehen, mit nach vorn geneigten schiefen Ebenen. Es sind d es Steinfänger, in welchen sich die mit den Rüben in die Wäsche gelangenden Steine ablagern, während die spezifisch leichteren Rüben durch die Wirkung der Quirlarme weiter über die Steinfänger hinweg geschoben werden. Sollen die Steinfänger sicher wirken, so dürfen sie nicht durch Steine und Schlamm überfüllt werden. Nach mindestens je 6 Stunden Betriebszeit wird man deshalb die Steinfänger entleeren müssen. Der letzte Steinfänger ist mit einer Wasserturbine versehen, deren Wasserstrom wohl die spezifisch schweren Steine in die Fänger fallen läßt, aber die leichten Rüben hebt und weiterschafft. In der Mitte der Wäsche ist noch eine Scheidewand vorgesehen, über welche die Rüben durch ein besonderes Schaufelarmkreuz gehoben werden. Diese Zweiteilung der Wäsche gestattet, vorn kaltes, dagegen hinten zum Nachwaschen warmes, frisches Wasser zu verwenden. Die gewaschenen Rüben werden am Ende der Wäsche durch ein zweites Schaufelkreuz hinaus gehoben und in ein Becherwerk geworfen. Seitliche Überläufe sorgen für den Ablauf des Schmutzwassers. Man rechnet für 1000 kg stündlich zu verarbeitende Rüben 0,2 bis 0,4 cbm Waschraum.

Man kann diese auch mit gemauerten Trögen ausführen, wie z. B. in den Spiritusbrennereien die Kartoffel- wäschen gebaut werden. Solche Kar- toffelwäschen, darauf sei besonders auf- merksam gemacht, sind nicht ohne weiteres auch für Zuckerrüben brauch- bar. Die Quirle stehen zu eng, die Rührwelle dreht sich zu schnell, die Steinfänger und das Becherwerk zum Herausheben der gewaschenen Früchte sind zu klein für die verhältnismäßig viel größeren Zuckerrüben.

Zum Waschen von 100 kg Rüben sind etwa 100 bis 300 kg Waschwasser aufzuwenden. Zweckmäßig wird dies etwas erwärmt unter Zumischung des von der Kondensation der Verdampfer ablaufenden Fallwassers. Mit der Wasch- wassermenge sei man nicht zu sparsam, denn nennenswerte Zuckerverluste sind beim Waschen durch Auslaugen der Rüben nicht zu befürchten. Dort wo Wassermangel herrscht, kann man das

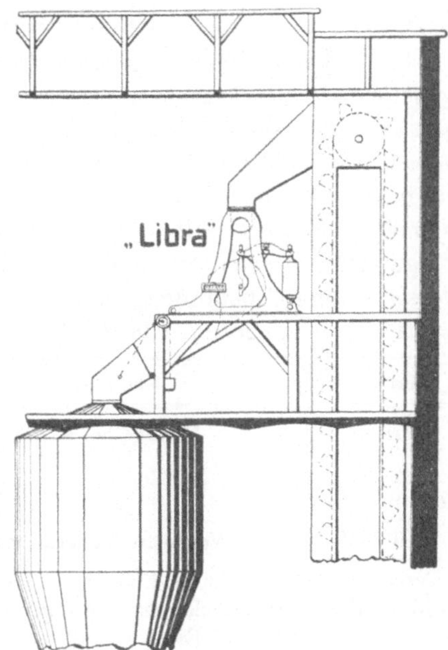

Fig. 13. Automatische Rübenwage.

Waschwasser wieder verwenden, wenn es sich in Absatzteichen etwas geklärt hat. Das Ablaufwasser sollte aber auf alle Fälle durch Zusatz von Kalk (0,02 bis 0,03 Proz.) alkalisch gehalten werden, um die Nematoden zu vernichten und um deren Verschleppung zu verhindern.

Beim Fördern und Waschen der Rüben rechnet man mit einem Zucker- verlust von 0,02 bis 0,05 Proz; während in den Wurzeln und Schwänzen etwa 0,5 bis 1,0 Proz. des Rübengewichtes verlorengehen, die aber bei größeren Anlagen durch Rübenschwanzfänger wiedergewonnen und für Futter- zwecke nutzbar gemacht werden können.

Die gewaschenen Rüben sollten nochmals gewogen werden, weil ihr Gewicht die wichtigste Grundlage für die Betriebsrechnung in bezug auf die Ausbeute an Sirup (s. Abschn. H) und wirtschaftliches Arbeiten der Fabrik bildet. Einerseits kann man dann die Verluste feststellen, die durch die Bezahlung der schmutzigen Rüben nach den Schmutzprozenten eintreten, sowie die durch Diebstahl und Verderben während der Lagerung eintreten. Es sind die Verluste, die mit der eigentlichen Arbeit in der Fabrik nicht zusammenhängen, weil sie schon erfolgen, ehe die Rübe in die Fabrik eintritt. — Andererseits kann man die Verluste bestimmen, die während der Verarbeitung selbst eintreten, indem man dann genau weiß, wieviel Rüben in die Fabrik wirklich gelangten.

Bei größeren Verarbeitungsmengen verwendet man automatische Wagen, die die vom Becherwerk gehobenen, gewaschenen Rüben wiegen, bevor sie in die Dämpfkessel fallen, nach Fig. 13, vom Librawerk, Braunschweig.

10. Das Schälen der Rüben.

In Schlesien wird, wie angeführt, die Rübe geschält, um Sirup von angenehmerem Geschmack zu erzielen; ohne Zweifel ist die Rübenschale bitterer, salziger und von kräftigerem Geschmack als das Rübenfleisch.

Um den Unterschied zwischen beiden stark und deutlich zum Ausdruck zu bringen, habe ich bei einem Versuche das Rübenfleisch und die verhältnismäßig dick geschälte Schale getrennt, aber unter genau den gleichen Bedingungen verarbeitet. Die nachstehende Gegenüberstellung gibt bei den verschiedenen Zuständen, wenn noch frisch, dann zerquetscht, gebrüht und gepreßt, einen guten Überblick.

Zustand	Rübenfleisch	Rübenschale
Frisch	Weißgelbe Farbe.	Weißgelbe Farbe, kräftiger, etwas kratzender Geschmack.
Zerquetscht	„	Schmutzig-braun.
Brühend	Weißblau bis graugrün.	Blau-braun grau.
Fertig gebrühter Brei	Weichlich süßlicher, genießbarer Kochgeschmack, weniger süß als die rohe Rübe, die kräftigen herben Nebengeschmack, den typischen Rübengeschmack, besitzt.	Herber, schwach süßlicher, weichlicher Geschmack; man muß den Schalenbrei nach einiger Zeit aus speien.
Preßsaft	Angenehm; schwach, aber nicht widerlich süß, vanilleartig, mit hell-elefantengrauer Farbe.	Etwas kratzend, nicht mehr so kräftig wie die frische Schale, von schmutzig-schwarzgrauer Farbe.
Rübensirup	Der bekannte angenehme Rübensirupgeschmack, von goldbrauner Farbe.	Auf der Zunge nicht gerade unangenehm, aber am Gaumen stark kratzend bei tintiggrauer Farbe.

Zu diesen Unterschieden zwischen dem Rübenfleisch und der Schale würden jedenfalls noch chemische Analysen wertvolle Aufschlüsse geben können. Leider konnte ich dort, wo ich die Versuche anstellte, die verschiedenen Erzeugnisse nicht untersuchen lassen. Vielleicht können später solche Versuche unter günstigeren Bedingungen wiederholt werden.

Die mikroskopische Beobachtung klärt manches auf. Die Fig. 14 zeigt einen Querschnitt durch eine Zuckerrübe nach *Wiesner* (*Stammer*) in 120facher Vergrößerung. Man unterscheidet von außen nach innen:

1. Die **Oberhaut** oder das **Periderm** bildet die äußere Umhüllung der Rübe. Es sind verkorkte Zellen mit einer Länge von 0,054 mm, einer Breite von 0,039 mm und einer Dicke von 0,009 mm. Auf ihr liegen neben der Erde auch Hefezellen und Leptothrixkörper, welche in zuckerhaltigen Flüssigkeiten Gärung hervorrufen. Durch das Dämpfen werden sie abgetötet.

2. Das **Rindenzellgewebe** ist nach außen den korkigen Oberhautzellen ähnlich, nach innen besteht es aus reinem Zellstoff mit Pektose als Zwischenstoff. Es enthält einen roten, durch Alkalien sich färbenden Farbstoff und einen eisengrünenden Gerbstoff, der durch Alkalien gelb gefärbt wird. Dieser macht sich deutlich bemerkbar, wenn man die Rübe mit einem fettfreien, blanken Eisenmesser schneidet, denn bald färbt sich diese Stelle grün und geht ins Dunkle über. Das Rindenzellgewebe wird somit eine unangenehme Verfärbung des Saftes bei der Berührung seines Gerbstoffes mit dem Eisen bewirken, so daß seine Entfernung durch Schälen auch aus diesem Grunde nützlich ist. Tatsächlich sind die Sirupe aus geschälten Rüben wesentlich heller und angenehmer gefärbt.

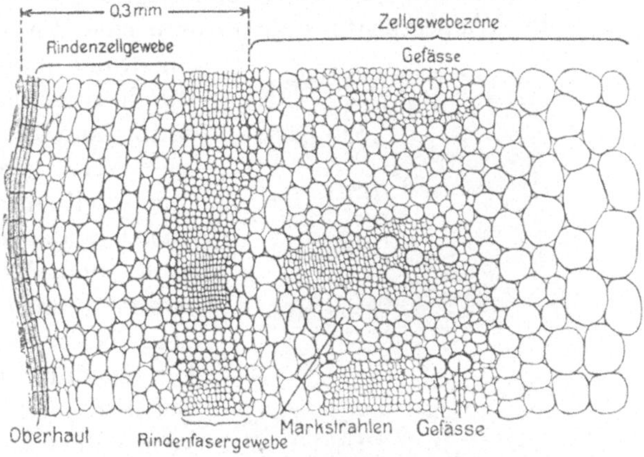

3. Das **Rindenfaser**gewebe ist kambiumartig und enthält schon kleinzellige Markstrahlen.

Die Oberhaut mit dem Rindenzell- und -fasergewebe haben zusammen nur eine Dicke von etwa 0,3 mm, so daß nur wenig abzuschälen ist, um die lästige Schale der Rübe zu entfernen. Die Verluste sind gering und können als Futterstoff noch nutzbar gemacht werden.

4. Die **Zellgewebe**zone, die abwechselnd Gefäße und Holzfasern enthält, das eigentliche Rübenfleisch.

Fig. 14. Querschnitt durch eine Zuckerrübe, 120fach vergrößert.

Die Verbindung zwischen den Zellgewebsringen bilden die Markstrahlen. Im Zellgewebe befindet sich der Zucker.

Die Entfernung der Schale bei der schlesischen Art der Sirupherstellung ist deshalb eine aus der Erfahrung wohlbegründete, die in keinem Falle etwa darin ihre Ursache hat, daß man in Schlesien weniger gute Rüben anbaut. Dies ist durchaus nicht der Fall, denn dort werden hochwertige, zuckerreiche Rüben angebaut. Die Rüben von Hand zu schälen, geht nur im Kleinbetriebe, ist aber unmöglich bei größeren Verarbeitungsmengen. Die gedämpften, also weichen Rüben lassen sich mechanisch nicht schälen, weil sie sofort zu Brei gedrückt würden; wohl aber könnte man die rohe Rübe mit Maschinen schälen. Alle mechanischen Schälmaschinen, die nach Art des Apfelschälers arbeiten, haben sich für Rüben als von zu geringer Leistungsfähigkeit gezeigt. Das gleiche gilt von Maschinen mit reibeisenartig gelochten Rebscheiben wegen der schnellen Abnutzung der Reibbleche. Erst als bei diesen die metallischen Reibflächen durch Schmirgel- oder gebrannte Schamottesteine ersetzt wurden, sind diese Maschinen auch für größte Dauerleistungen brauchbar geworden. Die Fig. 15 zeigt eine Schälmaschine von der Maschinenfabrik A.-G., Sangerhausen. Sie besteht aus einem gußeisernen Ständer, auf dem ein schmiedeeiserner, zylindrischer

Mantel ruht. Unten befindet sich ein Teller, der auf einer stehenden Welle ruht, die von einem Zahnradvorgelege in Drehung versetzt wird. Dieser gewellte Teller und der ringförmige Mantel sind mit einem Schmirgelbelag bedeckt. Die auf den Teller fallenden Rüben werden durch die Schleuderkraft gegen den Schmirgelmantel gedrückt und durch seine Drehung fortwährend umgewälzt. Die ganze Oberfläche der Rübe kommt daher mit den reibenden Wandungen in Berührung und schon nach kurzer Dauer (1 bis 2 Minuten) ist die Haut abgerieben. Es handelt sich also hier um kein eigentl'ches Schälen, sondern um ein Abreiben, Abschleifen der Oberfläche. Die Rüben werden in den über dem Rumpf befindlichen Trichter geworfen. Nach Öffnen eines den Trichter abschließenden Schiebers gelangen sie, bei der Größe III etwa gleichzeitig 50 kg, in den Schleifrumpf. Das Schleifen erfolgt unter Wasserzusatz, indem durch eine Ringbrause nach Fig. 16 Wasser einstrahlt und die abgeschabten Schalen durch einen besonderen Stutzen, der sich unter dem Teller befindet, ablaufen. Zuviel Wasser darf man aber nicht anwenden weil dies einen Teil des Zuckers auslaugt, der dann verlorengeht. Deshalb muß auch der Aufenthalt in der Schälmaschine möglichst kurz bemessen werden. Nach dem Schälen erfolgt die Entleerung durch Umlegen des auf der Figur sichtbaren Handhebels, wodurch sich die vorn an der Maschine befindliche Klappe öffnet. An den Rüben haftet noch das Schabsel locker an, es muß deshalb noch abgespült werden. Die Bearbeitung einer Füllung, einschließlich Füllen und Entleeren, nimmt 2 bis 5 Minuten in An-

Fig. 15. Schälmaschine.

spruch Mit der Größe III können deshalb in der Stunde 750 bis 1000 kg Rüben geschabt werden.

Die im Spülwasser von der Schälmaschine ablaufenden Schalenschabsel müssen zurückgewonnen werden, sonst gehen bis 10 Proz., unter Umständen noch mehr von der Rübe als Viehfutter verloren. Um diese Rückgewinnung zu ermöglichen, ist es unbedingt nötig, die Rüben vorher in einer Quirlwäsche sehr gründlich von Schmutz zu befreien und die Schälmaschine nicht etwa auch noch als Waschmaschine mit zu benutzen. Wenn dies auch von den Lieferanten häufig empfohlen wird, so ist es doch falsch, weil dann die Gewinnung der Schabsel als Viehfutter unmöglich und weil auch die Schleifscheibe durch die sandige Erde sich schnell glattschleift und die Leistung vermindert wird. Schält man aber gewaschene Rüben, dann braucht man das ablaufende Wasser nur über ein Sieb oder bei größeren Anlagen über einen ununterbrochen arbeitenden Pülpefänger leiten, wie er in der noch weiter hinten gebrachten Fig. 44 dargestellt ist. Von dem Sieb wird die sandfreie Pülpe abgefangen, die gemeinsam mit den entsafteten Preßlingen unmittelbar frisch verfüttert oder getrocknet wird. Die von mancher Seite vorgeschlagene Filterung des Ablaufwassers durch Filterpressen (auf S. 57 beschrieben) erscheint umständlich und teuer gegenüber den einfachen Pülpefängern. Man kann dann auch das entpülpte Spülwasser mehrmals verwenden und zur Schälmaschine zurückleiten, wodurch die Zuckerverluste beim Schälen und Spülen vermindert werden.

Das Dämpfen der vorgeschälten Rüben muß dann so ausgeführt werden, daß das ablaufende Dämpfwasser, welches natürlich Zuckersaft aus der nackten Rübe auslaugt, aufgefangen und mit dem Preßsaft gemeinsam verarbeitet werden kann. Dabei muß dann aber die Berührung dieses Dämpfsaftes und der Rüben mit den eisernen Wandungen des Dampfkessels möglichst vermieden werden, wenn man den Saft nicht wieder ungünstig beeinflussen will. Unter Berücksichtigung dieser Schwierigkeit und des mit dem Schäler verbundenen Verlustes an Rübenmaterial für die Saftgewinnung sieht man im Großbetriebe fast immer vom Schälen der Rüben ab. Man wäscht sie nur

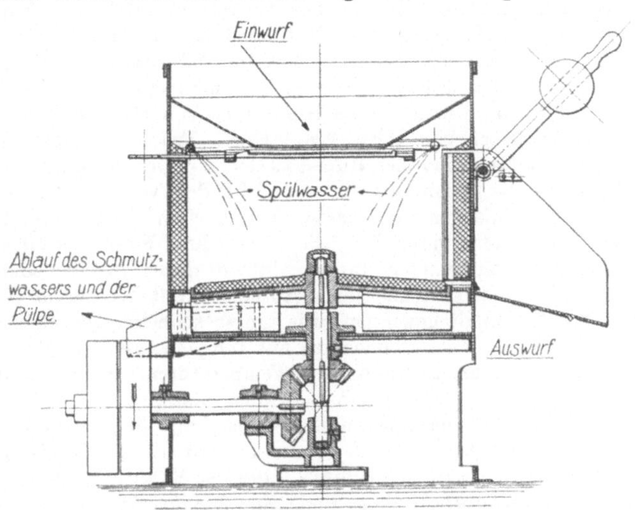

Fig. 16. Rübenschleifmaschine.

gründlich, vermeidet verdorbene Rüben, entfernt schlechte Stellen und nimmt den herben Geschmack gegen eine Verbilligung der Herstellung in Kauf. Besser wäre es dann aber doch, wenn auch den ungeschälten Rüben von vornherein ein besserer Gesamtgeschmack angezüchtigt wird.

11. Der Zweck des Brühens und Dämpfens.

Vom Brühen spricht man, wenn die Rüben nur Temperaturen bis 100° ausgesetzt werden, indem das Brühwasser Dämpfe unter dem Druck der freien Atmosphäre entwickelt, die ihre Wärme an die kalten Rüben abgeben, dort kondensieren, als Wasser ablaufen und wieder durch die Heizung verdampft werden.

Will man Temperaturen über 100° anwenden, dann sind Dämpfe von höherer Spannung zu benutzen, die in geschlossenen Gefäßen, den Dämpfkesseln, eingeschlossen werden müssen. Man spricht dann vom Dämpfen. Diese Dämpfer werden meistens nicht mehr durch unmittelbares Feuer beheizt, sondern durch Dampf, der in besonderen Dampfkesseln erzeugt wird.

Der Zusammenhang zwischen Wasserdampftemperatur und Druck ist folgender:

Zahlenreihe IV.

	Unterdruck		Atmosphärische Spannung	Überdruck					
Dampfspannung . . . Atm.	— 0,9	— 0,5	0,0	0,5	1,0	2,0	3,0	4,0	5,0
Dampftemperatur . . . ° C	45	81	100	112	120	134	144	152	159

Mit dem Brühen oder Dämpfen wird eine bedeutende Umänderung der Körper, aus der die Rübe aufgebaut ist, hervorgerufen.

Der Zuckersaft ist in der Rübe in winzig kleinen Zellen und Schläuchen nach Fig. 14 eingeschlossen, deren Wände den Austritt des Saftes verhindern. Die lebende Wand wirkt wie eine Haut, die den Saft auch durch den stärksten anwendbaren Druck von einigen 100 Atm. nicht entweichen läßt. Will man den Saft gewinnen, so muß man die Rüben auslaugen mit viel Wasser, oder man muß die Zellen aufreißen oder töten. Da es sich hier um winzig kleine Hohlräume von etwa 0,03 mm Durchmesser handelt, so ist das Aufreißen eine schwierige Arbeit. Früher, bei der alten Preßarbeit in Zuckerfabriken, mußten die rohen Rüben zu feinstem Brei zerschliffen werden, und doch konnten dabei nicht alle Zellen aufgerissen und für den freien Austritt des Saftes geöffnet werden. Wiederholtes Mischen mit Wasser, Nachschleifen und Pressen führte erst zu befriedigenden Ergebnissen. Man muß die Zelle töten, ihrer Kraft berauben. Dies geschieht im allgemeinen am einfachsten durch Erhitzen, durch Brühen oder Dämpfen.

Auch durch systematisches Auslaugen mit Wasser in der Diffusionsbatterie kann man den Zellinhalt gewinnen, was um so schneller geschieht, je wärmer man arbeitet. Dabei dürfen aber im allgemeinen nur Temperaturen von 80°, höchstens 90°, eingehalten werden. Überschreitet man diese Temperaturen, so werden die Rübenschnitzel weich, sie sind verbrüht, pressen sich zusammen und verhindern den Saftdurchfluß. Aber man will bei der Rübensirupherstellung nicht nur den zuckerhaltigen Zellinhalt, sondern auch einen Teil der Zellwand gewinnen, man will durch das Brühen möglichst viel Pektinstoffe in den Saft überführen. Bei der Krautherstellung aus Äpfeln im Rheinland ist dies das Hauptbestreben, und ohne Zweifel sind solche Stoffe auch im Rübensirup vorhanden. Er hat deshalb einen schleimig-zäheren, glitschigeren Charakter als der auf den gleichen Gehalt eingedickte Dicksaft der Zuckerfabriken. Dieses beruht in der Hauptsache auf den Pektinstoffen, die durch längeres Kochen in bedeutender Menge in dem Zellsaft aufgelöst werden. Die Intercellularsubstanz quillt auf, wird zur Gallerte, und die Säure des Rübensaftes bringt diese Gallerte in Lösung.

Nach *F. Ehrlich* (Chem.-Ztg. 1917, S. 197) kann man aus der trockenen Zellmembran der Rübenwurzel bis zu 25 bis 30 Proz. Rohpektin gewinnen. Es entspricht dies einem Gehalt der frischen Rüben von rund 1 Proz. In gefrorenen Rüben quellen die Zellen, die Pektinstoffe gehen leichter in Lösung, auch wird Zucker invertiert, deshalb sind diese doch für Rübensirup brauchbar.

Die Pentosane, Hexosane und Lignine kommen in allen Pflanzen in wechselnden Verhältnissen vor und besitzen einen verschiedenen Lösungsgrad. Ein erster und kleiner Teil ist durch Enzyme, wie Diastase, Salzsäure oder durch Wasser unter 1 bis 3 Atm. Überdruck löslich bzw. hydrolysierbar (*König* u. *Rump*, Charakter und Struktur der Pflanzenzellmembran. 1914). Uns interessiert hier nur das letztere, weil wir somit bei der Dämpfung unter Druck damit rechnen können, daß aus der Zellwand, der Pülpe, Teile gelöst in den Saft gehen.

Die Eigenschaften der Pektinstoffe beeinflussen den Rübensirup im günstigsten Sinne, während sie bei der Zuckerherstellung als störende Begleiter betrachtet werden, da sie die Auskrystallisation erschweren. Während man deshalb dort höhere Temperaturen vermeidet, wendet man sie hier vorteilhaft an. Natürlich hat auch hier die Höhe der Temperaturen Grenzen, wie wir noch sehen werden. In der Hauptsache beeinflussen nun die Pektinstoffe die physikalischen Eigenschaften des Speisesirups (S. 104). Ob auch in bezug auf den Nährwert, ist noch unentschieden, aber anzunehmen.

Durch das Dämpfen gehen die gerinnbaren Eiweißstoffe nicht erst in den Saft, sondern verbleiben in den Preßlingen, wo sie als Futter nutzbar gemacht werden. Im Sirup sind diese gerinnbaren pflanzlichen Eiweißstoffe, trotz ihres Nährwertes, nicht erwünscht, weil sie dem Saft ein trübes Aussehen geben und ein schnelles Übergehen in Gärung, also Verderben des Sirups, veranlassen. Nicht alle Eiweißstoffe gerinnen, einige, die notwendige Hilfsmittel für die Gallertbildung sind, bleiben in Lösung, die bei entsprechender Behandlung der Rüben unter dem Einfluß der Pektinstoffe eintritt.

Ein Teil der Zellmembran geht, ähnlich wie Stärke (Dextrine, Gummi), durch das Kochen mit Wasser, das Brühen oder Dämpfen als nutzbarer Stoff in Lösung, die Menge des Sirups vermehrend. Im Gegensatz zur Rübenzuckerherstellung, wo diese Stoffe lästig sind, und die Ausbeute vermindern durch Vermehrung der Melasse.

Neben den Pektinstoffen lösen sich allmählich auch andere, in den Zellwänden vorhandene Stoffe, wie z. B. Kali- und Kalksalze, die im Saft weniger erwünscht sind, weil sie seine Güte und seinen Geschmack ungünstig beeinflussen. Ihr Gehalt hängt von der Art der Rübe, der Düngung, Witterung u. a. ab, ist also nicht in allen Fällen gleich. Von ihnen wird um so mehr in den Saft übergehen, je länger und bei je höherer Temperatur man die Rüben dämpft.

Mit der Wirkung des Brühens und Dämpfens hängt auch die zuerst von *Steffens* bei seinem Brühverfahren weidlich ausgeschlachtete Erzeugung von sog. „Pluszucker" zusammen. Es wurde bei der Untersuchung durch andere, das polarisierte Licht ebenfalls rechtsdrehende Körper mehr Zucker vorgetäuscht, als wirklich vorhanden war.

Wie noch später gezeigt werden wird, geht der Rübenzucker durch den Einfluß der Saftsäure in Invertzucker über, ein an und für sich erwünschter Vorgang (S. 76). Je höher die Temperatur ist, um so stärker ist diese Umwandlung, so daß man aus diesem Grunde häufig auch gern mit hoher Temperatur, also bei hohem Druck dämpft. Geht doch bei einer Temperatur von 130 bis 135° (2,0 Atm.) der Rübenzucker auch ohne Säure schon in Invertzucker über. Man erspart dann nachträglichen Säurezusatz. Dies sollte aber kein Grund sein, um zu lange und mit zu hoher Temperatur zu dämpfen.

Zu allen den vorgeschilderten Umwandlungen kommt, daß durch das Brühen der rohe Rübengeschmack einem mundgerechteren Kochgeschmack weicht, wie sich dies noch besonders bei dem im Anhang erwähnten Verfahren von *Müller* (S. 134) bemerkbar macht.

Bei offenen Kochern, die unter atmosphärischem Druck arbeiten, wird die Brühtemperatur etwa 100° betragen. Je höher sie ist, um so schneller wird die Rübe weich gekocht. Man verwendet deshalb in vielen Sirupfabriken Rübendämpfer, die mit 1 bis 3 Atm. Innendruck arbeiten, also mit 120 bis 144°. Solche Temperaturen sind aber nachteilig auf die Güte der Erzeugnisse, besonders in der Farbe, werden aber trotz dieser Erkenntnis von vielen Fabrikanten angewendet, in dem Bestreben, möglichst viel mit der vorhandenen Einrichtung zu verarbeiten.

Will man einen gleichmäßigen Sirup erzeugen, so wird man mit gelinder Temperatur arbeiten. Man vermeidet dann eine Überhitzung der äußeren Rübe, während der innere Teil, der Kern, noch roh ist. Gelinde Temperatur und längere Brühzeit (nicht unter 3 Stunden) sorgen für gleichmäßige Verteilung der Wärme in der dicken Rübe, sowie für gleichmäßiges, durchgehendes Brühen und Aufschließen. Man muß dabei immer daran denken, daß eine gewisse Zeit notwendig ist, um die Wärme von außen in das Innere der Rübe zu leiten. Man könnte durch Zerkleinerung dieses Erwärmen beschleunigen, würde aber eine nachteilige Auslaugung bewirken. Zerschnitzeln, wie in Zuckerfabriken üblich, ist nachteilig, weil die Rübenschnitzel beim Dämpfen suppig werden, auseinanderlaufen und sich nicht mehr pressen lassen. Man sollte sich von der Jagd nach der übermäßigen Verarbeitung in der vorhandenen Einrichtung freimachen. Wohl wird dadurch das Anlagekapital bei oberflächlicher Beurteilung besser ausgenutzt, wenn aber dabei die Güte des Erzeugnisses leidet, so wird sich diese überhastete Arbeit bald durch schlechte Preise und Erschwerung des Absatzes rächen.

12. Die Rübendämpfer.

Rübendämpfer, die ohne Druck arbeiten, also bei höchstens 100° die Rüben brühen, habe ich schon auf S. 6 beschrieben. Diese sind aus Eisen, mit losem Deckel versehen, und die Berührung mit den Rüben ist nicht nachteilig, weil die Schale noch schützend wirkt.

Bei allen offenen, unmittelbar gefeuerten Rübendämpfern ist es unzweckmäßig, diese ganz mit Wasser anzufüllen, die Rüben ganz mit Wasser zu bedecken, weil dann das kochende Wasser viel Zucker auslaugt, der für den Sirup verlorengeht. Deshalb bedeckt man bei den Kochern nur den Boden mit Wasser. Nur die aus dem kochenden Wasser sich entwickelnden Dämpfe sollen die Rüben brühen. Nur auf der Rübenschale wird infolge der Wärmeabgabe der Dampf kondensieren und diese Schale, die äußere Haut auslaugen. Dabei wird verhältnismäßig wenig Zucker ausgelaugt, dagegen mehr die in der Schale angehäuften Salze und Bitterstoffe. Das nach beendetem Kochen im Kessel zurückbleibende Brühwasser ist deshalb bitter und für die Sirupherstellung ungeeignet. Man erreicht so auch eine gewisse Entbitterung der ungeschälten Rüben.

Unmittelbare Befeuerung der Kessel und Kocher kommt nur für kleinste Anlagen in Frage. Größere wird man stets mit Dampf heizen. Diesen kann man unmittelbar in den Dämpfer leiten oder nur durch einen äußeren Dampfmantel wirken lassen.

Für roh geschälte Rüben wird man eine Berührung mit Eisen möglichst vermeiden, damit auch der sich unten ansammelnde Brühsaft mit zur Sirupherstellung nutzbar gemacht werden kann. Dämpfer aus amerikanischem Pitch-pine oder Lärchenholz sind hier nützlich. Die Fig. 17 zeigt Zwillingskippdämpfer von Noll & Co., Ehrenbreitenstein, die in rheinischen Krautfabriken häufig Anwendung finden. Sie besitzen über dem Boden einen hölzernen Tragrost, unter den Frischdampf mittels eingebauter, herausnehmbarer Kupferschlange geblasen wird. Die aus der Wäsche kommenden Rüben werden mit einem Becherwerk gehoben und durch eine Transportschnecke od. dgl. den Dämpfern zugeführt. Die gedämpften Rüben werden nach hinten in eine Sammelrinne gekippt, rutschen in eine Quetschschnecke und von dort auf die Pressen. Handarbeit wird dabei möglichst vermieden. Diese Einrichtung hat für kleinere Fabriken den Vorteil, auch zur Herstellung von Fruchtsäften, Marmelade u. dgl. nutzbare Verwendung finden zu können.

Die hölzernen Dämpfer gestatten, bei geschälten Rüben an Stelle des Dampfwassers auch den Nachpreßsaft zu verwenden, wodurch an Dampf beim Eindicken des zweiten Saftes gespart wird, wie wir noch sehen werden.

Zu hohe Temperaturen beim Brühen sucht F. H. Werner, Velpke, nach D. R. P. 83 091 (vom Jahre 1895) dadurch zu vermeiden, daß die Erwärmung der Rüben von außen und unter Luftverdünnung erfolgt. Seine Dämpfer sind deshalb mit einem Dampfmantel versehen und deren Innenraum mit einer Luftpumpe verbunden. Die Luftpumpe erzeugt eine gewisse Luftleere, so daß die Brühtemperatur eine bestimmte Höhe nicht überschreiten kann. Nach diesem Verfahren soll nach Mitteilung des Erfinders auch Wilh. Strohe,

Fig. 17. Hölzerner Kippdämpfer.

Zörbig, in seiner schlesischen Fabrik noch heute arbeiten. Mit welcher Temperatur bzw. Luftleere gearbeitet wird, konnte ich nicht erfahren. Unter 80° dürfte aber die Temperatur in keinem Falle sinken, weil sonst ein Garkochen der Rüben nicht möglich ist. Der von *Werner* vorgeschlagene und angewendete Dampfmantel, also die mittelbare Erhitzung der Rüben, ist dem durch unmittelbares Einströmen von Dampf erfolgendem Erhitzen vorzuziehen. Der dem Dampfkessel entnommene Dampf hat immer einen eigenartigen, unangenehm öligen Kochgeschmack, der sich leicht dem Saft mitteilt. Dort, wo man unter Druck dämpfen will, ist Holz unzulässig. Man muß die Dämpfer aus Schmiedeeisen bauen und versieht sie mit äußerem Dampfmantel, um auch möglichst wenig Brühwasser zu bekommen. Die Fig. 18

zeigt einen Dämpfkessel von Emil Paßburg, Berlin. Bei deren Bau sind die Dampffaßvorschriften zu beachten und es ist notwendig, daß jeder Dämpfer beim zuständigen Dampfkesselüberwachungsverein angemeldet und unter Beobachtung dieser Bestimmungen betrieben wird. Es sind auch für Deutschland die Unfallverhütungsvorschriften vom Januar 1915 der Nahrungsmittelindustrie-Berufsgenossenschaft, Sitz in Mannheim, zu befolgen. Uns interessieren hier die §§ 136 bis 140 über die Ausrüstung der Rübenkocher, §§ 141 bis 147 über deren Inbetriebnahme und Instandhaltung und §§ 271 bis 275 über die Vorschriften über Versicherte in Rübensaft- und Speisesirupfabriken. Diese Vorschriften muß sich jeder Siruphersteller beschaffen. Demnach muß jeder Dämpfkessel ein Dampfabsperrventil, Sicherheitsventil, Manometer mit Kontrollflansch und ein dauerhaft befestigtes Schild erhalten, auf dem höchster Betriebsdruck in Atmosphären, der Fassungsraum in Litern, der Hersteller, dessen Fabriknummer und das Herstellungsjahr angegeben sein müssen. Die Schlitze für die Gelenkschrauben an den Verschlußbügeln sind so auszubilden, daß ein Abrutschen während des Betriebes nicht möglich ist. Der Schlitz darf nicht zu kurz sein, und das Bügelende ist nach außen keilartig zu verstärken.

Die Größe, die Aufnahmefähigkeit des Dämpfers richtet sich nach der täglich zu verarbeitenden Rübenmenge und der einzuhaltenden Dämpfzeit, die, wie gesagt, nicht unter 3 Stunden betragen soll. Einschließlich

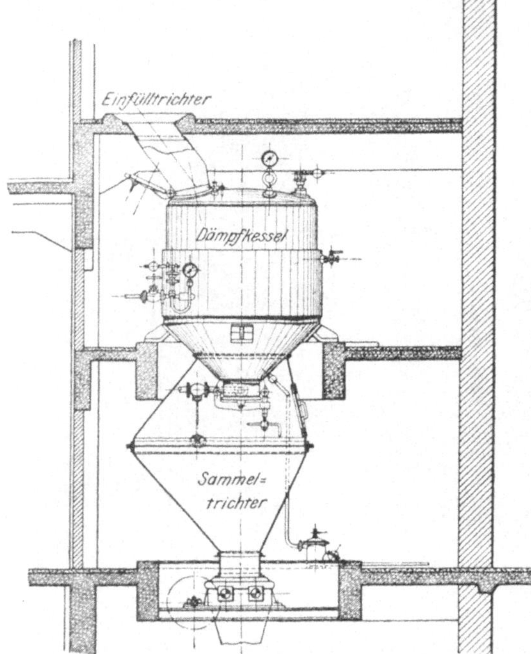

Fig. 18. Aufstellung eines Rübendämpfers.

Füllen und Entleeren wird man für jeden Dämpferinhalt somit mindestens 4 Stunden rechnen müssen. Da 1000 kg Rüben einen Raum von 1,66 cbm einnehmen und man den Dämpfer nicht ganz voll füllen wird, so sind für je 100 kg Rüben, die in 4 Stunden verarbeitet werden sollen, wenigstens 175 l Dämpferinhalt erforderlich.

Erwähnt sei hier der Vollständigkeit halber auch noch das Verfahren von *Brill* und *Merker* (D. R. P. 63 796/1891). Deren Ansprüche lauten: Verfahren, aus Rübenschnitzeln, welche mittels möglichst trockenen und gespannten Wasserdampfes in dampfdichten, widerstandsfähigen, hermetisch verschlossenen Behältern gedämpft worden sind, den durch diese Dämpfung freiwillig sauer gewordenen und teilweise invertierten Zuckersaft behufs der Herstellung von braunem Sirup (auch Rübensaft genannt), aus welchem Zucker freiwillig nicht mehr auskrystallisiert, zu gewinnen. Und zwar derart, daß unmittelbar nach beendigter Dämpfung aus dem verschlossen zu haltenden Behälter 1. ein Teil des Saftes (in einer annähernd dem Saft in den Rüben gleichen Stärke) mittels Dampfdruck, der auf die Schnitzel drückt, am Boden abgedrückt wird, und 2. der in den Schnitzeln verbleibende Saftrest, nachdem der Behälter vom Druck entlastet worden ist, durch Nachspülen mit Wasser durch dieselbe Ablaufvorrichtung abgetrieben wird. Die entweder aus dem Inhalt eines einzelnen Behälters oder gleichzeitig aus dem Inhalt mehrerer dieser zu einem System vereinigten Behälter, mit Ablauf aus diesem, unter gleichzeitiger Filtration des Saftes durch ein Gewebe, welches auf einem dicht am Boden der Behälter angeordneten Siebe ruht.

Dieses Verfahren erscheint nicht ausführbar, denn die geschnitzelten Rüben zerfallen beim Dämpfen zu feinem schmierigen Brei, der sich nicht abpressen läßt.

13. Die Zerkleinerung der gedämpften Rüben.

Nachdem die Rüben gedämpft und weichgekocht sind, müssen sie noch zerkleinert werden, um ein besseres Packen der Pressen zu ermöglichen. Damit ist auch eine gleichmäßigere Verteilung und Abpressung verbunden. Ganz oder zu grobstückig in die Pressen eingepackte Rüben benötigen zuviel Packraum und längere Zeit zum Niedergehen des Preßstempels, bevor die großen Zwischenräume angefüllt sind und der volle Preßdruck entsteht. Viel unnützer Leerlauf im Preßkorb muß zurückgelegt werden mit seinem Verbrauch an Zeit und Kraft. Aber man darf mit der Zerkleinerung auch nicht zu weit gehen. Die großen Zwischenräume bei groben Rübenstücken gestatten namentlich der anfangs austretenden bedeutenden Saftmenge leichteren Ausfluß. Fein zerriebener Brei dagegen nimmt leicht eine schlammige Form an, die schwer in die Pressen einzubringen ist und den Durchtritt des Saftes von innen nach außen sehr erschwert, oft fast ganz unmöglich macht. Solch glitschiger, auch mit zuviel

Fig. 19. Zerkleinerungsmühle.

Wasserzusatz gedämpfter Rübenbrei verursacht bei den offenen Pressen (S. 33) ein starkes Treiben des Breies nach der Seite, welches ein Reißen der Tücher, bei Korb- und Seiherpressen deren Verstopfen bewirken kann. So ist man z. B. bei überreifen Beeren häufig gezwungen, ausgebrühten groben Häcksel innig unterzumischen, um die Maische so zu lockern, daß eine genügende Menge Saft austreten kann. Die Ausbeute sinkt also, je feiner der Brei, so daß man eine zu weitgehende Zerkleinerung vermeiden muß. Zerbrechen der Rüben in walnuß- bis faustgroße Stücke dürfte zweckmäßig sein. Einfache Zerkleinerungseinrichtungen habe ich schon auf Seite 7 beschrieben. Unvollkommen ist das mit S-förmigen Eisenstampfern häufig geübte einfache Zerstoßen im Kochkessel selbst, ganz abgesehen davon, daß dieser durch das Stampfeisen ganz erheblich beschädigt wird.

Für Großbetriebe kommt z. B. eine Mühle nach Fig. 19 der Maschinenfabrik Ph. Mayfarth & Co., Frankfurt a. M., in Anwendung. Es ist darauf zu achten, daß die Walzen grobzähnig sind und weit stehen, damit die Rüben nicht gemahlen, sondern nur zerbrochen werden. In den Trichter werden die

Rüben aus dem hochstehenden Dämpfer eingefüllt und durch die Walzen zerquetscht. Bei allen Mühlen ist darauf Rücksicht zu nehmen, daß beim Zerkleinern kein Saft verlorengeht, sondern mit dem Brei vereinigt bleibt. Beide fallen in einen Holzbottich, von dem aus die Pressen leicht gefüllt werden können.

D. Die Gewinnung des Rübensaftes.

14. Das Entsaften des Rübenbreies.

Durch das Brühen sind die Zellen getötet, die Kraft der Zellwände, die den Saft fest eingeschlossen hielten, gebrochen, so daß der Saft nur noch locker eingefüllt in den Zellschläuchen sich befindet. Viele Zellen sind schon durch das Brühen geplatzt und zerrissen, so daß ein Teil des Saftes ohne jede Anwendung von Gewalt vom Brei abläuft. Ein anderer Teil des Saftes hängt äußerlich an den Zellwänden, in den Zwischenräumen, während die Hauptmenge noch in den Zellschläuchen, gleichsam lose eingehüllt, sich befindet. Die Capillarität hält ihn darin zurück. Um diesen Saft zu gewinnen, müssen die Zellen zusammengedrückt und somit der Saft herausgepreßt werden.

Das Zusammendrücken der Zellschläuche kann durch Pressen geschehen oder in Schleudern (Zentrifugen).

Die im allgemeinen zur Anwendung kommenden Pressen sind entweder Platten- (Etagen-) oder Korb- (Kelter-) Pressen. Sie müssen abwechselnd gefüllt und entleert werden. Ununterbrochen arbeitende, z. B. Walzen- oder Kegelpressen, entsaften meistens den Brei nicht genügend, weil der schleimige Preßsaft längere Zeit zum Ablaufen erfordert; weil der Druck längere Zeit kräftig auf den Brei wirken muß, als es solche ununterbrochen arbeitenden Pressen ermöglichen. In Zuckerfabriken, beim *Steffens*schen Brühverfahren sind sie anwendbar, weil die Schnitzel nur 80 bis 90 ° ausgesetzt wurden und deshalb noch so hart sind, daß sie ihre Form beim Pressen nicht wesentlich verlieren.

Die Auslaugung mit Wasser, die sog. Diffusion der Rübenzuckerfabriken, ist beim Rübenbrei nicht anwendbar. Die Diffuseure sind stehende zylindrische Gefäße mit oberem und unterem Sieb, von denen mehrere durch entsprechende Rohrleitungen untereinandergeschaltet sind. Rübenbrei, in diese eingefüllt, würde sich auf die Siebe dicht auflegen, teilweise durchquetschen und so jeden Saft- und Wasserstrom hemmen. Man vermeidet deshalb auch in den Rübenzuckerfabriken ängstlich Temperaturen über 90°, weil sonst die Rübenschnitzel weich werden und die Auslaugung unmöglich machen (S. 26) oder sehr erschweren.

Mischen des Rübenbreies mit Wasser in Rührwerken und nachfolgende Auslaugung, sog. Maceration, gibt ohne nachfolgende Pressung ungenügende Ausbeute und nachteilige Saftverdünnung.

Das an und für sich einen so vorzüglichen Eindruck machende Elektro-Osmose-Verfahren (D. R. P. 124 430) hat noch nicht die für den Großbetrieb geeigneten Apparate gefunden.

15. Die Plattenpressen.

Kleine einfache Handpressen, wie sie zur Verarbeitung einiger weniger 100 kg Rüben genügen, habe ich schon auf S. 7 beschrieben. Für gleiche Arbeitsweise, indem man eine größere Anzahl in Tücher eingeschlagener Kuchen übereinanderlegt, gibt es noch Pressen mit außerordentlicher Leistungsfähigkeit. Solche Pressen mit hydraulischer Pressung waren früher in den Rübenzuckerfabriken allgemein in Anwendung und in den französischen bis Ende der 70er Jahre des vorigen Jahrhunderts. Noch heute sind diese als Ölpressen in ähnlicher Form, z. B. zum Auspressen der Rübsaat, in Benutzung.

Die Fig. 20 zeigt eine sog. Platten- oder Etagenpresse von Wegelin & Hübner, Halle, mit hydraulischer Preßwirkung. Im Unterteil befindet sich ein Zylinder, in dem ein Tauchkolben geführt ist, der eine Druckplatte trägt. Diese Druckplatte, das „Preßbiet", ist der Tisch zur Auflage des Preßgutes. Oben ruht auf vier kräftigen Säulen eine Gegendruckplatte. An diese sind häufig durch kettenartige Glieder Zwischenplatten so aufgehängt, daß diese bei ganz heruntergegangenem Drucktisch gleichmäßig voneinander abstehen. Auf diese Zwischenplatten werden die Kuchenpakete genau so eingelegt, wie dies bei der schlesischen Handpresse beschrieben wurde. Zur

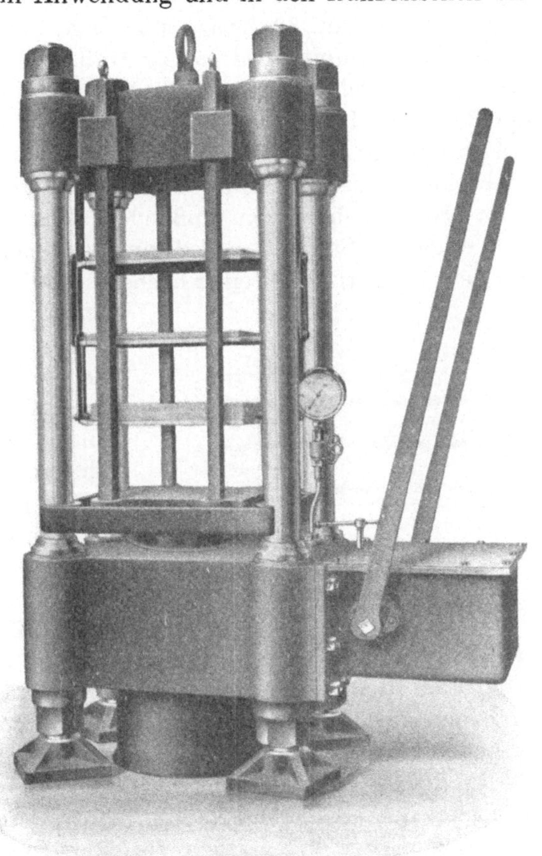

Fig. 20. Platten- oder Etagenpresse.

Erleichterung des Einfüllens des Breies in die Preßtücher verwendet man als Lehren mit Vorteil hölzerne Rahmen, mit einer lichten Größe, die etwas kleiner als die der Drucktischplatte ist. Für die vorliegende Presse wären dies quadratische Rahmen von 600 mm lichter Weite und 50 mm Höhe, aus 20 mm starken Leisten zusammengeschraubt. Den leeren Rahmen legt man flach auf eine Zwischenplatte, die auf dem Arbeitstisch ruht, legt das Preßtuch quer darüber, füllt das in den Rahmen einsinkende Tuch mittels einer Kelle mit einer bestimmten Menge Brei voll und läßt ihn durch zwei gegenüberstehende

Arbeiterinnen gleichmäßig ausbreiten. Diese schlagen die Tuchzipfel nach der Mitte zu nun so übereinander, daß der Brei allseitig eingeschlossen ist. Der Rahmen wird dann abgehoben und das Paket mit der Zwischenplatte in die Presse eingelegt. Da beim Einschlagen schon Saft abfließt, so muß der Arbeitstisch mit einem hochstehenden Rand versehen sein und mit einem Ablauf nach dem Sammelkasten. Die auf der Fig. 20 vorn und hinten sichtbaren vier quadratischen Führungsstangen werden so lange hochgezogen, bis alle Pakete, die in Tücher eingewickelten Kuchen, eingelegt sind. Eine solche Presse mit 30 Zwischenblechen von 630 mm im Quadrat, also für 30 Kuchen, nimmt etwa 150 kg Rübenbrei auf. Der hydraulische Stempel hat einen Durchmesser von 370 mm bei einem Hub von 850 mm, während die Packhöhe 1400 mm beträgt. Um bei dieser Packhöhe die Bedienung zu erleichtern, ist es zweckmäßig, die Plattenpresse in eine Grube zu versenken oder eine Bedienungsbühne so hoch anzubringen, daß die Oberplatte nur etwa 1300 mm über dem Fußboden steht. Die Beschickung erfolgt bei diesem erhöhten Stand des Bedienungsmannes dann, wenn sich der Stempel mit dem Drucktisch in seiner höchsten Stellung befindet. Durch das Wechsel-

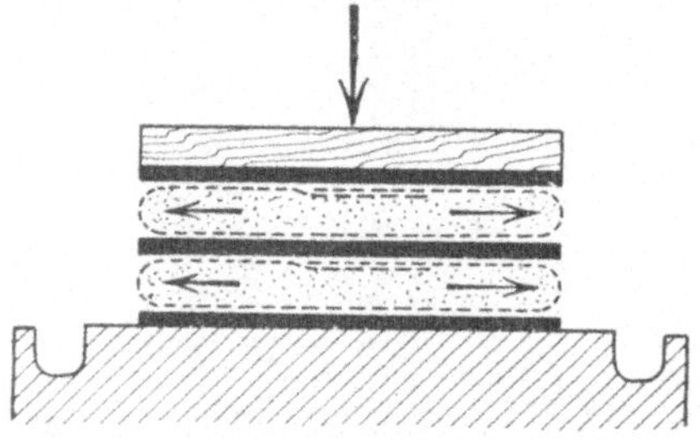

Fig. 21. Beanspruchung der Preßtücher bei Plattenpressen.

ventil in der Wasserdruckleitung wird der Tisch um eine Kuchenhöhe herabgelassen, bis die ganze Presse angefüllt ist. Der Arbeiter braucht sich dann nicht auszulangen und auch nicht angestrengt zu bücken, weil er die Kuchen immer in ungefähr gleicher Brusthöhe einlegen kann. Ist die Presse gefüllt, dann werden die über Rollen geführten, an Ketten hängenden Führungsstangen herabgelassen. Man stellt die Druckwasserpumpe an, die nun Druckwasser unter den Stempel des Drucktisches drückt und diesen hebt. Der Preßwasserdruck kann bis auf 150 Atm gesteigert werden, doch muß man sich mit geringerem Druck begnügen, weil sonst die Preßtücher an den Rändern auseinanderplatzen und den Brei austreten lassen.

In diesen seitlich offenen Plattenpressen nach Fig. 20 sind die Preßtücher an den seitlichen Rändern nicht geschützt, und auf dem Tuch lastet der ganze Druck des seitlich abgleitenden Breies, wie dies Fig. 21 zeigt. Dieser starke Seitendruck verlangt zerreißfeste Tücher. Entlastet werden die Tücher bei den noch zu beschreibenden Seiherpressen.

Da die Tuchränder dehnbar nachgeben und so die Kuchen innen am stärksten gepreßt werden, so sind die Ränder lockerer, weniger gepreßt und enthalten mehr Zuckersaft.

Um die Tücher nicht zu zerreißen, geht man bei solchen Pressen nicht gern über 30 Atm. Der Stempel von 370 mm hat eine hydraulische Druckfläche von 1075 qcm, durch die 30 Atm Wasserdruck übt er somit auf den Drucktisch einen Druck von $1075 \cdot 30 = 32\,250$ kg, der etwas um die Stopfbüchsenreibung vermindert wird, aus. Da der Drucktisch $63 \cdot 63 = 3969$ qcm

Fläche hat, so wird auf die Rübenbreipakete ein Druck von $\frac{32\,250}{3969} = 8{,}2$ kg auf den Quadratzentimeter ausgeübt. Dieser Druck von 8,2 kg/qcm, entsprechend 8,2 Atm, bewirkt in Verbindung mit der dünnen Lage der einzelnen Breipakete eine schnelle und gute Abpressung. Bei gutem Rübenbrei ist die Abpressung in 20 bis 30 Minuten vollendet. Nachteilig ist nur die Handarbeit, denn sie erfordert für die schnelle Füllung und gute Ausnutzung wenigstens 3 Leute zur Bedienung. Die Zwischenbleche werden glatt verwendet. Gelochte haben sich nicht bewährt, weil die scharfen Kanten leicht in die Tücher einschneiden und die Löcher sich mit Saft anfüllen, der nicht abfließen kann, sondern nach dem Abstellen des Druckes wieder vom ausgepreßten Brei aufgesogen wird. Deshalb sind auch die Korbgeflechtzwischenlagen bei der auf S. 7 beschriebenen schlesischen Handpresse mit ihren vielen Hohlräumen nachteilig für die Ausbeute, wenn sie auch anfangs ohne Zweifel den Ablauf des Saftes sehr erleichtern. Die Zwischenbleche sollen auch ein Schiefgehen der Pakete verhindern, indem die Bleche an den senkrechtstehenden Führungsstangen gleichmäßig in die Höhe gleiten. Meistens werden die Platten auch nicht schwebend aufgehängt, wie dies die Fig. 20 zeigt, sondern lose einzeln auf jedes Paket aufgelegt.

Die Ausbeute ist bei diesen Plattenpressen sehr gut, doch hat der ausgepreßte Saft verhältnismäßig viel Pülpe, die aus den freiliegenden Rändern der Pakete ausgepreßt wird. Man ist deshalb häufig gezwungen, solchen Preßsaft erst in großen Behältern aufzusammeln, um die Pülpe zur Ablagerung zu bringen oder durch Pülpefänger (S. 53) zu entpülpen. Auch kann man diese Presse nicht für Obst und andere Weichprodukte (Johannisbeeren, Stachelbeeren, Himbeeren) verwenden.

16. Die Korb- oder Kelterpressen.

Die Verarbeitung der Zuckerrüben wird im allgemeinen erst gegen Ende September erfolgen können. In vielen Fällen wird man deshalb die Einrichtung der Rübensirupfabrik auch für andere Säfte, Marmelade u. dgl., vorher nutzbringend verwenden können, deren Rohstoffe früher geerntet werden. Wo dies möglich ist, werden deshalb die Pressen nicht nur für Rübensaft, sondern auch für Fruchtsäfte verwendbar eingerichtet. Dort sind die Korb- oder Kelterpressen vorzuziehen, wie sie zum Abpressen der Weintrauben und des Obstes Verwendung finden. Ihre Bedienung ist auch einfacher als die der Plattenpressen.

Die Pressung wird entweder von Hand mit Preßspindeln oder durch hydraulische Preßpumpen bewirkt.

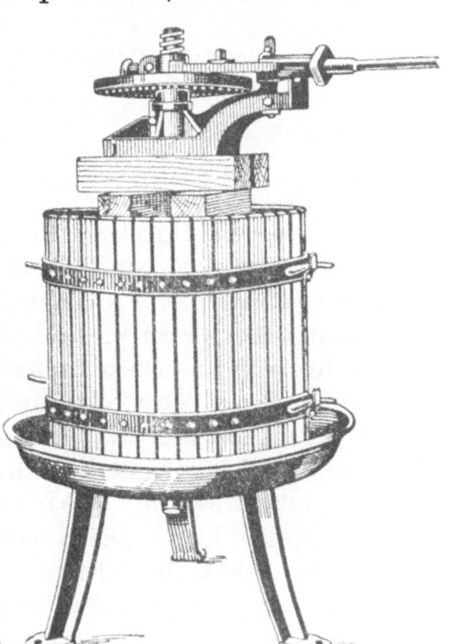

Fig. 22. Handkelterpresse.

Eine einfache kleinere Handkelterpresse (s. a. *Bühler*, Filtern und Pressen, S. 99) zeigt die Fig. 22 von Mayfarth, Frankfurt. Der Aufnahmekorb ruht auf einer als Tasse ausgebildeten Druckplatte mit Saftablauf. Die Pressung erfolgt durch eine Gewindedruckspindel, auf der eine Druckmutter mittels eines Handhebelsperrwerkes nach unten gedrückt wird. Der Korb besteht aus einzelnen Holzdauben, die durch kräftige Eisenbänder zusammengehalten werden; er ist teilbar, um ihn leicht abnehmen und entleeren zu können. Die eingefüllten gedämpften Rüben werden mit einem starken Holzdeckel abgedeckt, durch Auflegen von Preßklötzen der zwischen ihm und der Druckmutter verbleibende Raum ausgefüllt und nun durch das Schaltwerk der Inhalt unter Druck gesetzt. Der Saft sickert durch die Daubenschlitze in den Auffangtisch.

Fig. 23. Unterdruckkelterpresse.

Der Aufnahmekorb der Unterdruckpresse nach Fig. 23 ruht auf einer Tasse, die als Druckplatte ausgebildet und auf einem Preßkolben befestigt ist. Der Preßkolben, von einem kräftigen Zylinder umgeben, wird durch Druckwasser in die Höhe bewegt und drückt mit der Druckplatte den im Korbe befindlichen Brei kräftig zusammen. Die einzelnen eichenen Korbdauben lassen ebenfalls durch die schlitzförmigen Zwischenräume den ausgepreßten Saft in die Auffangschale austreten. Die Daubenreifen werden durch starke Excenterverschlüsse zusammengehalten. Nach Öffnung dieser Verschlüsse wird der Korb so erweitert, daß der ausgepreßte Kuchen leicht herausfallen kann. Die Körbe werden für Inhalte von 500 bis 6000 l gebaut und für Drucke bis 9 kg auf 1 qcm Korbfläche. Der Preßdruck im hydraulischen Zylinder dagegen beträgt bis 300 Atm und wird durch eine seitlich angebaute Handpreßpumpe erzeugt. Es ist darauf zu achten, daß weder der abzupressende Brei noch der Saft mit Eisen in Berührung kommen.

Dort, wo Eisen notwendig, müssen diese Eisenteile entweder lackiert oder emailliert sein. Schüttet man die breiigen, gebrühten und zerquetschten Rüben unmittelbar in den Preßkorb, dann wird ein Teil des Breies durch die Daubenfugen gepreßt. Man legt deshalb häufig erst ein grobes, kräftiges Tuch ein, füllt den Brei darauf, schlägt die Tuchenden oben übereinander, so daß der Brei ganz vom Tuch eingeschlossen wird, wie dies schon bei den Plattenpressen beschrieben wurde.

Während bei der Kelterpresse nach Fig. 23 der Druckzylinder sich unten befindet, also der Druck von unten wirkt, werden auch Pressen mit obenliegendem Druckzylinder gebaut. Eine solche Oberdruckpresse zeigt die Fig. 24 von Ph. Mayfarth & Co., Frankfurt a. M. Der untere schmiedeeiserne Druckteller (Biet), auf dem der Hartholzpreßkorb ruht, ist herausfahrbar, so daß das Füllen und Entleeren sehr be-

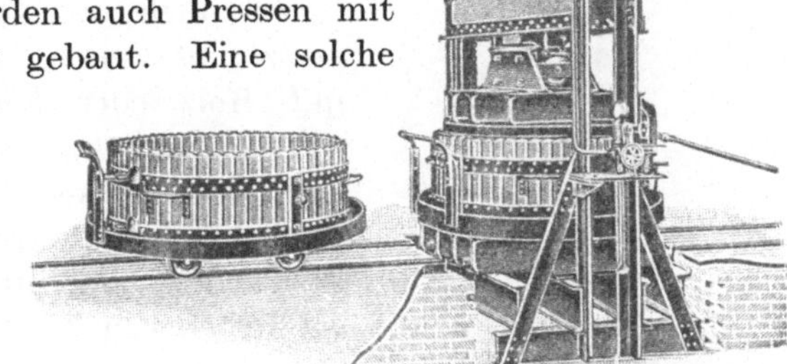

Fig. 24. Oberdruckkelterpresse.

schleunigt werden kann. Während der eine Korb unter Druck steht, kann der andere entleert und wieder gefüllt werden. Die Oberdruckpressen haben den Vorteil, daß während des Pressens der Korb in gleicher, handlicher Höhe stehenbleibt und das häufig beliebte Nachfüllen und Nachpressen sehr erleichtert wird. Bei schlecht gebauten Oberdruckpressen besteht aber die Gefahr, daß Preßwasser, Öl oder Fett von der Schmierung des Kolbens nach unten in den Korb läuft und das Preßgut verunreinigt.

17. Die Seiherpressen.

Während die Kelterpressen Körbe aus Holzdauben besitzen, die bei großen Betrieben zu sehr beansprucht werden und größerem Verschleiß unterliegen, versieht man die sogenannten Seiherpressen mit Körben aus gelochten Siebzylindern. Diese können beliebig kräftig bemessen werden und leiden natürlich nicht so unter dem Druck der heißen Rüben wie die Holzdauben, die unter der Hitze weich werden und nachgeben. Zum Auffangen ausspritzenden Saftes ist der Seiher mit einem Sammelmantel umhüllt.

Die Fig. 25 zeigt eine solche Seiherpresse von Joh. Reinartz, Neuß a. Rh., für Unterdruck, mit einem herausfahrbaren Korb, dagegen die nach Fig. 26 mit zwei Körben für größte Leistungen. Die Füllung der Seiher (Preßgefäße) geschieht wie bei den anderen Pressen durch Einlegen von Tüchern und Aufbringen je einer Lage gequetschter und gedämpfter Rüben. Ist der Seiherkorb vollständig gefüllt, wird er in die Presse ein- und gleichzeitig der zweite herausgeschwenkt. Während B nun entleert und neu gefüllt wird, steht der Seiher A unter Druck, indem der Preßtisch C in ihn hineingeht. Der entweichende Saft wird durch den Mantel abgefangen und läuft in die Saft-

Fig. 25. Seiherpresse mit
Unterdruck.

schüssel D. Der schon beim Auffüllen ablaufende Saft fällt in die Saftschüssel E und geht mit dem Preßsaft der Schüssel D durch eine Tonleitung weiter. Trotzdem die Seihergefäße ohne innere seitliche Holzbekleidung sind, sollen die Preßsäfte vollständig klar ablaufen. Nur die Stellen, wo die Preßtücher und der Saft sich länger aufzuhalten in der Lage sind, also Boden und Deckel, sind mit einer Holzbekleidung versehen. Soll die Seiherpresse auch für stark empfindliche Fruchtsäfte verwendet werden, so wird der Seiher im Innern mit Holz oder Kupfer bekleidet. Für Rüben soll dies unnötig sein. Die Druckkolben erhalten einen Durchmesser von 180 bis 350 mm, die Seiher eine lichte Weite von 600 bis 1200 mm, so daß bei einem Wasserpreßdruck von 100 bis 300 Atm ein Druck von 9 bis 30 kg auf 1 qcm der Rübenfüllung im Seiher ausgeübt werden kann. Viel mehr, als in einer Kelterpresse zulässig ist.

Zur Bedienung der Seiherpressen genügt eine Person, bei größeren vielleicht noch eine Hilfskraft, die bei größerer Leistung doch weniger schwer zu arbeiten haben als beim Füllen und Entleeren der Plattenpressen. Die Tücher werden geschont, weil sie an den Rändern nicht freiliegen, sondern vom Siebmantel des Seihers gestützt werden. Die Tücher haben eigentlich nur noch den Zweck, poröse Zwischenschichten zu bilden, durch die der Saft leicht durchsickern kann.

Fig. 26. Unterdruckpresse mit herausschwenkbaren Seihern.

Die Fig. 27 zeigt einen Seiher von **Heinrich Fiedler**, Steinweg-Regensburg, mit konisch nach außen sich erweiternden gestanzten Sieblöchern. Infolge der Erweiterung können feine Lochungen gewählt werden, ohne zu starkes Verstopfen befürchten zu müssen.

Eine mehr für Haushaltungszwecke in den Handel gebrachte „Ambi"-Presse zeigen die Fig. 28, 29 und 30 von **Arthur Müller**, Johannisthal.

A ist das Gestell, *B* das Spindelgehäuse, *C* der Siebkorb mit den Löchern *g*, der vom Mantel *D* umschlossen ist und auf den Füßen *e f* mit dem Saftsammelteller *h* ruht. Über das Standrohr *i* wird das Spindelgehäuse *B* geschoben und mit den Armen *m* heruntergedreht, indem die Sperrklinke *n* in die Lochscheibe *o* eingreift und die Druckplatte *p* nach unten drückt.

Die gedämpften Rüben werden nach dem Hochschrauben des Druckzylinders *B* in den

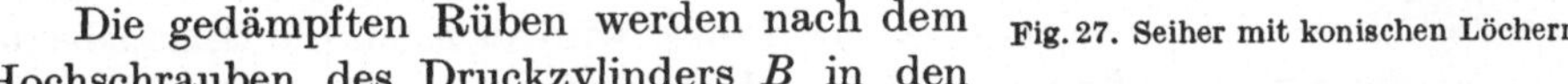

Fig. 27. Seiher mit konischen Löchern.

Seiherkorb *C* hineingeschüttet, rings um das Standrohr *i* gleichmäßig verteilt und sodann durch Umdrehen der Handkurbel langsam gepreßt. Es braucht dann nur darauf geachtet zu werden, daß der Schalthebel ruckweise von Loch zu Loch in die obere Schaltscheibe eingreift. Eine

Fig. 28. Ambipresse, auseinandergenommen.

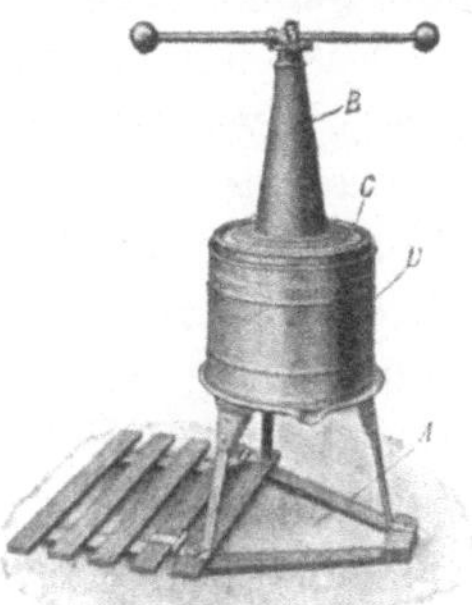

Fig. 29. Ambipresse, zum Pressen fertig.

Fig. 30. Ambipresse, heruntergeschraubt.

solche Presse mit einem Korbinhalt von 20 l wiegt 25 kg und soll man stündlich leicht bis 100 l Saft gewinnen können. Eine gute Ausbeute dürfte aber bei solch kurzer Preßdauer von je 5 Minuten nicht zu erwarten sein. Der Preßkorb besteht aus gelochtem Eisenblech; dessen Verzinkung sollte man wegen der giftigen Eigenschaften durch anderen schützenden Überzug ersetzen, wenn Zinn nicht genügend zur Verfügung steht.

18. Allgemeines über Pressen und hydraulische im besonderen.

Bei der Wahl der Korb- oder Seiherabmessungen ist folgendes zu beachten in bezug auf den gleichen Inhalt. Je größer der Korbdurchmesser, um so niedriger wird der Korb; er ist leichter zu bedienen; der Preßdruck wird infolge der geringen Schichthöhe gleichmäßiger verteilt; aber solche

Pressen sind teurer, der Preßzylinder muß größer sein, der Wasserdruck höher, und der Weg des ablaufenden Saftes von der Mitte bis zum Korbmantel ist infolge des großen Durchmessers sehr lang, wodurch erschwerter Saftablauf erfolgt.

Demgegenüber ist eine Presse mit kleinem Korbdurchmesser, aber entsprechend größerer Höhe billiger, doch schwieriger zu bedienen; der Preßdruck wird am Drucktisch und an der Gegenplatte bedeutend größer sein als in der Schichtmitte, wohin sich der Druck nur unvollkommen fortpflanzen kann, wegen der starken Reibung der Preßlinge am Korbmantel — ungleichmäßige Abpressung ist die Folge. Diese wird allerdings dadurch wieder günstig beeinflußt, daß der Saft von der Mitte bis zum Korb, infolge des kleinen Durchmessers, nur einen kleinen Weg zurückzulegen hat.

Man muß deshalb das Für und Wider, je nach den Verhältnissen, sorgfältig gegeneinander abwägen.

Auf die Güte des Saftes dürfte wohl die Presse wenig Einfluß ausüben können. Eine zu kleine, zu schwache Presse wird dagegen die Saftausbeute sehr ungünstig beeinflussen. Sie wird weitestgehende Saftgewinnung erschweren und dadurch auch die Möglichkeit, mit dem Abpressen ganz nach Wunsch so weit zu gehen, wie es die Ausbeute und Wirtschaftlichkeit verlangen.

Die zu gewinnende Menge steigt mit dem Druck, der auf die Oberfläche des Rübenbreies ausgeübt wird, aber in geringerem Maße, als ohne weiteres anzunehmen ist. Zwanzig und mehr Prozent Saft laufen schon ohne Anwendung von besonderem Druck, allein durch das Übereinanderpacken, ab. Weitere 50 Proz. bei ganz gelindem Druck. Hierbei nimmt deshalb auch die Raumbeanspruchung der Pakete, die Schichthöhe in den Körben, außerordentlich schnell ab, so daß man meistens nach erfolgter kurzer, nur 5 Minuten dauernder Vorpressung die Presse frisch nachfüllt. Mit der Zunahme der Pressung läuft somit nur noch verhältnismäßig wenig Preßsaft ab. Die Zeit spielt eine so wesentliche Rolle, daß man mit gelindem Druck und hinlänglicher Zeit ebensoviel Saft gewinnen kann, als mit hohem Druck in kürzerer Zeit. Das letztere ergibt eine stärkere Ausnutzung und größere Leistung der Presse, aber auch eine stärkere Abnutzung der Preßtücher und pülpereicheren Saft.

Je heißer man den Rübenbrei zur Abpressung bringt, um so leichtflüssiger ist der Saft, um so größer die Ausbeute. Je kälter man preßt, um so weniger Geruchs- und Geschmacksstoffe werden mitgenommen, weil die Löslichkeit des Saftes für diese in den Zellen freigelegten Stoffe im kalten Zustand geringer ist. Auch hier muß man den jeweiligen Bedürfnissen entsprechend den besten Mittelweg aussuchen. Bei den Plattenpressen verbietet sich das heiße Pressen wegen der erschwerten Handarbeit von selbst.

Das Druckwasser für die vorbeschriebenen hydraulischen Pressen wird bei kleineren Anlagen durch Handpumpen erzeugt, die z. B. bei der Presse nach Fig. 20 unmittelbar am Preßzylinder angebaut ist und durch die langen Handhebel bedient wird. Bei größeren verwendet man solche mit mechanischem Antrieb, durch Riemen, Elektromotor oder Dampfmaschinen. Die Fig. 31 zeigt ein hydraulisches Pumpwerk von Främbs & Freudenberg, Schweidnitz i. Schl. Die Pumpe besitzt zwei Pumpenstempel, den einen größeren für Niederdruck, den anderen kleineren für Hochdruck. Anfangs, wenn sich der Korbinhalt noch leicht zusammenpressen läßt, arbeiten beide Stempel, fördern viel Wasser, schnell den Drucktisch anhebend. Nimmt der erforderliche Preßdruck bis zu einer gewissen Höhe zu, dann wird durch ein eingestelltes Gewichtsventil das Saugventil des großen Stempels geöffnet, so daß nur noch der kleine Stempel Druckwasser fördert. Dieser erzeugt nun langsamer, aber kräftiger den gewünschten, durch Gewichte eingestellten Höchstdruck. Sowie dieser erreicht ist, wird auch dieser Hochdruckkolben so lange ausgeschaltet, als zu hoher Druck herrscht, um eine Überlastung unmöglich zu machen. Den höchsten Druck läßt man einige Zeit ununterbrochen wirken, um dem Saft Zeit zum Durchsickern und Ablaufen zu gestatten. Wird der Druck zu früh aufgehoben, so saugen die Preßkuchen den Saft wieder auf.

Die Hauptleistung der Preßwasserpumpe wird nur kurze Zeit für die Pressung beansprucht. Während der Füllung und Entleerung der Körbe wird überhaupt kein Preßwasser benötigt. Dagegen wird beim frischen Anstellen der Pressen sehr viel Wasser verbraucht, weil der Widerstand klein ist und der Preßkolben schnell antreten könnte. Eine ungleichmäßige Beanspruchung der Pumpe ist die Folge. Ausgleichend, kraftsammelnd wirken hier hydraulische Akkumulatoren, die Preßwasser während des Stillstandes der Presse aufspeichern und beim Anstellen gemeinsam mit dem von der Pumpe geförderten an den Preßzylinder abgeben. Beschleunigte Preßarbeit, schnelle Erreichung des vollen Druckes, also bessere Entsaftung, ist die Folge. Die Fig. 32 zeigt einen Druckwasserakkumulator, der in die Druckleitung der Preßpumpe eingeschaltet wird. Er besteht aus einem aufrechtstehenden, langen Zylinder, dessen Tauchkolben mit Gewichten belastet ist, nach der Fig. 32 mit ringförmigen gußeisernen Scheiben, von denen so viel aufgelegt werden, daß sich der Akkumulatorkolben bei dem gewünschten höchsten Preßdruck hebt. Das vom Pumpwerk dann gelieferte überschüssige, von der Presse nicht sofort aufnehmbare Wasser hebt den Kolben. Bei Wasserentnahme sinkt der Kolben und gibt Wasser an die Presse

Fig. 31. Hydraulisches Pumpwerk.

ab und gleicht den Unterschied zwischen dem größeren Verbrauch und der kleineren, gleichbleibenden Leistung der Preßpumpe aus. Der Akkumulator hält also das Druckwasser für die erste Druckzeit bereit, während der die Presse viel Wasser verbraucht.

Größte Reinlichkeit ist natürlich von großer Wichtigkeit für die Gewinnung geschmacklich einwandfreier Sirupe. Regelmäßiges Abspritzen und Abbürsten der Pressen mit heißem Wasser ist nötig, jede Ecke ist vor Schimmelansatz zu schützen.

Nach beendeter Betriebszeit wird man alle Teile der Presse vollständig auseinandernehmen und gründlich säubern. die Holzteile mit Soda abwaschen, gut trocknen und dann nicht trocken, aber auch nicht zu feucht lagern. Die Eisenteile wird man frisch anstreichen und lackieren, die blanken Teile mit säurefreiem Fett einreiben. Auch der Preßkolben muß herausgenommen und nach seiner Reinigung und Einfettung so gelagert werden, daß er an seiner Zylinderfläche nicht beschädigt wird. Ihn im Zylinder zu belassen, wäre falsch, denn an der Dichtungsstelle würde er rosten und rauh werden. Schlechtes Arbeiten und starker Verschleiß der Kolbenmanschetten wären die Folge dieser unange-

Fig. 32. Druckwasserakkumulator.

brachten Bequemlichkeit. Der Zylinder, die Rohrleitungen und die Pumpe müssen vom Wasser befreit werden, um Frostbeschädigungen zu vermeiden.

19. Die Preßtücher.

Die Preßtücher sollen durchlässig für den Saft sein, aber dem Mark den Durchtritt verhindern und den beim Pressen an sie herantretenden mechanischen Anforderungen widerstehen. Sie müssen deshalb lose und locker gewebt sein, weil der Preßsaft seinen Weg längs und durch die Tücher nehmen muß, wie dies die Fig. 33 an einer Plattenpresse zeigt. Der austretende Saft wird durch die Breischichten auf dem kürzesten Wege zu den Tüchern zu gelangen suchen, sickert an diesen Tuchschichten entlang, tritt hindurch und läuft ab. Lockeres, nicht zusammenpreßbares Tuch aus starken Einzel-

Fig. 33. Weg des Preßsaftes im Kuchen der Plattenpressen.

fasern oder dicken Haaren ist deshalb erwünscht. Doch muß es so feinporig und engmaschig sein, daß der Rübenbrei, die Pülpe, möglichst vollkommen zurückgehalten wird. Dabei darf sich die Pülpe nicht zwischen die Fasern pressen, darf sich nicht mit losen, rauh aufstehenden Härchen des Tuches verfilzen können, sondern nur locker aufliegen. Dann läßt sich der Preßkuchen leicht durch bloßes Schütteln vom Tuch trennen. Reine, festgewebte Wolle scheint die Bedingungen am besten zu erfüllen. Bei den Tüchern für

Plattenpressen muß man, wie schon an der Fig. 21 gezeigt, darauf Bedacht nehmen, daß sie den starken mechanischen Zugkräften widerstehen können. Kamelhaartücher haben sich hier wegen ihrer guten Haltbarkeit infolge ihrer langen, derben Haare und günstigen Durchlässigkeit recht bewährt. Überhaupt sind solche Tücher, zu denen als Grundstoff möglichst lange Haare verwendet werden, wie Roßhaare, Schafwolle, Chinesenzöpfe, besonders geeignet. Sie sind teuer in der Anschaffung, aber im Betriebe, wegen der geringeren Abnutzung, häufig doch billiger.

Preßtücher aus lang- und grobfaserigem Flachs haben sich ebenfalls gut bewährt. Man rechnet mit einem durchschnittlichen Verbrauch von 40 Stück Preßtüchern für 100 t verarbeitete Rüben.

An die Tücher für die Korb- und Seiherpressen sind so hohe Festigkeitsanforderungen nicht zu stellen. Sie müssen nur längsdurchlässig sein. Jute und Hanfgewebe, auch Papierstoffe, geben hier befriedigende Ergebnisse.

Nach mehrfachem Gebrauch wird das Gewebe schmierig und läßt dann den Saft nicht mehr leicht austreten; wird nur eine gründliche Reinigung durch Abklopfen der Preßkuchen vorgenommen, so bewirkt schließlich der Druck das Zerreißen der Tücher. Es ist daher erforderlich, mindestens nach jedem 8- bis 12 stündigem Gebrauche die Tücher von den, wie es scheint, auf der Oberfläche und in den Poren der Gewebe festgehaltenen Saftbestandteilen zu befreien. Dies geschieht durch regelmäßiges Waschen, so daß jede Schicht mit den während der vorhergehenden gewaschenen Tüchern arbeitet. Stark verschleimte Tücher legt man mehrere Stunden in Wasser, das 2 Proz. Salzsäure enthält.

Die gewaschenen Tücher müssen einen wolligen, rauhen Griff, einen frischen und nicht im geringsten säuerlichen oder rübenähnlichen Geruch zeigen, und es müssen darunter alle beschädigten oder durchlöcherten sorgfältig ausgesucht und zum Ausbessern beiseite gelegt werden.

Wenn die Tücher am Ende der Schicht zur Wäsche befördert werden, so geht der gesamte von ihnen aufgesogene Rübensaft verloren. Dieser Verlust ist meist größer, als man wohl annimmt. Bei einem zu seiner Bestimmung angestellten Versuche fand *Stammer* (Zuckerfabrikation, 1874), daß in dieser Weise auf je 100 kg täglich verarbeiteter Rüben rund 0,55 kg Saft mit den Tüchern in die Wäsche gelangt; dies entspricht, bei einer Annahme von 9 Proz. Zucker im Safte, etwa 0,05 Proz. vom Gewichte der Rüben. Es dürfte nicht immer ganz einfach sein, diesen Verlust ganz zu vermeiden. Wenn man mit Maischen und Nachpressen arbeitet, so ist es vorteilhaft, erst einmal die Tücher der Hauptpresse zum Nachpressen zu gebrauchen. Dadurch wird der schwere Saft der Hauptpressen in den Tüchern durch den leichteren der Nachpressen verdrängt, und wenn z. B. ersterer 11, letzterer 3 Proz. wiegt, der Verlust in den Tüchern auf 0,3 des sonst stattfindenden vermindert.

20. Das Abschleudern des Saftes vom Rübenbrei.

Zum Trennen des Saftes vom Rübenbrei verwendete man früher in den Zuckerfabriken auch Schleudern (Zentrifugen). Wenn diese auch bisher bei der Herstellung des Rübensirups nur aushilfsweise Anwendung gefunden haben, so möchte ich doch auf ihre Verwendungsmöglichkeit hinweisen.

Die Schleuder nach Fig. 34 von Främbs & Freudenberg, Schweidnitz, enthält eine gelochte Trommel, ähnlich dem Seiher der Presse nach Fig. 27, die aber auf einer Welle befestigt ist und durch einen Riemen in schnelle Umdrehungen versetzt wird. Der gedämpfte und zerkleinerte

Rübenbrei wird oben in die Trommel eingefüllt und die Trommel in Umlauf versetzt. Die Schleuderkraft drückt die Breifüllung gegen den Trommelmantel, der Saft tritt durch die Sieblochung, während die Pülpe zurückgehalten wird. Der Druck, der durch die Schleuderkraft auf die Abschleuderung des Saftes ausgeübt wird, ist recht bedeutend und beträgt z. B. bei einer Trommel von 1200 mm Durchmesser, die 1000 Umdrehungen in der Minute ausführt, etwa 6,5 kg auf 1 qcm Sieboberfläche.

Nachstehend gebe ich einige Zahlen, die früher in Rübenzuckerfabriken beim Abschleudern von geschliffenem aber rohem Rübenbrei gewonnen wurden, und wie man solche Ergebnisse in alten Lehrbüchern der Rübenzuckerindustrie angeführt findet.

P. Ilienkoff (Dingl. Polyt. Journ. 1861, S. 161) stellte an einer Schleuder von 912 mm Trommeldurchmesser und 456 mm innerer zylindrischer Mantel-

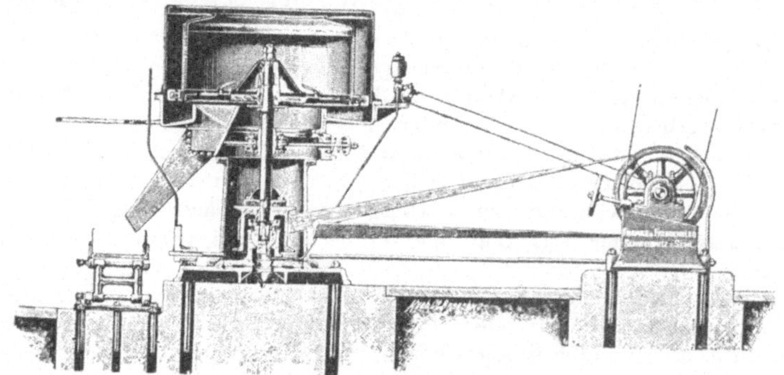

Fig. 34. Schleuder.

höne, bei einer Füllung von 100 kg rohem, geschliffenem Rübenbrei (ohne Wasserzusatz), bei 1000 Umdrehungen folgende Zahlen fest:

Zahlenreihe V.

In der wurden Saft abgeschleudert:	1.	2.	3.	4.	5.	6.	7.	8.	9.	10.	11.	12.	13. Min.
	40	9,0	5,5	2,5	2,0	1,75	1,50	1,25	0,75	0,35	0,25	0,2	0,2 kg

Im ganzen wurden von 100 kg Rübenbrei 65 kg Saft abgeschleudert und zeigte der Saft 7,8 Bx. Die Schleuderkraft am Umfang der Trommel betrug etwa 5 kg/qcm. Dieser Druck ist geringer, als er sonst bei den Pressen angewendet wird. Wenn man diesen bei den Schleudern auch noch wesentlich erhöhen könnte, so wird die Ausbeute doch hinter der der Pressen zurückbleiben, weil die Wirkung der Schleuderkraft doch wesentlich von der zusammenpressenden Wirkung der Pressen abweicht. Die Presse quetscht die Hohlräume und Schläuche zusammen, so daß der Saft heraus- und ablaufen muß. Diejenigen Schläuche und Zellen, die gleichsam mit ihren Böden nach dem Trommelmantel zu gerichtet sind, halten den Saft wie in einem Gefäß fest, so daß er auch bei der größten Schleuderkraft nicht entweichen kann. Auch wird schon an und für sich die Entsaftung der nach der Trommelmitte zu gelegenen Teile geringer sein, weil dort die wirkende Schleuderkraft sehr viel kleiner ist.

Die Schleudern haben aber den Vorteil, daß man den abgeschleuderten Brei noch leicht mit Wasser auswaschen, decken kann, was man sonst nur durch Umpacken und nochmaliges Pressen erreicht. *Bergmann* (Stammers Jahresberichte 1876, S. 222) deckte mit 65° C warmem Wasser und erhielt 25,5 Proz. Preßlinge mit im Durchschnitt nur 1 Proz. Zucker, gegen sonst 30 Proz.

Bemerkenswert ist bei den Versuchen *Ilienkoffs*, daß in der ersten von insgesamt 13 Minuten, also in etwa $^1/_8$ der Gesamtschleuderzeit, 40 kg Saft abgeschleudert wurden. Da zusammen 65 kg Saft abliefen, so ist die Gewinnung der ersten Saftmenge sehr leicht, worauf ich schon bei den Pressen hinwies.

21. Die Preßlinge.

Die Rückstände der Rübe, deren Faserstoffe und das durch Abschäumen des Saftes gewonnene Eiweiß sind, wie schon mehrfach gesagt, ein vorzügliches Futtermittel. Die frischen Preßlinge kosteten 1918 2,40 Mk. je 100 kg;

Fig. 35. Zerreißwolf für Preßkuchen.

für die frischen Diffusionsschnitzel war ein Höchstpreis von 1,60 Mk. festgesetzt, während der für die Zuckerrüben 3,50 Mk. betrug. Für möglichst sofortige Verfütterung wird man bemüht sein müssen, weil dies immer die beste Ausnutzung ergibt. Dort, wo so viel Rüben verarbeitet werden, daß die täglich abfallenden Preßlinge nicht glatt verfüttert werden können, muß man den Überschuß konservieren. Der einfachste Weg ist das Einpacken der Preßlinge in Gruben, wobei sie eine schwache Säuerung annehmen und 900 kg festgestampfte Preßlinge 1 cbm Raum einnehmen. Mit diesem Einmieten sind aber bedeutende Nährstoffverluste verbunden, die $^1/_3$ und mehr betragen können (s. S. 17). Es ist deshalb dort, wo man die Preßlinge längere Zeit lagern muß, wohl zu überlegen, ob man nicht besser tut, die Preßlinge zu trocknen, um die in den feuchten Preßlingen vorhandenen 60 bis 75 Proz.

Wasser zu entfernen. Um die Trocknung zu erleichtern, müssen die Preßkuchen wieder zerrissen werden, wozu sich z. B. der Sangerhäuser Zerreißwolf nach Fig. 35 eignet. Im allgemeinen wird man hier solche Trockner
wählen, die auch für andere landwirtschaftliche Erzeugnisse Verwendung
finden können. Z. B. zeigt die Fig. 36 einen Muldentrockner von Emil
Paßburg, Berlin, der häufig von anderen Firmen in dieser Form als
,,Allestrockner"(!) bezeichnet wird. Dies ist aber irreführend, denn diese
Trockner eignen sich ihrem ganzen Wesen nach nur für schaufelbare Stoffe,
aber nicht für flüssige.

Die Preßlinge werden nicht vollkommen ausgetrocknet, sondern man
läßt 10 bis 14 Proz. Wasser in ihnen zurück, weil sie so viel doch wieder aus
der Luft anziehen würden. In diesem Zustand sind sie unbegrenzt haltbar. Sind
sie feuchter, dann besteht die Gefahr der Schimmelbildung und Selbsterhitzung.

Fig. 36. Muldentrockner für Preßlinge.

Dr. *Robert Scholten* in Elten (Rheinland) ließ die getrockneten Preßlinge
seiner Rübensirupfabrik von der Versuchsstation Bonn d. Landw. Ver. f. d.
Rheinpr. untersuchen, die folgende Analyse ergaben:

Wasser	9,45 Proz.
Rohprotein	10,80 ,,
Fett	1,00 ,,
Stickstofffreie Extraktstoffe, einschl. 15,2 Proz.	
Gesamtzucker	53,35 ,,
Rohfaser	18,50 ,,
Asche	6,90 ,,

Im Rohprotein sind enthalten: 9,95 Proz. Reineiweiß (Fällung durch
Kupferoxyd) und 7,15 Proz. verdauliches Eiweiß (nach der Methode der künstlichen Verdauung). Die daraus berechnete Verdaulichkeit und die Werte,
die *O. Kellner* bei gewöhnlichen Diffusionsrübenschnitzeln sowie bei *Steffens*-
schen getrockneten sogenannten ,,Zuckerschnitzeln" feststellte, habe ich
in der Zahlenreihe VI zusammengestellt. Man sieht daraus, daß die Trockenpreßlinge den Trockenschnitzeln der Zuckerfabriken vollkommen gleichwertig
sind. Sie kommen in erster Linie in Betracht für Rindvieh als Mast- und
Mischfutter, sowie als Unterhaltsfutter für Jungvieh.

Die Menge der getrockneten Preßlinge gibt *Scholten* bei seiner gut eingerichteten Rübensirupfabrik zu 4,25 bis 4,5 Proz. der verarbeiteten Rübenmenge, die Rübensaftfabrik Altmorschen bei Cassel zu 6 Proz. an.

Zahlenreihe VI.

Versuchs-ansteller	Art der Rückstände	Trocken-gehalt %	Verdau-liches Eiweiß %	Verdauliche, stickstoff-freie Ex-traktstoffe %	Verdau-liche Rohfaser %	Wertigkeit als Futtermittel %	Fett %
O. Kellner	Gewöhnliche, ge-trocknete Rüben-schnitzel, aus Diffusionsanlagen	88,8	3,6	50,4	12,7	78	—
„	*Steffens*sche getrock-nete sog. „Zuckerschnitzel"	91,4	3,5	63,8	9,0	77	—
Versuchsstat. Bonn d. Landw. Vereine f. d. Rheinpr.	Trockenpreßlinge von der Rübensirup-fabrik Scholten in Elten	90,55	6,3	50,13	14,11	78	1,0

Die Rheinische Krautfabrik „Patria" in Lechenich gibt die Zusammen-setzung ihrer Trockenpreßlinge und einiger in der Nähe befindlicher Zucker-fabriken (nach *Steffens*' Brühpreßverfahren gewonnen) wie folgt an:

Zahlenreihe VII.

	Wasser %	Zucker %	Protein %	Rohfaser %
*Steffens*sche Zuckerschnitzel von Euskirchen	9,0	38,5	5,62	8,6
„ „ „ Brühl . .	13,13	29,85	5,85	9,73
Preßlinge der Krautfabrik Lechenich . . .	9,85	24,15	9,28	22,10

An der Berliner Produktenbörse (s. S. 15) wurden am 1. Sept. 1919 gezahlt für Trockenschnitzel 70 Mk., für Zuckerschnitzel 90 Mk. für 100 kg frei Berlin.

E. Der Preßsaft.

22. Die Zusammensetzung, Ausbeute und Lagerung.

Einige Analysen von im Januar gewonnenen Säften aus halbzucker-reichen Rüben, sog. Krautrüben, in rheinischen Saftfabriken bringt Dr. *H. Claassen* (Centralblatt f. d. Z. 1908, S. 523). Auch dort wurde der gekochte Brei zwischen Tüchern in hydraulischen Pressen ausgepreßt. Ein Teil des Saftes läuft bereits ohne Pressung ab. Die Dauer des Pressens, einschließ-lich des Einpackens, betrug dort 4 Stunden. Die Zusammensetzung der Preß-säfte war folgende:

Zahlenreihe VIII.

	Brix %	Polari-sation %	Reinheits-quotient %	Invert-zucker %	Säure-gehalt ccm
Halbzuckerreiche Rübe, sog. Krautrübe . .	Zucker 9,2% / Bx 12,0	9,4	78,3	—	—
Ohne Pressung ablaufender Saft	14,1	9,45	67,0	0,7	2,0
Saft während der ersten halben Stunde . .	14,7	9,18	62,4	0,8	1,5
„ „ „ zweiten halben Stunde . .	13,4	8,69	64,9	0,82	1,4
Zum Schluß der Pressung	13,3	8,80	66,2	0,87	1,3
Saft im Mittel	13,9	9,03	64,9	—	—

Die Preßlinge hatten bei dieser einfachen Pressung 34 Proz. Trockensubstanz und 6,6 Proz. Zucker. Von dem in der Rübe vorhandenen Zucker, bei einer Annahme von etwa 15 kg (die K. R.-G. rechnet nur mit 10 kg) Preßlingen aus 100 kg Rüben, verblieben $\frac{15}{100} \cdot 6,6 = 0,99$ Proz. Da die benutzte Rübe 9,4 Proz. enthielt, so beträgt die Zuckerausbeute etwa $100 \cdot \frac{9,4 - 0,99}{9,4}$ = 90 Proz. Das Ausbeuteverhältnis wäre in diesem Falle ein günstigeres gewesen, wenn zuckerreichere Rüben zur Abpressung gekommen wären.

Trotz stärkster Abpressung bleibt natürlich immer noch Saft in den Rübenpreßlingen zurück und wird von diesen festgehalten, woraus sich deren verhältnismäßig hoher Zuckergehalt erklärt. Im allgemeinen wird man sich mit der durch einfache Pressung erreichten Entzuckerung der Rübenpreßlinge zufrieden geben können. Wo dies nicht der Fall ist, wird man vielleicht auf eine weitgehendere Entzuckerung der Preßlinge Bedacht nehmen wollen. Einen Teil kann man noch leicht gewinnen, wenn man die im Preßkorb befindlichen Preßlinge auflockert, etwas heißes Wasser darauf braust und nach gründlichem Durchmischen eine zweite Pressung ausführt. Bei Plattenpressen ist es notwendig, die Preßlinge in hölzerne Einmaischbottiche zu entleeren und dort mit heißem Wasser, 15 bis 30 kg auf 100 kg Rüben, gründlich zu durchmaischen. Nachdem die Maische etwa 1 Stunde gestanden hat, erfolgt eine zweite Pressung, durch die mindestens die Hälfte des in den ersten Preßlingen zurückgehaltenen Zuckers gewonnen werden kann. Ob sich aber diese Gewinnung der 0,5 Proz. Zucker noch lohnt, verlangt eingehende Würdigung aller Umstände im Betriebe. Die Nachpressung verlangt erneute Handarbeit, vermindert die Gesamtleistung der Pressen, verdünnt die Säfte, beansprucht deshalb größere Eindampfanlagen, größeren Aufwand an Brennstoff und verschlechtert den Sirup. Ob diese Nachteile durch die 0,5 kg mehr gewonnenen Zuckers bezahlt werden, erscheint sehr fraglich, besonders wenn man daran denkt, daß er doch für Futterzwecke nutzbar erhalten bleibt.

Nach den schon erwähnten Angaben von Dr. *Scholten* erhält er von 100 kg verarbeiteten Rüben 4,25 bis 4,5 kg Trockenpreßlinge, die nach der Analyse (S. 46) 15,2 Proz. Gesamtzucker enthalten. In seinen Trockenpreßlingen verbleiben somit $\frac{4,5 \cdot 15,2}{100} = 0,68$ Proz. Zucker der Rübe. Die Ergebnisse sind ähnlich denen, die beim *Steffens*schen Brühverfahren in den Zuckerfabriken gewonnen werden. Man rechnet dort mit 30 kg feuchte Preßlingen von 100 kg Rüben, die einen Trockengehalt von 30 bis 35 Proz. und etwa 3 bis 3,5 Proz. Zucker besitzen. In ihnen verbleiben somit 0,9 bis 1,05 Proz. des in den Rüben vorhanden gewesenen Zuckers. Trotzdem schreibt *v. Lippmann* (Ref. Chemik.-Zeit. 1917, S. 103):

„Gegen die häusliche Darstellung des Rübensirups ist sicherlich nichts einzuwenden, dagegen kann es Ref. nicht für richtig halten, sie im großen zu fördern, schon weil dabei 25 bis 30 Proz. weniger Saft aus der Rübe gewonnen wird als in den Zuckerfabriken, so daß ein großer Teil Zucker verlorengeht, von dem jetzt jedes Körnchen sehr wertvoll ist."

In bezug auf die Ausbeute ist die Rübensirupherstellung durch Pressen nach obigen Zahlen nicht schlechter als das *Steffens*sche Brühverfahren der Zuckerfabriken. Er stellt hier die Ergebnisse der häuslichen Darstellung denen des Großbetriebes mit Diffusionsanlagen gegenüber. Auch beim alten Preßverfahren in den Zuckerfabriken konnte die Auslaugung der Rüben durch mehrmaliges Pressen mit Wassermaischung (Maceration) ebensoweit getrieben werden, wie bei der Diffusion. Man kann hier beim Rübensirup sowenig sagen, daß „Zucker verloren geht", wie bei *Steffens*. Auch dort läßt man ohne wirtschaftlichen Schaden 2 bis 4 Proz. Zucker in den Preßlingen, die dann, wie bei der Rübensirupherstellung, ein wertvolles Futter darstellen. Wenn dort der Zuckergehalt der Preßlinge, die geringere Saftausbeute nicht als Nachteil empfunden wird, kann man das gleiche hier nicht zu Vorwürfen verwenden. Schließlich sind die im Rübensirup vorhandenen 25 Proz. Pektinstoffe, und die sonstigen Nichtzuckerstoffe auch nicht zwecklos für die menschliche Ernährung. Sie stellen einen Mehrgewinn dar, der der Ernährung bei der Rohzuckerherstellung im Scheideschlamm und der Melasse verlorengeht.

Man ist häufig nicht in der Lage den Preßsaft sofort zu verarbeiten, wie dies im allgemeinen erwünscht ist. Drei, vier Tage kann man den Preßsaft in offenen Kästen lagern, wenn er gründlich aufgekocht wurde. Für längere Lagerzeit ist der Abschluß von Luft und die Anwendung eines Konservierungsmittels notwendig. Deshalb wird der Saft, wie der rohe Fruchtsaft behandelt, in Holzfässer gefüllt und 0,25 bis 0,32 Proz. Ameisensäure (S. Absch. 34) zugesetzt. Werden dann die Fässer spundvoll gehalten, um das Eintreten von Luft und Keimen zu verhindern, dann kann der Saft monatelang gelagert und später verarbeitet werden.

23. Baustoffe für die Apparate und Rohrleitungen, mit denen Saft und Sirup in Berührung kommen.

Bevor ich an die weitere Behandlung des Saftes gehe, möchte ich erst einige Worte über die Baustoffe bringen, aus denen die Apparate und Rohre zweckmäßig angefertigt werden.

Früher wurden diese fast ausschließlich aus Kupfer hergestellt. Eine Beeinflussung des Geschmackes durch das Kupfer ist, solange es sauber gehalten wird, nicht zu befürchten. Kupfer ist als deutscher Rohstoff nicht zu haben, und deshalb sollte man möglichst an die weitgehende Verwendung von Metallen aus eigener Inlandserzeugung denken.

Unmittelbar mit Eisen darf der Saft oder Sirup nicht in Berührung kommen, weil seine Säuren das Eisen angreifen. Das vom Saft aufgenommene Eisen verdirbt den Geschmack, er wird herb, zusammenziehend und seine Farbe wird tintig trübe, ganz abgesehen von der geringen Lebensdauer solcher ungeschützter eiserner Apparate.

Verzinken schützt nur kurze Zeit. Das Zink wird aufgelöst und geht in den Saft über. Es ist sowenig für den Rübensirup brauchbar, wie für Mus, Marmelade u. dgl., denn Zink ist giftig. *Salkowski* (Z. f. Unters. d. Nahr.- u.

Genußmittel 1917, S. 1) stellte bei in verzinkten Kesseln hergestelltem Pflaumenmus bis 3,42 Proz. kryst. Zinksulfat fest.

Blei ist wegen seiner Giftigkeit sowenig zulässig wie Zink.

Zinn ist zu teuer. Ganz aus Zinn könnte man die Apparate sowieso nicht bauen, und der dünne Hauch, der beim Verzinnen das Eisen überzieht, hat nur geringe Lebensdauer. Nach kurzer Zeit verschwindet die geringe Zinnschicht doch und das bloßgelegte Eisen kommt in unangenehmer Weise mit dem Saft in Berührung.

Aluminium ist wegen seiner Widerstandsfähigkeit gegen Fruchtsäuren vorzüglich für unsere Zwecke geeignet, wenn es billig zu haben ist. Das von den Fruchtsäuren gelöste Aluminium, die entstehende Tonerde, ist unschädlich; dagegen sind die Kupfersalze, besonders der sich bei der Berührung mit dem Luftsauerstoff bildende Grünspan, giftig.

Das Aufspritzen von Schutzmetall (Zinn, Aluminium) auf eiserne Apparate nach dem Verfahren von *Schoop* hat leider, so blendend es nach dem äußeren Augenschein auch ist, noch keine befriedigende Ausführung gefunden. Das aufgespritzte Metall bildet nicht, wie z. B. bei der Feuerverzinnung, eine vollständig dichte, geschlossene Haut, sondern ist grobporig. Die sauren Säfte dringen bald zum Eisen durch.

Emailliertes Eisen bietet guten Ersatz für die kupfernen Kessel. Bei der Behandlung der emaillierten gußeisernen Apparate ist immer daran zu denken, daß Emaille nichts anderes als eine Glasschicht ist, die auf das Gußeisen aufgetragen und aufgebrannt wurde. So vorsichtig wie man mit Glas umgeht, muß man deshalb auch mit Emaille bzw. emaillierten Kesseln umgehen. Jeder Stoß und Schlag ist zu vermeiden und auch jeder plötzliche Temperaturwechsel. Gute Emaille ist gegen das verwendete Gußeisen sorgfältig abgestimmt, so daß die Wärmeausdehnungszahlen beider ziemlich gleiche sind. Bei Erwärmung dehnen sich deshalb beide gleichmäßig aus, und es kommen keine Spannungen zwischen dem Eisen und der aufgelegten Emaille vor. Anders ist dies aber, wenn plötzlich Temperaturwechsel eintritt, wenn z. B. heißer Saft in den noch kalten Kessel eingegossen, oder wenn umgekehrt in den noch heißen Kessel kaltes Spülwasser eingespritzt wird. Durch dieses plötzliche Abschrecken wird die Emailleschicht plötzlich stärker erwärmt oder gekühlt als das Eisen, auch schon deshalb, weil die Emaille als Glas eine geringere Wärmeleitfähigkeit besitzt gegenüber dem Eisen, so daß die Emaille sich mehr ausdehnen oder zusammenziehen will als das Eisen, und die Bildung von Haarrissen ist die Folge. Daraus ergibt sich, daß die Einbringung des Saftes vorsichtig geschehen muß, und daß vor allem das Einlassen von kaltem Spülwasser in den heißen Apparat zu vermeiden ist. Die Haarrisse werden durch wiederholte derartige Anwärmung und Abkühlung immer größer und die in den Säften vorhandene, natürliche Säure dringt durch die Haarrisse auf das Eisen, dieses auflösend. Der Halt der Emaille wird immer mehr vermindert und Abblättern derselben ist die Folge. Dadurch wird nicht nur der Emaillekessel in kurzer Zeit sehr beschädigt, sondern auch der Sirup sehr benachteiligt.

Bei Anwendung eines Rührwerkes ist immer darauf zu achten, daß dieses nicht etwa unmittelbar auf der Heizfläche der Emailleschicht streift, sondern immer etwa wenigstens 10 mm davon absteht.

Vollkommen unschädlich und ohne jeden ungünstigen Einfluß auf den Saft bzw. Sirup ist Steinzeug. Es kann überall dort Anwendung finden, wo seine geringere Wärmeleitfähigkeit nicht nachteilig ist, also zu Rohrleitungen und Sammelbehältern. Da man dem Steinzeug (gebranntem Ton) leider immer noch ein ganz unberechtigtes Mißtrauen entgegenbringt, trotzdem es sich z. B. in der chemischen Großindustrie bei der Herstellung und Verarbeitung von Säuren großer Beliebtheit erfreut, so will ich etwas näher darauf eingehen. Bei richtiger Wahl, guter Anordnung und vernünftiger Behandlung ist es fast unverwüstlich.

Die Fig. 37 zeigt eine Steinzeugrohrleitung der Deutschen Ton- und Steinzeugwerke, Charlottenburg an einer Wand aufsteigend, mit Flanschen und einem Beobachtungsglas. Die Rohre werden in allen Durchmessern geliefert, bei Längen von 1 bis 1,5 m. Die Verbindung der einzelnen Rohre erfolgt durch lose Flanschen nach Fig. 38, die sich hinter die konischen Ansatzenden der Rohre nach Fig. 39 legen. Sind solche nackten Steinzeugrohre äußeren mechanischen Angriffen, Stößen u. dgl. ausgesetzt, dann wird man diese mit einem Panzer versehen. Solche eisengepanzerten Steinzeugrohre nach Fig. 40 und Fig. 41 sind unverwüstlich.

Fig. 37. Steinzeugrohrleitung mit Hähnen und Beobachtungsglas.

Bei der Verlegung der Rohre ist unbedingt darauf zu achten, daß zwischen jede Verbindungsstelle eine weiche Dichtung gelegt wird, und daß stets die Schrauben langsam und gleichmäßig angezogen werden, um ein Ecken der Rohrleitungen zu verhindern.

Ebenso zweckmäßig wie die Rohre sind die Steinzeughähne. Die Fig. 42 stellt einen eisengepanzerten Durchgangshahn, Fig. 43 einen Schnabelhahn, einerseits mit Flansch, andererseits mit freiem Auslauf, dar. Die Küken dieser Hähne besitzen eine Bügelsicherung, um zu verhindern, daß der Innendruck das Küken herausschleudert.

4*

Fig. 38. Flanschenverbindung.

Fig. 39. Steinzeugrohr mit Ansatzenden.

Fig. 40. Eisengepanzertes Steinzeugrohr.

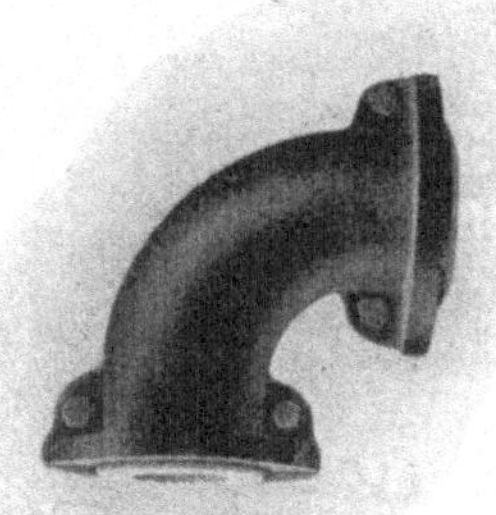

Fig. 41. Eisengepanzerter Steinzeugkrümmer.

Fig. 42. Steinzeugrohr mit Eisenpanzer.

Fig. 43. Ablaßhahn aus Steinzeug mit Eisenpanzer und Bügelsicherung für das Küken.

24. Das Reinigen des Saftes.

Wie ich schon sagte, sieht man in den Kleinbetrieben von einer eigentlichen Saftreinigung ab. Es genügt vollständig, wenn die Schaumdecke, die sich beim Eindicken in den offenen Kesseln oben abscheidet, sorgfältig abgeschöpft wird. Je vorsichtiger und sorgfältiger das geschieht, um so heller wird der Saft. Bei der Verwendung grober Preßtücher, oder wenn die Tücher während des Pressens zerreißen, gelangen Pülpe, Markteilchen, in den Preßsaft. Diese kann man durch einfache Sack- bzw. Beutelfilter oder flache Sandfilter oder durch mit feinen Sieben ausgestattete mechanische Pülpefänger abfangen.

Einen derartigen, selbsttätigen Pülpefänger zeigt die Fig. 44 nach dem Patent E. Babrowsky, Grünberg i. Schl. Der zu entpülpende Saft tritt durch den am Gehäuse rechts sichtbaren seitlichen Stutzen ein, durchströmt das Trommelmantelsieb und gelangt durch den vorn sichtbaren Stutzen in die Ablaufrohrleitung. Die an der Sieboberfläche, in der Trommelkammer zurückgehaltene Pülpe wird dem Becherwerk zugetrieben und von diesem gehoben. Ein solcher Pülpenfänger mit einer Siebtrommel von 600 mm Durchmesser und 500 mm Länge soll, bei einem Siebbelag Nr. 40, bis 15 cbm Saft filtern und 0,3 PS erfordern. Die Pülpemenge ist z. B. aus Steffenbrühsaft (Rübensaft) von 23 g im Liter auf 0,4 bis 1,6 g zurückgegangen. Dadurch soll sich auch die spätere Filtration des Saftes erleichtert haben.

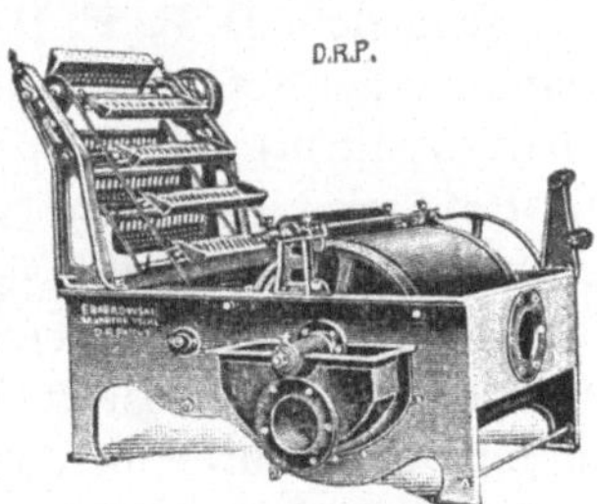

Fig. 44. Pülpefänger.

Erdteilchen und andere spezifisch schwere Beimengungen lagern sich auch durch Abstehen in größeren Sammelbehältern genügend ab. Solcher grob geklärter Saft opalisiert durch die noch vorhandenen, äußerst feinverteilten kolloidalen Beimengungen an Pektin- und Eiweißstoffen. Diese sind aber nur durch sehr dichte Filter entfernbar, die sich in den feinen Poren sehr schnell verstopfen und deshalb nur sehr langsam filtrieren. An und für sich sind diese Beimengungen sehr gering. *Stanek* (Zentralstelle f. Zucker-I. i. Böhmen 1917, S 11) stellte im Diffusionsrohsaft an Suspensionen

0,05 bis 0,085 Proz. aus gesunden Rüben,
0,095 „ 0,129 „ aus angefrorenen Rüben,
0,145 „ aus angefaulten Rüben

fest. Man sieht auch hieraus die Zunahme bei der Verarbeitung angefrorener und angefaulter Rüben, woraus sich ebenfalls die schwere Verarbeitung solcher Säfte erklärt.

Das vorerwähnte Abschöpfen der Schaumdecke ist aber nur solange möglich, als in offenen Kesseln eingedampft wird. Will man in geschlossenen Vakuumverdampfern den Saft eindicken, dann könnte man den Schaum nicht mehr abschöpfen und man muß für vorherige Entfernung der Eiweißstoffe sorgen. Zu dem Zwecke kocht man den Saft auf, hält ihn etwa 10 Minuten im Kochen, um mit Sicherheit alles aus den Rübenzellen ausgepreßte, koagulierbare Eiweiß zum Gerinnen zu bringen. Die Schaumdecke nimmt man von dem darunterstehenden Saft entweder mit Schaumlöffeln ab oder läßt den Saft durch Filter laufen. Häufig findet man in solchen Aufkochkesseln besondere Einsätze, die während des Aufkochens den Schaum und die Unreinigkeiten abfangen. Immerhin ist die vollkommene Klärung recht schwer. Durch das Aufkochen wird nur ein geringer Teil, der im Saft fein verteilt ist, zum Gerinnen gebracht, auch nicht durch das vorhergehende Dämpfen. Man setzt deshalb häufig stark koagulierendes Eiweiß, z. B. Ochsenblut zu, so daß eine dichtere, leichter abnehmbare Decke beim Aufkochen entsteht, die auch die fein verteilten Unreinigkeiten mitreißt. Den abgenommenen Schaum mischt man unter die Preßlinge, wie dies schon im Abschnitt 21 erwähnt wurde.

Die Säure zum Invertieren, worauf ich noch später eingehe, wirkt ebenfalls Eiweiß ausfällend, so daß dessen Zusatz schon hier beim Preßsaft erfolgen sollte, um die ausfallenden Stoffe abfiltern zu können.

Nach dem D. R. P. 156 151 vom 11. 11. 1902 sollen zum Entfärben und Klären abgetötete Hefezellen dienen (die bekanntlich einen hohen Eiweißgehalt besitzen), welche ganz oder teilweise von ihrem Inhalt befreit sind. Die Hefe wird in Wasser angerührt, auf 50° erhitzt und getötet. Die Hefezellen werden von der Flüssigkeit getrennt, in 1 proz. Salzsäurelösung gewaschen.

Jean Effront, Brüssel, geht noch einen Schritt weiter. Während nach früherem die Pektinstoffe im Sirup wünschenswert sind, will *Effront* diese aus dem Saft durch besondere Behandlung entfernen. Aus seinem D. R. P. 195 694 vom Jahre 1906 ergibt sich folgendes:

Es ist bekannt, Zuckerlösungen mit Hefe oder Säure zu invertieren. Bei Hefeanwendung findet eine Veränderung der im Runkelrübensafte vorhandenen Pektinstoffe statt, wenn der Saft vorher schwach mit Mineralsäuren angesäuert wird. In Gegenwart der Säure bewirkt die Hefe die Koagulation der Pektinstoffe, wodurch der Geschmack (?) und die Haltbarkeit des Rübensirups günstig beeinflußt werden. Nach *Effront* werden die Rüben in offenen Gefäßen $1^1/_2$ Stunden gekocht, dann gepreßt, der Saft mit 16 bis 21 Brix wird auf 58 bis 60° erhitzt und man setzt auf 100 hl Saft 0,5 bis 1 l konzentrierte Salzsäure und 10 bis 20 kg obergärige Bierhefe zu. Die Bierhefe wird vorher mit Quarzsand zerrieben und zerquetscht, um die Hefezellen zu öffnen. Man läßt nun den Saft 6 Stunden bei 58 bis 60° stehen, unter gelegentlichem Umrühren. Die Hefe sammelt sich am Boden an, der überstehende Saft wird abgezogen. Dieser wird zum Sieden gebracht, die sich bildende Ausscheidung von Pektin- und Albuminstoffen wird abgeschöpft oder heiß filtriert. Dieser Sirup soll sich beim Einkochen weniger verfärben als anderer. *Effront* erhält dann einen Sirup, der frei von Eiweißstoffen und vor allen Dingen von Pektinstoffen, aber eigentlich nicht mehr als echter Rübensirup zu bezeichnen ist, denn gerade die Anwesenheit der Pektinstoffe und des nicht gerinnbaren Eiweißes gibt ihm die bestimmten günstigen, von anderen unterscheidenden Eigenschaften. Die von *Effront* gerühmte günstige Beeinflussung des Geschmackes erscheint deshalb nicht als erstrebenswert. Recht hat er aber darin, daß sich solcher Sirup durch größere Haltbarkeit auszeichnet.

Dort, wo man besonders helle, klare Säfte erzeugen will, verwendet man häufig zum Klären Knochenkohle, Entfärbungskohle, Karboraffin, oder auch die feingemahlene, billigere Braunkohle. Die Braunkohle soll nicht künstlich getrocknet, der Saft nicht zu warm beim Filtern sein, höchstens 50°, damit die Lösung schädlicher Stoffe vermieden wird; nicht alle Farbstoffe werden von ihr absorbiert. Die Holzkohle ist wie beim Wein wohl geeignet, um fremdartige, aber auch dem Sirup eigentümliche Geruchsstoffe auszuziehen. Am besten ist Lindenkohle oder solche aus anderen Laubhölzern, aber nicht Nadelholzkohle. Sie darf keine harzigen, teerartigen Stoffe enthalten und muß gut durchgebrannt bzw. durchgeglüht sein. Am wirksamsten ist die Kohle in Pulverform. Bei längerer Lagerung nimmt die Kohle Feuchtigkeit und Gerüche auf, ist deshalb frisch am wirksamsten und besten. Man prüft ihre Brauchbarkeit erst an einer kleinen Menge Saft, der keinen fremdartigen Geruch oder Geschmack annehmen darf.

Knochenkohle (verkohlte Tierknochen) zeigt ebenfalls günstige Ergebnisse. Die gereinigte Knochenkohle wird am besten feucht unter Wasser aufbewahrt. Näheres über die Behandlung der Knochenkohle siehe *W. Gredinger*, Die Raffination des Zuckers, 1909.

Es wird häufig auch Kalkmilch zur Klärung des Preßsaftes zugesetzt. Dies ist aber nachteilig für die Erzeugung echten Rübensirups. Die Kalkzugabe erfolgt in Form von Kalkmilch in die Aufkochkessel. Die Scheidung erfolgt dann nach kurzer Ruhezeit oben unter Bildung einer Schaumdecke. Der untenstehende Saft ist heller und klarer. Aber der Saft wird durch den Kalk alkalisch, wodurch die Invertierung eines Teiles des Rübenzuckers beim Einkochen unmöglich und auch der Geschmack stark beeinflußt wird. Der vorher deutlich erkennbare Rübengeschmack würde dann einem kratzenden, alkalischen weichen. Ammoniakgeruch macht sich bemerkbar durch Zusetzung der stickstoffhaltigen Stoffe. Bei allen solchen flüssigen, streichbaren Aufstrichmitteln ist Neutralität oder eine schwache Säure des Saftes vorzuziehen, weil diese unserer Zunge besser zusagen und angenehmer wirken. Berechtigt, ja notwendig ist diese Anwendung von Kalk und die Neutralisation des Saftes dort, wo man unter besonderen Verhältnissen gezwungen ist, den Saft in eisernen Verdampfern einzudicken. Freies, ungeschütztes Eisen wird von sauren Säften angegriffen und verschlechtert sowohl die Farbe als auch den Geschmack. In solchen Fällen wird man mit schwachen alkalischen Säften arbeiten müssen und erst zum Schluß den Sirup wieder neutralisieren oder ansäuern.

Da nach *Rümpler* Tonerde und Magnesia sehr reine Säfte geben, deren günstige Wirkung darauf zu beruhen scheint, daß sie nur wenig alkalisch wirken, so sind diese vielleicht gerade hier für die Rübensirupklärung ganz besonders geeignet. So wird Tonerde zur Klärung trüben Seimhonigs mit Erfolg angewendet.

Um den Rübensirup oder das Obstkraut möglichst hell zu erhalten, setzt man nach *König* (Z. f. analyt. Ch. 1889, S. 414) häufig etwas sauren schwefligsauren Kalk zu. Die im Sirup verbleibende schweflige Säure dürfte aber wenig angenehm sein und beanstandet werden.

In neuerer Zeit hat das Karboraffin, besonders in österreichischen Zuckerfabriken, zum Entfärben der Säfte an Stelle der Knochenkohle Verwendung gefunden. Da dieses nicht nur stark entfärbend, sondern auch den Geschmack und Geruch verbessernd wirken soll, so kann dies auch für die Rübensirupherstellung von Bedeutung sein. Seine Verwendung wird eingehend von *Vl. Stanek* (Z. f. Zuckerindustrie in Böhmen 1917/18 und 1918/19 S. 1 bis 12) beschrieben.

Es ist ein vollkommen schwarzes, sehr lockeres und leichtes Pulver; 1 l locker geschüttetes Präparat wiegt nur 224 g, oder 1 kg nimmt einen Raum von 4,03 l ein. Die Korngröße schwankt zwischen 1,5 μ bis 100,0 μ. Die chemische Zusammensetzung ist folgende:

Wassergehalt	32,72 Proz (künftig nur 10 Proz.)
Gesamtasche	2,13 „
Acidität des Auszuges von 100 g	20,0 ccm $^{1}/_{10}$ n-Lauge
Zinkoxyd	0,21 Proz.
Kupferoxyd	Spuren
Kohlenstoff durch Elementaranalyse	57,4 Proz.
Wasserstoff durch Elementaranalyse	1,5 „
Sauerstoff und Stickstoff durch Restbestimmung	6,25 „

Die Säure des Karboraffin läßt eine Invertierung der Zuckerlösung in der Zuckersiederei befürchten, während für unsere Zwecke dies nicht nachteilig werden kann. Sonst wird man das Karboraffin genau so wie in der Zuckersiederei anwenden.

Bei einem Zusatz von 0,07 Proz. Karboraffin in Zuckerklärsel betrug die Entfärbung 30 bis 65 Proz. Die Wirkung ist nicht so groß, wenn es mit dem Saft einfach verrührt und dann gemeinsam gefiltert wird, wie dies bei den vorerwähnten anderen Zusätzen üblich ist. Besser ist die später (S. 132) noch zu beschreibende, vom Verein der Zuckerindustrie in Böhmen zum Patent angemeldete Arbeitsweise. Da Karboraffin an und für sich sauer ist, so wird in alkalischem Saft, mit dem wir es aber hier nicht zu tun haben sollen, die entfärbende Wirkung verringert. Diese Erscheinung wird damit erklärt, daß fast alle Farbstoffe von saurer Natur und die meisten davon in freier Form unlöslich sind, während ihre Salze im Wasser vollkommen löslich sind. Deshalb läßt sich auch der Farbstoff aus dem angewandten Entfärbungsmittel (Knochenkohle, Karboraffin) mit Lauge oder Soda wieder herausholen. Der Gleichgewichtszustand zwischen der Löslichkeit des Farbstoffes und dem Aufnahmevermögen des entfärbenden Mittels wird durch saure Säfte zugunsten, durch alkalische zuungunsten der Entfärbung des Saftes verschoben.

Auffallend ist auch bei der Verwendung des Karboraffins die vollkommene Entfernung des Geruches; der sogenannte Melassegeruch (nach Stiefelwichse riechend) verschwand gänzlich. Ob dies in zuweitgehendem Maße beim „echten" Rübensirup erwünscht ist, erscheint fraglich.

25. Das Filtern.

Die Filtration über Tücher ohne Filterzusätze ist schwierig wegen des im Preßsaft vorhandenen Pektins und ungeronnenen Eiweißes, die kolloidale, leimartige Eigenschaften besitzen. Bei gröberen Tüchern läuft der Saft glatt durch, ohne jede Filterwirkung, bei feinen werden diese in kurzer

Zeit verschmiert und undurchlässig. Das mikroskopisch feine Netzwerk der im Saft vorhandenen Kolloide legt sich auf die Filtertücher, eins wird auf das andere gedrückt, die Maschen werden immer mehr verengt, und schließlich ist das Gitter geschlossen, das Filtertuch ist verschleimt und sogar den feinen Saftmolekülen ist der Durchgang versperrt. Man muß deshalb das Netzwerk zerreißen und die Kolloide zur Ausflockung bringen durch Aufkochen oder besondere Zusätze. Aber auch dann wird sich auf dem Filtertuch ein Fetzen über den anderen legen und schließlich doch noch den Durchlauf erschweren. Will man das Filtern des Saftes, den Durchfluß der Moleküle aufrechterhalten, dann muß man verhindern, daß die Netze sich dicht aufeinanderlegen können. Man muß Zwischenlagen einbringen, Steine einpacken, die für genügenden Abstand sorgen. Diese Steine brauchen nun nicht riesig groß zu sein, sondern mikroskopisch kleine Kohlestückchen (Pulver), Cellulosefasern, Kieselgur u. dgl. genügen. Sie müssen aber in solcher Menge zwischengepackt werden, daß die Netze der abzufiltrierenden Eiweißstoffe nicht aufeinanderliegen. Im allgemeinen genügt hierfür ein Zusatz von $^1/_2$ bis 2 Proz.

Mit ganz wenig Wasser angerührte Cellulose, wie sie in den Brauereien zum Bierfiltern üblich, kann gute Dienste leisten. Zusätze von ungereinigtem Asbest oder Kieselgur erzeugen einen lästigen, tonigen Geschmack. Wegen des Bezuges geeigneter Kieselgur wendet man sich an erfahrene Werke oder an die „Deutschen vereinigten Kieselgurwerke" in Hannover. Die Kieselgur befördert mechanisch die Filtration, indem die feingegliederten Kieselkörperchen ausgedehnte Anlagerungspunkte für die Schwebekörper bilden. Bei seiner Anwendung in Zuckerfabriken erzielt man feste und doch poröse Filterkuchen, die sich gut absüßen lassen. Dort genügt eine Zugabe von 0,03 bis 0,1 Proz., allerdings neben einem Zusatz von 1 bis 2 Proz. Ätzkalk. *Stutzer*, Güstrow erhielt das D. R. P. 185 655 im Jahre 1905, nach welchem zwecks vollkommener Fällung der Eiweißstoffe und Erzielung eines filtrationsfähigen Saftes dem heißen Rohsaft zuerst rohe, unausgewaschene und unausgeglühte Kieselgur zugesetzt, gut durchgerührt und dann noch Kalk zugegeben wird. Da die Kieselgur ein sehr geringes Raumgewicht besitzt und viel Luft einschließt, so schwimmt sie auf dem Saft, wenn sie nicht innig, wenigstens während 10 Minuten, mit dem Saft verrührt wird. Der Saft soll möglichst 90° warm sein. Die aus den Filtern herausgenommene verschlammte Kieselgur kann durch Ausbrennen in Öfen wieder zur Filtration brauchbar gemacht werden, doch dürfte sich dies bei der Billigkeit der Kieselgur kaum lohnen.

Alle diese Zusatzstoffe sollen keine Bestandteile enthalten, die sich im Saft lösen, seinen Geschmack oder Geruch ungünstig beeinflussen oder einen Teil der Säure neutralisieren. Durch Vorversuche überzeuge man sich von der Brauchbarkeit.

Die richtige Wahl des Filterzusatzes muß von Fall zu Fall festgestellt werden, dann läßt sich auch die Verschleimung auf ein erträgliches Maß vermindern. Dann kann man auch sog. Filterpressen verwenden, denn nur mit diesen ist es möglich, größere Mengen Saft zu filtrieren, weil sie große freie Filterflächen besitzen. Die Fig. 45 zeigt eine sog. Rahmenfilterpresse.

Je ein „Rahmen" wird neben einer „Platte" auf die beiden Tragholmen nacheinander aufgehängt und durch ein bewegliches „Kopfstück" mit kräftiger Druckspindel zusammengepreßt, nachdem über jede Platte ein Filtertuch gehängt wurde. Die festen, im Saft enthaltenen Teile werden von den Tüchern zurückgehalten und lagern sich in den Rahmen als Preßkuchen ab, während der klare Saft durch die Platten in eine Sammelrinne abläuft. Gewöhnlich werden die Platten mit sog. Doppeltüchern überzogen, das sind zwei aufeinandergelegte und zusammengenähte Tücher, weil durch ein einfaches Tuch meistens kein klarer Saft zu erreichen ist.

Die Auslaufkanäle sind bei manchen Filterpreßarten mit Absperrhähnen ausgestattet, um jede Platte abstellen zu können, wenn zufällig ein Tuch reißt. Der anfangs trübe auslaufende Saft wird zurück zum Schlammsaft gefördert und nochmals filtriert. Die Filtration kann als beendet angesehen werden, wenn der klare Saft nur noch langsam aus den Ablaufkanälen tropft, weil dann die Rahmen mehr oder weniger mit Schlamm angefüllt und die Tücher belegt sind. Man hört dann mit der Zuführung des unreinen Saftes auf. Der in den Rahmen verbliebene Schlamm ist mit Saft durchtränkt, den man durch Abpressen mit Luft oder durch Auslaugen mit Wasser gewinnen kann. In letzterem Falle sind die Filterpressen mit Kanälen zur sog. absoluten Auslaugung auszustatten.

Fig. 45. Filterpresse mit Holzrahmen.

Auch hier ist die Berührung des sauren Saftes mit Eisen unerwünscht, weshalb man zweckmäßig Rahmen und Platten aus Holz verwendet. Werden die Holzrahmenfilterpressen längere Zeit nicht benutzt, so ist darauf zu achten, daß die hölzernen Rahmen und Platten nicht austrocknen und sich verziehen. Man bringt sie zweckmäßig in einen kühlen Raum, in welchem sie zeitweise mit Wasser übergossen werden, nachdem man vorher die äußeren Eisenteile mit einem guten, rostschützenden Anstrich versehen hat. Am besten dürfte die Lagerung in einem Keller sein, und muß man die gleichen Vorsichtsmaßregeln beachten wie bei Holzfässern, wenn man diese dauernd dicht und in Ordnung halten will. Haben die Platten durch unzweckmäßige Behandlung ihre Form verloren, so muß ein Tischler durch sorgfältiges Nacharbeiten die Presse wieder in Ordnung bringen.

Für die **Filtertücher** ist baumwollener Barchentstoff, sog. Kaffeefilterstoff, wo er zu haben ist, nützlich. Man legt die wollige Seite so, daß der Saft auf die lockeren Fasern tritt. An diese Fasern hängen sich dann die feinen Unreinigkeiten an. Filterstoffe aus **Papiergewebe** haben sich auch für die Rübensaftfiltration gut bewährt, wenn man jeweils zwei Tücher übereinanderlegt und die nötige Vorsicht anwendet, doch stellen sie sich im Betrieb teuer, weil sie eine geringe Lebensdauer besitzen.

Bei baumwollenen Filtertüchern rechnet man mit einem Verbrauch von etwa 30 Stück für je 100 t verarbeitete Rüben.

Hoher Filterdruck ist zu vermeiden, denn dann drückt der durchzufilternde Saft die Faserchen zu fest an, die Durchflußgeschwindigkeit wird zu groß. Erfahrungsgemäß kann man solche schleimigen Säfte nur bei ganz geringem Druck und damit zusammenhängendem, langsamen Durchfließen filtern, um den Schleimstoffen Zeit zum Auflagern auf die Filterfläche zu geben, indem sie sich locker anhängen, ohne die Poren zu verstopfen. Gleichmäßigen Saftzufluß und Druck erzielt man am sichersten durch die Zuführung des Saftes aus einem Sammelbehälter, der 3 bis 4 m über der Filterpresse steht, wie dies die Fig. 46 zeigt. Der Sammelbehälter erhält ein gutes Rührwerk, wenn man Klär- und Filterzusätze dem Saft zumischen will. Zwingen örtliche Verhältnisse dazu, den Saft

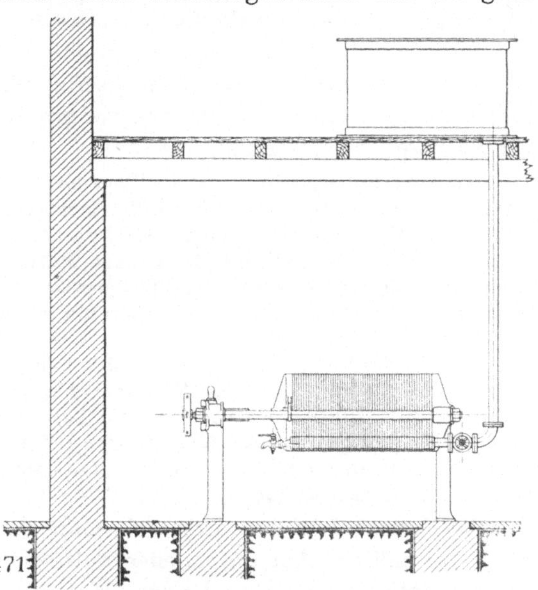

Fig. 46. Aufstellung einer Filterpresse.

mittels Pumpe durch die Filterpresse zu drücken, so sorgt man dafür, daß diese gleichmäßig fördert, nicht stoßend. Ein Sicherheitsventil muß bei zu hohem Druck den Saft aus der Druckleitung zur Saugleitung zurücktreten lassen. Ein großer Druckwindkessel ist notwendig.

Mit der Zeit nimmt aber der heiße Saft die Luft aus einem Windkessel auf. Das Luftpolster verschwindet und die Pumpe arbeitet stoßweise. Ruckweise wird der Saft durch die Presse gedrückt, was die Klarheit des Filtrates recht unangenehm beeinträchtigt. Es ist deshalb zweckmäßig, in die Saugleitung zur Pumpe ein kleines Lufthähnchen, oder am Pumpenzylinder ein sog. Schnüffelventil einzubauen, durch welche immer etwas Luft angesaugt wird, die den Windkessel mit Luft angefüllt erhält. Die Leistung der Pumpe sollte einstellbar sein, entweder durch Änderung der Umlaufzahl, oder durch eine Rücklaufleitung mit Einstellhahn zwischen dem Saug- und Druckstutzen der Pumpe.

Der auf den Tüchern sich ablagernde **Schlamm** wird durch ein langes Holzschwert nach Öffnung der Filterpresse abgekratzt. Mit der Zeit verstopfen sich aber die Poren und eine Reinigung durch Waschen ist nötig. Hier ist das schon im Abschnitt 19 über Preßtücher Gesagte zu beachten. Besonders schonend muß man hierbei mit den Papiergarntüchern umgehen und die Vorschriften der Lieferanten beachten. Häufig vertragen diese Tücher überhaupt kein Waschen, sondern nur vorsichtiges nicht zu scharfes Abbürsten. Schadhafte oder stark verschmutzte Tücher sollten nie einzeln ausgewechselt werden, weil dadurch ein gleichmäßiges Laufen aller Rahmen doch nicht erreichbar ist. Eine Verbesserung und Beschleunigung des Filterns kann nur durch gleichzeitiges Auswechseln aller Tücher erreicht werden. Neue Tücher sind anzufeuchten, um ihr Verziehen zu verhindern und das Abdichten zu erleichtern.

Die Verwendung sog. Trennschleudern (Zentrifugen) dürfte für den schleimigen Preßsaft vorläufig wohl kaum in Frage kommen.

Schon auf Seite 56 erwähnte ich das Karboraffin. Der zu klärende Saft soll vor der Anwendung des Karboraffins vollkommen ausfiltriert sein, weshalb man dieses, nicht wie die vorerwähnten Zusätze, vor der Hauptfiltration zwecks deren Erleichterung zusetzt.

Der zum Filtern erforderliche Filterdruck beträgt 0,5 bis 2 Atm. Für den konzentrierten Zuckersaft wurden 0,087 Tl. Karboraffin verbraucht. Es wurden stündlich anfangs 400 l bis heruntergehend auf 150 l durch 1 qm Filtertuchfläche gefiltert. Hierbei ist zu beachten, daß bei der besonderen Filtrationsart („Aussüßen") die wirksame Fläche nur die Hälfte der in der Filterpresse vorhandenen Gesamtfilterfläche beträgt. Die Laufzeit der Tücher einer mit Karboraffin gefüllten Presse beträgt bei Raffinadesaft bis 14 Tage.

Die Entfärbung des Saftes war bei einem Zusatz von 0,07 Proz. Karboraffin größer als bei 6,5 Proz. Spodium (Knochenkohle). Die etwas schmutzige Arbeit mit dem trockenen, feinstaubigen Karboraffin wird bei Verwendung von angefeuchtetem angenehmer. Ein Mangel ist seine feinpulverige Beschaffenheit, so daß trotz aller Vorsicht leicht Spuren in den Saft mit übergehen. Ob dann der geringe Zinkchloridgehalt nachteilig wirken kann, ist fraglich.

Das benutzte Karboraffin soll man durch Auskochen mit Natron in einem besonderen Apparat wieder auffrischen können. Ob sich dies aber bei der geringen anzuwendenden Menge in der Rübensirupfabrik lohnt, kann nur von Fall zu Fall durch Preisberechnung festgestellt werden. Überhaupt ist die Anwendung solcher Entfärbungs- und Klärmittel sehr von deren Preis und ihrer Einwirkung auf die Verteuerung des Rübensirups abhängig. Man wird sorgfältig durch Versuche und Rechnungen feststellen müssen, ob die aufgewendeten Kosten durch die Sirupverbesserung wieder hereingebracht werden. Dabei darf man aber nicht engherzig sein, denn auf die Güte des Sirups ist der größte Wert zu legen. Man darf aber auch bei der Anwendung der Reinigungsmittel nicht zu weit gehen. Es kann nicht das Bestreben sein, einen blanken, durchsichtigen, klarfunkelnden Zuckersirup zu erzeugen. Dies wäre kein „echter Rübensirup" mit seinen wertvollen Eigenschaften. Wenn man auch auf das Aussehen eines Erzeugnisses den größten Wert legen muß, so muß man hier die Verbraucher dahin zu erziehen suchen, daß sie erkennen, wie ein guter Rübensirup aussehen kann, wenn er alle ihm eigentümlichen Eigenschaften besitzen soll.

F. Die Erzeugung des Sirups.

Der gewonnene Preßsaft ist zu dünn, um als Aufstrichmittel Anwendung finden zu können. Wie ich schon im Abschnitt 11 (Brühen) zeigte, ist ein zu leichtflüssiger Sirup im Gebrauch unangenehm. Die gewünschte Dickflüssigkeit ist aber in befriedigender Weise nicht allein durch die Pektin- und sonstigen Nichtzuckerstoffe zu erreichen. Auch ist der dünne Saft nicht genügend haltbar und zu raumbeanspruchend. Diese Nachteile werden durch die Entfernung des überschüssigen Wassers vermieden. Wieweit dies zu geschehen hat, richtet sich nach der gewünschten Zähigkeit. Im allgemeinen vermindert man den Wassergehalt des Saftes bis auf etwa 20 Proz., indem er erst dadurch in „Sirup" verwandelt wird. Ein Sirup mit mehr als 25 Proz. Wasser ist auf alle Fälle zu dünn, ein solcher mit weniger als 15 Proz. ist zu zähklebrig. In Österreich-Ungarn (Verordnung v. 14. 3. 17) sollte der Speisesirup mindestens 80° Bx (S. 70) spindeln.

Durch die teilweise Entfernung des Wassers wird die Raumbeanspruchung des Sirups ganz wesentlich vermindert. Wenn der ursprüngliche Saft 16 Proz. Trockengehalt besaß, dann vermindert sich der Raum des eingedickten Sirups auf $\frac{16}{80} \cdot 100 = 20$ Proz., oder er nimmt nur noch $\frac{20}{100} = \frac{1}{5}$ seines ursprünglichen Raumes ein. Solcher auf $^1/_5$ eingeengte Sirup benötigt kleinere Versandgefäße und bedingt niedrigere Frachtunkosten.

Die Entfernung des überschüssigen Wassers, das Eindicken des Saftes, geschieht durch Abdampfen.

26. Das Eindicken des Saftes.

Die einzudickende Preßsaftmenge von 100 kg verarbeiteten Rüben ist lediglich abhängig von der Pressung. Je stärker abgepreßt wird, um so mehr Preßsaft wird man gewinnen und kann man nach den später noch zu gebenden Begründungen (S. 80) mit einer Höchstausbeute von 90 kg Preßsaft aus 100 kg Rüben rechnen. Je nachdem nun dieser Preßsaft einen mehr oder weniger großen Gehalt an Trockenstoffen, dem Sirupstoff, besitzt, ist weniger oder mehr Wasser abzudampfen. Dieser Sirupstoffgehalt des Preßsaftes ist abhängig vom ursprünglichen Trockengehalt der Rübe. Er wird nicht wesentlich von der Abpressung selbst beeinflußt, weil ja aus der Rübe nur der gelöste Saft in der einmal vorliegenden Zusammensetzung abgepreßt wird. Der Saft in der gedämpften Rübe hat eben von vornherein eine ganz bestimmte Dichte.

Wird weniger Saft abgepreßt, dann ist wohl weniger Saft einzudicken, aber auch die Ausbeute (S. 81) sinkt, und trotzdem bleibt die für 1 kg Sirup zu verdampfende Wassermenge fast gleich, bei gleichen Rüben wie noch später gezeigt wird.

Hat der Rübenpreßsaft einen Gehalt von 10 Proz. Trockenstoff, dann sind aus der obigen Höchstmenge von 90 kg Preßsaft $90 - \frac{10}{0{,}80} = 90 - 12{,}5$

= 77,5 kg Wasser abzudampfen. Dagegen bei einem Gehalt von 20 Proz. nur noch $90 - \dfrac{20}{0,8} = 90 - 25 = 65$ kg Wasser.

Je zuckerreicher die Rübe, je höher also ihr Trockengehalt ist, je höher ist auch die des Preßsaftes und um so weniger Wasser ist abzudampfen; um so kleiner wird die Abdampfeinrichtung und der Aufwand an Brennstoff. Noch deutlicher wird dies, wenn die zu verdampfende Wassermenge auf 1 kg erhaltenen Rübensirup bezogen wird. Während im ersten Falle bei 10 Proz. Sirupstoff $\dfrac{10}{0,8} = 12,5$ kg Sirup aus 100 kg Rüben gewonnen werden können, also für 1 kg Sirup $\dfrac{77,5}{12,5} = 6,2$ kg Wasser abzudampfen sind, sind bei der höchstprozentigen Rübe $\dfrac{20}{0,8} = 25$ kg Sirup gewinnbar und somit nur $\dfrac{65}{25} = 2,5$ kg Wasser für 1 kg Sirup abzudampfen.

Wendet man mehrmalige Pressung mit Wassereinmaischung (S. 48) an, so wird der ablaufende zweite und folgende Preßsaft immer dünner. Es ist mehr Wasser abzudampfen, um dadurch den in den Saft gebrachten Sirupstoff zu gewinnen. Eine große Belastung der Eindampfung und ein größerer Brennstoffaufwand sind die Folge.

Die Eindickung des Preßsaftes, die Austreibung des Wassers erfolgt entweder in offenen Kochkesseln oder in Vakuumverdampfern.

27. Offene Einkochkessel.

Für kleinere Verarbeitungsmengen werden zur Verdampfung des Wassers zur Eindickung des Saftes fast immer offene Kessel verwendet. die in der Anschaffung billig und in der Bedienung einfach sind. Häufig erfolgt ihre Beheizung über offenem Feuer, wie ich dies schon bei der Beschreibung der schlesischen Sirupherstellung erläutert habe. Die Kessel haben eine lichte Weite von 1 m bei 600 bis 700 mm Tiefe und werden aus emailliertem Gußeisen oder aus Kupfer angefertigt.

Mehrere Kessel werden häufig auf einem Herd vereinigt, aber jeder Kessel muß seine eigene Feuerung und einen durch einen Essenschieber absperrbaren Anschluß an den Schornstein haben. Die unmittel-

Fig. 47. Kippkessel für Dampfbetrieb mit Schneckengetriebe zum Umlegen, mit gußeisernem Dampfmantel mit angegossenen Achsen.

bare Befeuerung erfordert beim Eindicken größte Vorsicht. Man muß den Sirup kräftig rühren und sucht häufig das Anbrennen durch Einlegen einiger Kieselsteine zu verhindern. Ebenso wie feste Körper in der Kochflasche das Stoßen verhindern, so wirken hier auch faustgroße Steine. Durch die Dampfblasen werden sie hin und her geworfen, reiben auf der Kesselwand und rühren den Sirup gut um. Bei emaillierten Kesseln sollte man aber solche Einlegekörper unbedingt vermeiden, weil sie bald die Emaille, die doch nur eine dünne Glasschicht ist, abnutzen und zerschlagen.

Günstiger und sparsamer in bezug auf den Heizstoffverbrauch arbeiten schon Kochkessel mit Doppelboden für Dampfheizung, weil die Dampftemperatur niedriger ist und die Heizung sich besser einstellen läßt. Die Fig. 47 zeigt einen Kippkessel mit Schneckengetriebe zum Umlegen, von Volkmar Hänig & Comp., Heidenau.

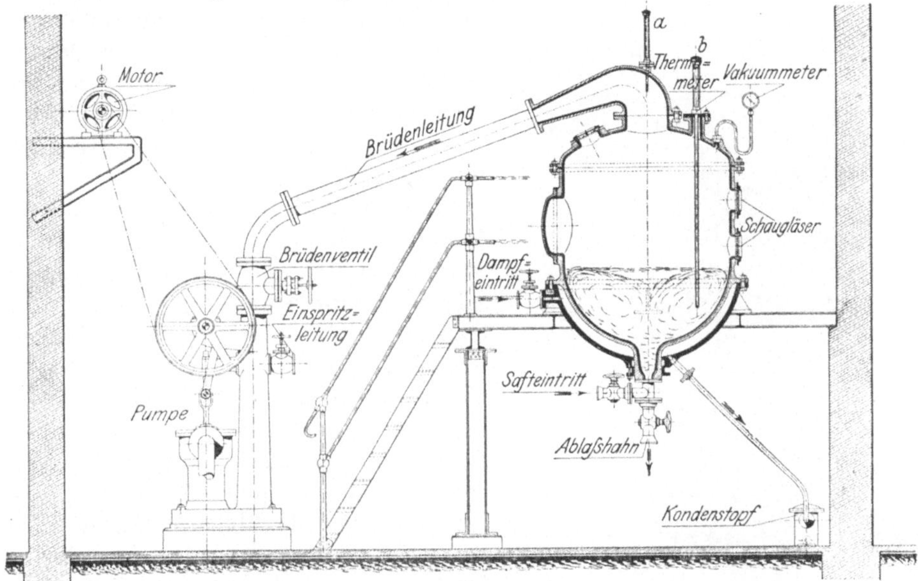

Fig. 48. Vakuumverdampfer mit Naßluftpumpe.

28. Das Eindicken unter Luftverdünnung, im Vakuum.

In den offenen Kesseln ist der Saft mehrere Stunden einer Temperatur von über 100° ausgesetzt, und bei nicht sorgfältiger Aufsicht und schlechtem Rühren werden die an der Heizfläche ruhenden Saftteile stark überhitzt. Karamelisierung des Zuckers, Spaltung der Eiweißkörper in Aminosäure unter dem Einfluß der Säure und Verbindung des Invertzuckers mit Stickstoff verursacht die Bildung stark würzender Stoffe. Die damit zusammenhängende Dunkelfärbung und Erzeugung eines brenzlichen, bitteren Geschmackes ist die Folge. In vielen Gegenden hat man sich an diesen kräftigen, eigenartigen Geschmack gewöhnt und hält häufig weicher schmeckende Sirupe für verfälscht. Aber dieser harte Geschmack ist nicht jedermanns Sache.

Will man Sirup von feinerem Geschmack herstellen, dann muß der Saft bei niedrigerer Temperatur eingedickt werden.

Um in offenen Kesseln den Saft zum Kochen zu bringen, um das in ihm enthaltene Wasser durch Verdampfung austreiben zu können, muß der Saft über 100° erhitzt werden. Erst dann besitzt der Wasserdampf eine solche Spannung, daß er den Druck der auf der Saftoberfläche ruhenden Luft überwinden kann. Erst dann kann dieser Dampfdruck die Luft zurückdrängen und das Wasser kann aus dem Saft verdampfen. Entfernt man die Luft und vermindert damit den Druck, der auf der Saftoberfläche ruht, dann wird die notwendige Dampfspannung natürlich auch geringer. Das Wasser kann leichter, früher kochen und verdampfen. Man kann dann den Saft bei 50, 40 und weniger Grad Celsius eindampfen. Solche niedrigen Temperaturen beeinflussen den Saft weniger schädlich. Diesen Vorteil macht man sich in den sogenannten Vakuumverdampfern zunutze. Es sind dies allseitig geschlossene Gefäße, die stark genug gebaut sind, um dem äußeren atmosphärischen Druck widerstehen zu können, wenn das Gefäß luftleer gepumpt wird.

Die Fig. 48 zeigt einen emaillierten Vakuumverdampfer von Emil Paßburg, Berlin, wie er sich zum Eindampfen solcher Sirupe eignet. Er besteht aus Gußeisen und besitzt einen halbkugelförmigen Doppelboden, der durch Dampf von 1 Atm Spannung beheizt wird. Bei kleineren Apparaten wird der äußere Boden aus Gußeisen angefertigt, bei größeren aus Schmiedeeisen. Der Verdampfer erhält die üblichen Zubehörteile, bestehend aus einem Lichtglas, Schaufenstern, einem Dampfventil und einem Manometer für den Dampfmantel, einem Vakuummeter für den Saftraum, einem Thermometer, einem Lufthahn, einem Safteinzugventil, einem Sirupablaßventil, einem Probenehmerhahn und einem Mannlochverschluß. Sämtliche Teile, die mit dem Sirup in Berührung kommen, sind mit einer guten dauerhaften Emaille geschützt. Der Hahn zum Einziehen des Sirups und der zum Ablassen des eingedickten Sirups bestehen aus Steinzeug. Werden sie mit einem Panzer versehen nach Fig. 42, so bewähren sich diese auch hier bestens.

Fig. 49. Vakuumverdampfer aus Kupfer oder Aluminium.

Sollen größere Leistungen erzielt werden, so kann man noch emaillierte Heizrohre in entsprechender Menge einbauen. Die Brüdendämpfe, die sich durch die Verdampfung des Wassers aus dem Saft bilden, gehen durch das Brüdenrohr nach einer Naßluftpumpe und werden dort durch Einspritzwasser verflüssigt. Die unkondensierbare Luft wird von der Naßluftpumpe abgesogen und dadurch die entsprechende Luftleere unterhalten. Durch den Einfluß der Luftleere erfolgt dann die Eindickung des Sirups bei niedriger Temperatur. Zur Beheizung des Verdampfers genügt Dampf mit 0,5 bis 1 Atm Spannung.

Einen stehenden, kupfernen Vakuumverdampfer mit 25 qm Heizfläche in Messingröhren zeigt Fig. 49. In die Brüdenleitung ist noch ein Saftfänger eingeschaltet, der den anfänglich stark spritzenden Saft und Schaum abfangen und zurück zum Verdampfer leiten soll.

Für noch größere Leistungen käme z. B. ein Verdampfer mit außenliegendem Umlaufheizkörper nach Fig. 50 in Frage, wie sie zuerst nach

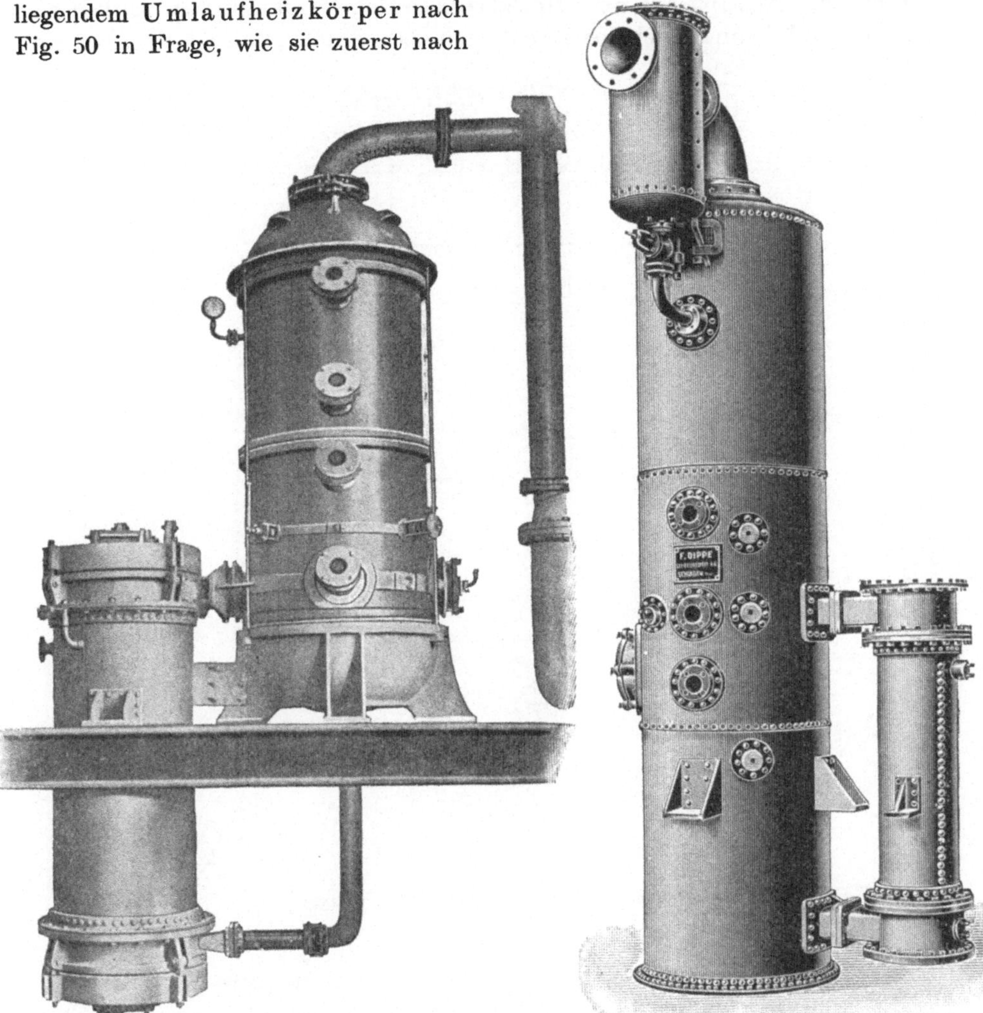

Fig. 50. Vakuumverdampfer aus Steinzeug mit Umlaufheizkörper.

Fig. 51. Umlaufverdampfer.

meinen Vorschlägen von Emil Paßburg, Berlin, eingeführt wurden. Wie aus dieser Abbildung ersichtlich, ist der Heizkörper neben dem eigentlichen Verdampfraum aufgestellt und durch Stutzen und Rohre mit ihm oben und unten verbunden. Dadurch wird die Heizfläche leicht zugänglich zwecks Reinigungs- oder Wiederherstellungsarbeiten. Der Verdampfkörper ist aus Steinzeug angefertigt, dessen Vorzüge für den sauren Saft außerordentlich groß sind. In den stehenden Heizröhren des Umlaufheizkörpers verdampft Wasser aus dem Saft. Die entstehenden Dampfblasen reißen den Saft mammutpumpenartig mit in den eigentlichen Verdampfraum. Hier breitet sich der Strom aus, so daß der Dampf unbehindert nach oben entweichen kann. Der niederfallende Saft reißt den Schaum mit und zerstört ihn. Da der Saftstrom beim Austritt aus dem Heizkörper in den Verdampfraum seitlich abgelenkt wird, kann er nicht senkrecht nach oben spritzen und mit dem Brüden-

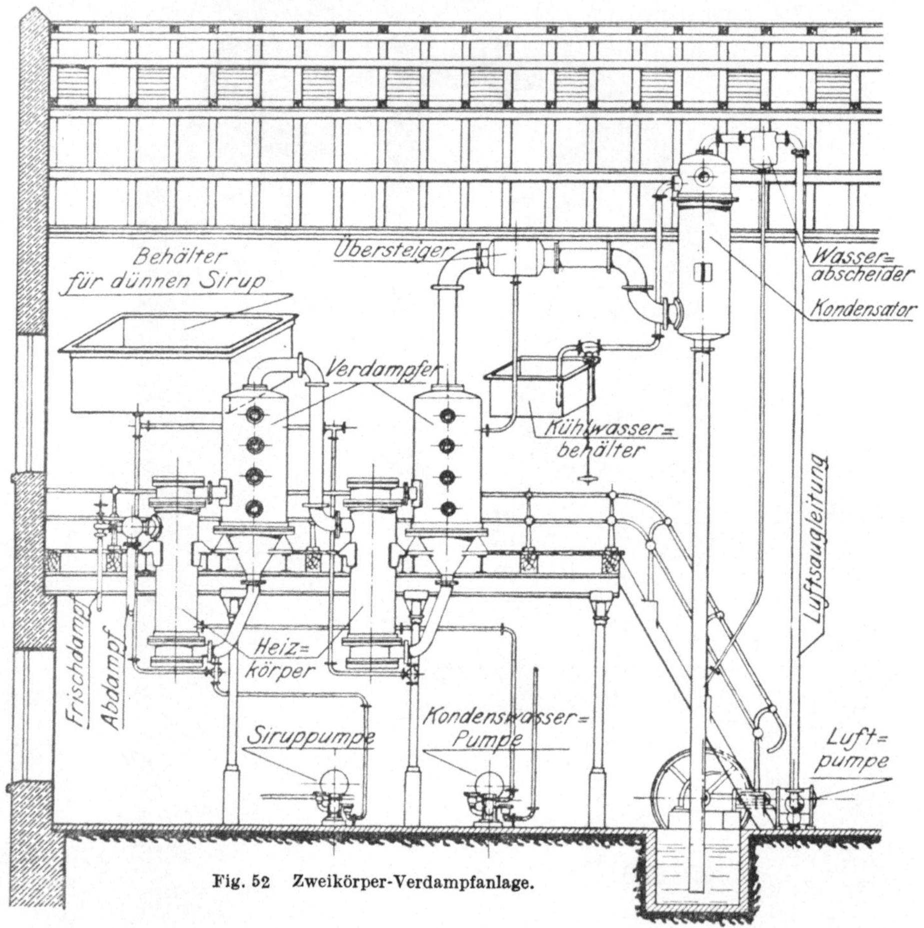

Fig. 52 Zweikörper-Verdampfanlage.

strom verlorengehen. Deshalb arbeiten die Umlaufverdampfer schaumfrei und ohne Saftverluste.

Ebenfalls einen Umlaufverdampfer zeigt Fig. 51 von F. Dippe, Schladen. Der Saftraum erscheint überreichlich groß bemessen, weil damit ein unerwünscht langer Aufenthalt des Sirups im Verdampfer verbunden ist.

Bei allen diesen Vakuumverdampfern kann man damit rechnen, daß für 1 kg aus dem Saft zu verdampfenden Wassers etwa 1,05 bis 1,1 kg Heizdampf einschließlich Verluste erforderlich sind. Wenn 400 kg Preßsaft einzudampfen sind, um 100 kg Rübensirup von gewünschter Dicke zu erhalten, dann sind 400 — 100 = 300 kg Wasser zu verdampfen. Hierzu sind 1,1 · 300 = 330 kg Heizdampf vom Kessel zu liefern, oder unter diesem etwa 40 bis 50 kg Steinkohlen zu verfeuern. Diesen Dampf- bzw. Kohlenverbrauch kann man durch die Verwendung von Mehrkörperverdampfern vermindern.

Die Fig. 52 zeigt eine Zweikörperverdampfanlage. Mit dem Abdampf oder Frischdampf wird der erste Körper beheizt, und der aus dem Saft entweichende Brüden geht durch die Brüdenleitung zum Heizkörper des zweiten Verdampfers, hier seine Wärme abgebend und dadurch wiederum Wasser aus dem Saft verdampfend. Der Heizdampf wird somit zweimal ausgenutzt, denn 1 kg Heizdampf verdampft aus dem Saft 2 kg Wasser. Dann wären für 100 kg Rübensirup nach obigem Beispiel nur noch etwa 115 kg Heizdampf oder nur noch etwa 20 bis 25 kg Steinkohlen notwendig. Mit solchen Mehrkörperanlagen, die in Zuckerfabriken als Vier- bis Sechskörperanlagen in Anwendung sind, kann man somit viel Kohlen ersparen und die Herstellungskosten des Rübensirups recht herabmindern. Sie kommen aber nur für größere Verarbeitungsmengen in Frage, so daß kleinere Fabriken sich ihre Vorteile nicht zunutze machen können.

Hat man große Saftmengen einzudampfen, so daß sich die Anwendung von Drei- oder Vierkörperverdampfern lohnt, dann wird der Saft in diesen nicht bis auf die gewünschte Endsirupdicke eingedampft, sondern nur auf

Fig. 53. Naßluftpumpe.

etwa 65 Proz. Trockengehalt. Dieser Dicksaft wird dann im besonderen Einkörpervakuumverdampfer, dem Sirupkocher, vollständig eingedickt.

Der Saft schäumt beim Eindampfen, infolge seines Gehaltes an Eiweiß und Pektinstoffen, mehr als reiner Zuckersaft oder z. B. die Dünnsäfte der Zuckerfabriken. Diesen Schaum durch Zuziehen von Öl, Fett oder Rüböltrub zu verhindern, ist unzweckmäßig, weil durch diese Zusätze der Geschmack und Charakter des Rübensirups mehr oder weniger leidet. Gut durchgebildete Verdampfer machen solche Kunststücke auch unnötig.

Um in den Vakuumverdampfern das Vakuum, die Luftleere, aufrecht erhalten zu können, muß man eine Kondensationseinrichtung zum Niederschlagen der Dämpfe vorsehen und eine Luftpumpe, die die unkondensierbare Luft absaugt. Luftpumpen, die an Oberflächenkondensatoren oder hochstehende Mischkondensatoren angeschlossen sind, nennt man trockene Luft-pumpen. Solche, in denen die aus dem Verdampfer abgesaugten Brüden-dämpfe durch eingespritztes Wasser kondensiert werden, nennt man Naß-luftpumpen. Die Fig. 53 zeigt eine stehende Naßluftpumpe von Fr. Beyer & Co., Erfurt, die für kleine Anlagen Verwendung findet. Für größere Anlagen kommen hochstehende Mischkondensatoren mit trockener Luft-pumpe in Anwendung, wie schon auf der Fig. 52 der Zweikörperverdampf-anlage dargestellt.

Bei der Eindampfung des sauren Saftes wird wie beim Dämpfen (S. 27) ein weiterer Teil des Rübenzuckers in Invertzucker umgesetzt (S. 73). In den Zuckerfabriken ist dies eine unangenehme Erscheinung, weil diese gleich-bedeutend ist mit einer Verminderung der Ausbeute an Rübenzucker, die dort, unter Bildung von Invertzucker und anderen Zersetzungsstoffen, für jede Kochung etwa 0,4 Proz. (auf Rüben) beträgt, denn der durch die Umwandlung entstandene Invertzucker geht in die Melasse. Anders ist dies beim Rübensirup, wo, wie noch gezeigt wird, die Invertzuckerbildung sogar erwünscht ist. Auch die weitergehende Umsetzung kann hier nicht eigentlich als Verlust gerechnet werden, denn der entstehende Nichtzucker bleibt im Sirup, mit höchstwahrscheinlich noch nutzbarem Nährwert.

29. Die Sirupdicke.

Da das Eindampfen den Zweck hat, den Saft auf eine ganz bestimmte Sirupdicke zu bringen, wie sie für die Verwendung des Rübensirups als Auf-strichmittel erwünscht, für die Aufbewahrung und Haltbarmachung not-wendig ist, so darf das Einkochen des Saftes, das Austreiben des überschüssi-gen Wassers nicht zu früh unterbrochen werden, weil man dann zu dünn-flüssige Sirupe erhält; es darf aber auch nicht zu weit getrieben werden, weil die Sirupe mit einem zu geringen Wassergehalt zu zähklebrig, unstreichbar sind. Es ist deshalb notwendig, die Eindampfung im Kochkessel oder Ver-dampfer stets genau verfolgen zu können, damit die Eindampfung sofort unterbrochen werden kann, wenn der richtige Grad erreicht ist. Man muß den Wassergehalt des Sirups feststellen oder auf diesen schließen, durch Eigenschaften, die von dem größeren oder kleineren Wassergehalt des Sirups beeinflußt werden.

Vom gewünschten Grad der Eindickung überzeugt man sich bei kleinen Betrieben durch die Fadenprobe (S. 9). Diese ist aber grob und unzuver-lässig.

Ob man die Finger schnell oder langsam auseinanderzieht, ob man viel oder wenig Sirup zwischen die Finger nimmt, immer kommt man zu einer anderen Fadenlänge. Zu-verlässig sind nur solche Meßweisen, die von der mehr oder weniger großen Erfahrung und Geschicklichkeit des Koches unabhängig sind.

Die Beobachtung der Siedetemperatur gibt einen einfachen und zuver-lässigen Maßstab für die Stärke der Eindickung. Der Siedepunkt steigt mit der Eindickung, so daß jeder Temperatur auch eine bestimmte Dicke des Sirups entspricht.

Ist einmal die Siedepunkttemperatur bzw. Siedepunkterhöhung bei richtiger Sirupdicke bestimmt, dann hat man einen dauernden Maßstab für gleichmäßige Sirupdicke, wenn immer bis zu dieser Siedepunkterhöhung eingedampft wird. Wurde z. B. bei einer Sirupspindelung (S 70) von 80° Bx ein Siedepunkt von 110°, also eine Siedepunkterhöhung von 10° festgestellt, so wird man immer bei Erreichung des Siedepunktes von 110° auch den Sirup auf 80° Bx eingedickt haben.

Benutzt man ein Thermometer, welches in der Meßgegend eine sehr weite Teilung besitzt, dann ist die Beobachtung leicht und zuverlässig. Erfolgt die Eindampfung in Vakuumverdampfern, dann muß auch beachtet werden, daß der Siedepunkt von der Höhe der im Verdampfer herrschenden Luftleere abhängig ist. Je höher die Luftleere, um so tiefer der Siedepunkt. Man bringt deshalb zwei Thermometer nach Fig. 48 so an, daß die Quecksilberblase des einen b in den kochenden Sirup, die des anderen a in die ent-

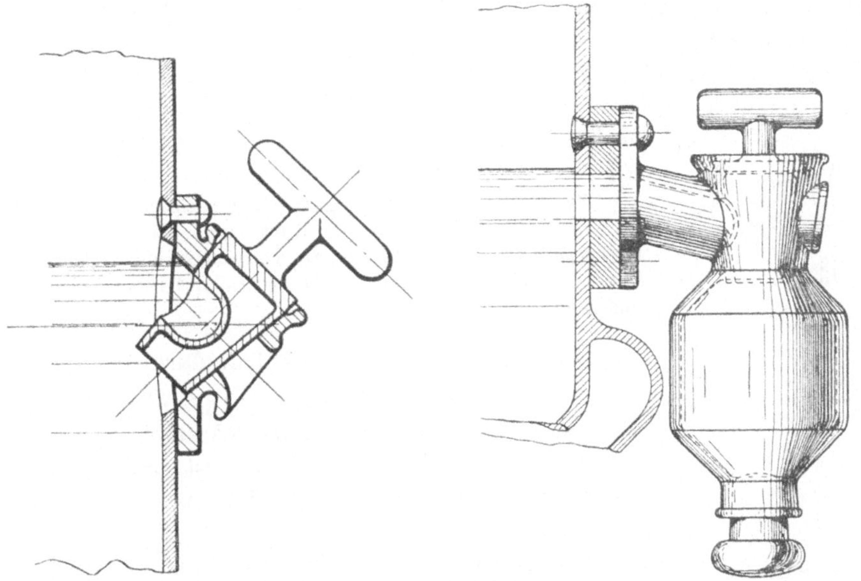

Fig. 54. Probenehmerhahn.   Fig. 55. Probenehmerhahn mit Auffanggefäß.

weichenden Brüdendämpfe ragt, ohne von Sirupschaum oder Spritzern berührt zu werden. Der Unterschied in der Anzeige zeigt die Siedepunkterhöhung an, die eben von der Sirupdicke abhängig ist.

Dieser Temperaturunterschied wird aber durch die Ausführung des Verdampfers, der Art und Anordnung der Thermometer, der Verdampfbelastung u. dgl. etwas beeinflußt. Er kann deshalb nur für den betreffenden Apparat, unter den bestimmten Verhältnissen, als einwandfreier Maßstab für die Sirupdicke dienen.

Immer wird es nützlich und erwünscht sein, diese mittelbare Bestimmung durch eine unmittelbare nachzuprüfen, weil nur dann ein gleichmäßiges Erzeugnis erzielt werden kann. Hierzu dient entweder die sog. Spindlung des Saftes, worauf ich noch im nächsten Abschnitt eingehen werde, das Refraktometer, das Pyknometer, oder die Feststellung des Wassergehaltes durch Austrocknung (S. 98). Die beiden letzten Arten geben wohl die genauesten Zahlen, sind aber zu zeitraubend, um für die Beurteilung der Sirupdichte während der Verdampfung dienen zu können.

Sowohl für die Fadenprobe als auch für die Spindlung muß man dem Vakuumverdampfer eine Sirupprobe während des Betriebes entnehmen können, die dann schnell geprüft wird, um danach die weitere Eindampfung einrichten zu können. Je näher man der gewünschten Sirupdicke kommt, um so vorsichtiger muß man weiter eindampfen, muß den Heizdampf immer mehr drosseln, weil dann schon eine geringe Wasserverdampfung eine verhältnismäßig starke Zunahme der Sirupdicke bewirkt. Während z. B. aus einem ursprünglich 15proz. Saft zur Eindampfung auf 20 Proz. $100 - 100 \cdot \dfrac{15}{20}$ $= 100 - 75 = 25$ kg Wasser zu verdampfen sind, sind zur Eindickung von 75 auf 80 Proz. nur noch $100 \cdot \dfrac{15}{75} - 100 \cdot \dfrac{15}{80} = 20 - 18{,}75 = 1{,}25$ kg Wasser auszutreiben.

Die Fig. 54 zeigt einen Probenehmerhahn zur Entnahme kleinerer Sirupmengen aus dem Vakuumverdampfer, während der Probenehmer nach Fig. 55 noch ein Auffanggefäß besitzt für eine größere Probe, wie sie zur Spindelung notwendig ist.

Zwecks Entnahme einer guten Durchschnittsprobe wird das Hahnküken mit kurzem Ruck angehoben; der eintretende Luftstrom wirft den am Probenehmer befindlichen Sirup zurück, mischt ihn innig durch, und in die Kükenmulde läuft eine brauchbare Probe.

30. Die Feststellung der Sirupdicke durch Spindeln.

Zur Messung der Sirupdicke bedient man sich sehr gern der sog. Senkspindel (Aräometer) nach Fig. 56, die leicht zu handhaben ist und bei Beobachtung einiger Vorsichtsmaßregeln zuverlässige Zahlen gibt.

Senkspindeln, die unmittelbar den Gehalt an Zucker in reiner Lösung angeben, sind nach *Brix* (Bx) (meistens in Deutschland üblich) oder nach *Balling* (Bg) (in Österreich üblich) geteilt und von geringem Unterschied, der für die Praxis überhaupt nicht bemerkbar ist. Für den Vergleich zwischen den Prozenten Zucker nach *Brix* oder *Balling*, den Graden *Beaumé* und dem spez. Gewicht gibt es handliche Tabellen, auf die nur hingewiesen sei.

Die Dichten wässeriger Invertzuckerlösungen stimmen mit denen gleich dicker Rübenzuckerlösungen nahezu überein, so daß man die Rohzuckertafeln auch für diese und auch für unsere Rübensirupe anwenden kann. Die gemessenen Grade *Brix* geben also den Gesamtzuckergehalt

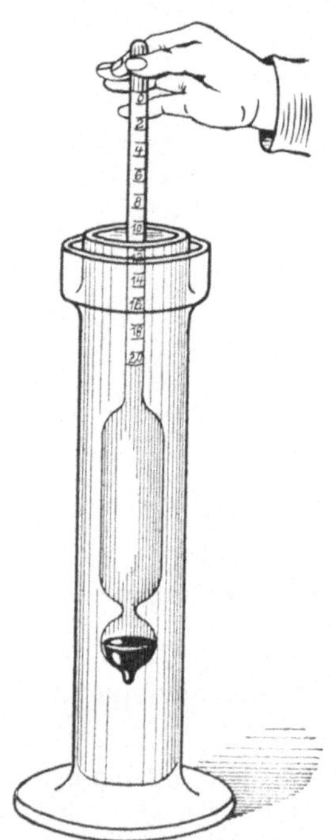

Fig. 56. Senkspindel mit Standglas.

an Rübenzucker und Invertzucker an. Die Dichten stehen in einem gewissen Abhängigkeitsverhältnis zu deren Zuckergehalt, so daß man durch die Bestimmung der Dichte auf den Zuckergehalt schließen kann. Durch Spindlung der wässerigen Lösung mit der nach diesen Verhältnissen eingeteilten Senkspindel, also der von *Brix* oder *Balling* vorgeschlagenen Einteilung, kann man den scheinbaren Zuckergehalt unmittelbar bestimmen. Solche Zuckerspindeln nennt man Saccharometer. Ich sage ausdrücklich „scheinbaren" Zuckergehalt, denn andere Beimengungen, Salze u. dgl. beeinflussen und erhöhen das Gewicht, täuschen einen Zuckergehalt vor, der nur scheinbar, aber in Wirklichkeit in der gemessenen Höhe nicht vorhanden ist.

Die Tabellen über Gewichtsprozente Zucker bei der Normaltemperatur 20° C sind meistens für reine Zuckerlösungen bis über 75 Proz. (75 Bx) geführt. Häufig bis hinauf zum reinen Zucker, dann sind diese Lösungen in Wirklichkeit nicht erreichbar, sondern nur gedachte Zustände. In Wirklichkeit ist es nicht möglich, bei diesen Temperaturen reine Rübenzuckerlösungen herzustellen, weil deren gesättigte Lösungen bedeutend weniger Zucker halten können. Es gibt aber Invertzuckerlösungen, Gemische wie unser Rübensirup, die solche hohen Dichten zeigen. Es ist aber nicht nützlich, die Dichte solcher dicken, zähen Lösungen durch unmittelbares Spindeln zu ermitteln, denn diese Spindlung ist mit manchen Fehlerquellen verbunden.

Sicherer ist statt der Spindelung der dicken, zähen Sirupe deren Verdünnung zu messen. Man verdünnt mit der halben Gewichtsmenge Wasser und spindelt nach dieser sog. „Steuermethode" den Sirup und verdoppelt das Meßergebnis.

G. Die Auskrystallisation des Rübensirups.

Der gereinigte, bis zur gut streichfähigen Form eingedampfte Preßsaft enthält nur etwa 19 bis 20 Proz. Wasser. In diesem verbleibenden Wasser müssen alle Stoffe bei der Außentemperatur, bei der der Rübensirup gelagert wird, in Lösung erhalten bleiben. Ist dies nicht möglich, dann scheidet sich der überschüssige Teil aus. Infolge der Zähigkeit und der hier eintretenden Übersättigung erfolgt die Ausscheidung der überschüssigen Stoffe nur sehr langsam. So schieden sich aus einem in Schlesien nach der auf S. 6 beschriebenen Weise hergestellten Rübensirup als feine Krystalle nach 8 Monaten etwa 7 Proz. Rübenzucker und eine geringe Menge Schleimstoffe aus. Der darüberstehende Sirup war vollkommen klar geworden. Das noch im Sirup vorhandene Wasser konnte den Zucker nicht dauernd in Lösung erhalten. Die Fig. 57 (siehe Tafel I) zeigt diesen Rübensirup unter 20facher Vergrößerung. Deutlich sind die Rübenzuckerkrystalle an ihrer eigenartigen Form zu erkennen. Die Zuckerkrystalle setzen sich am Boden und an den Wandungen des Gefäßes fest. Dies ist ein unerwünschter Vorgang. Die Auskrystallisation ändert die Zusammensetzung des Speisesirups, der oben stehende Sirup wird zuckerärmer, der wertvolle Zucker findet durch das Anhaften an den Wandungen der Versandgefäße nicht die gewünschte Verwendung, wenn er nicht sogar durch Unachtsamkeit ganz verlorengeht. Der Marktwert des auskrystallisierenden Sirups wird sehr ungünstig beeinflußt.

Dort, wo es sich darum handelt, den Rübensirup nicht sofort zu verbrauchen, wo auf längere Lagerung zu rechnen ist, wird man bemüht bleiben, einen solchen Sirup zu erzeugen, aus dem Zucker nicht auskrystallisiert.

Eine gesättigte reine Zuckerlösung, die durch Auskrystallisation keinen Rübenzucker ausscheidet, muß bei 20° C 33 Proz. Wasser enthalten, bei 0° C etwa 36 Proz. Je mehr Wasser im Sirup verbleibt, um so weniger besteht somit die Gefahr der Auskrystallisation. Doch geht man mit dem Wassergehalt, in Rücksicht auf seine Verwendung als Aufstrichmittel, nicht über 20 Proz. Außerdem werden die Lösungsverhältnisse durch die im Sirup vorhandenen Salze erhöht. So wird z. B. in der Melasse von den Salzen die fünffache Menge ihres Gewichtes in Lösung gehalten. Außerdem bildet Zucker bekanntlich leicht übersättigte Lösungen. Das heißt, es bleibt eine größere Menge Zucker längere Zeit in Lösung, als der eigentlichen Lösungsfähigkeit des Wassers entspricht. Im warmen Wasser, im heißen Saft nimmt ebenfalls die Lösungsfähigkeit zu. Kühlt man nun heißen Saft ab, so krystallisiert nicht etwa der ganze überschüssige Zucker, der vom Wasser eigentlich nicht mehr in Lösung gehalten werden kann, sofort aus, sondern dies geschieht nur langsam. Diese Verzögerung der Auskrystallisation, diese Übersättigungserscheinungen haben ihre Gründe in der Zähigkeit des Saftes, die die Bewegung der Zuckermoleküle erschwert.

31. Die Verhütung der Auskrystallisation.

Durch Erhöhung der Zähflüssigkeit kann man die Auskrystallisation erschweren. Wohl verstanden nur erschweren, aber nicht verhindern. Alle gelatinierenden Zusätze, wie Agar-Agar, oder die Zähigkeit erhöhenden, wie Stärkesirup (Capillarsirup), starkes Dämpfen nach Abschnitt 11 wirken deshalb nur für eine gewisse Zeit. Solcher Sirup wird bei längerer Lagerung trotz der aus der Zelle durch Lösen eingetretenen Stoffe, trotz jener als Verfälschung zu betrachtenden Zusätze immer wieder Rübenzucker auskrystallisieren. Dazu kommt, daß zur Herstellung „echten" Rübensirups solche Zusätze nicht erwünscht sind.

Auf diesem Wege kann man also nicht zum sicheren Ziele kommen.

Den überschüssigen, im frisch eingedickten Sirup stets in Übersättigung vorhandenen Rübenzucker kann man aber ganz oder teilwe se in eine andere Zuckerart, den Invertzucker, umwandeln, der dann unter bestimmten Bedingungen in Lösung verbleibt. Wie wir noch sehen werden, sind damit noch andere Vorteile verbunden, wie Verbesserung und Milderung des stark süßen Geschmacks.

Durch das Invertieren erleichtern wir auch die Verdauung des Sirups. Unsere Speichelsäfte verwandeln erst den Rübenzucker in Frucht- und Traubenzucker um, bevor ihn der Körper als Nahrung gebrauchen kann. Im invertierten Sirup ist den Speichelsäften diese Arbeit schon teilweise abgenommen, sie werden entlastet. Wie ich schon auf S. 27 erwähnte, kann der Rübenzucker sowohl durch Säuren als auch durch gewisse Enzyme in Invertzucker umgewandelt werden. Enzyme, die hierzu fähig sind, nennt man Invertasen, und ein solches ist z. B. in unserem Speichel vorhanden. Es sind dies eiweißartige Körper, die durch ihre bloße Gegenwart imstande sind, den Rübenzucker zu zerlegen, ohne selbst eine Veränderung zu erleiden. Die bekannteste ist die in der Hefe vorkommende Invertase, die sich in ihrem Plasmakörper erzeugt, und man kann sie, weil in Wasser löslich, aus der zerriebenen Hefe ausziehen. Die zerlegende Wirkung der Hefeinvertase auf Rübenzucker ist von größter praktischer Bedeutung für das Gärungsgewerbe (Spiritus, Bier). Bringt man Hefe in eine Rübenzuckerlösung, so wirkt die Invertase der Hefe auf den Zucker ein und erst dann kann die Hefe den dabei gebildeten Invertzucker in Alkohol und Kohlensäure vergären.

Wir müssen uns deshalb mit dem Invertzucker näher beschäftigen.

32. Der Invertzucker.

Der Invertzucker besteht aus einem Gemenge von Traubenzucker und Fruchtzucker.

Traubenzucker, weil er in den Weintrauben vorkommt (siehe z. B. *Tollens*, Kohlehydrate), auch d-Glucose, Dextrose, Stärkezucker, Krümelzucker, Honigzucker, häufig auch noch Glykose (griechisch: glykós = süß) genannt, obgleich dieser Name jetzt als Kollektivname für alle *Fehling*sche Lösung reduzierenden Zuckerarten dient.

Er kommt selten oder nie allein im Pflanzenreich vor. Findet sich auch im Honig und wird aus Stärke durch deren Behandlung mit Säure, unter Druck und Wärme, hergestellt; ebenso aus Cellulose. Uns interessiert hier die Gewinnung aus Rübenzucker. Der Traubenzucker kristallisiert als weiße Krystalle entweder als Hydrat oder wasserfrei bei 30 bis 40° aus sehr konzentrierten wässerigen Lösungen. Impfen mit den entsprechenden Krystallen erleichtert die Auskrystallisierung. Die Lösungen sind leicht übersättigt; sie sind sirupartig und nicht fadenziehend. Der Geschmack ist nicht eigenartig, sehr schwach, fast indifferent, wenig süß, angenehm, was seine Verwendung als Zusatz für die verschiedensten Zwecke sehr erleichtert. Nach *Herzfeld* (Deutsche Zuckerindustrie 1887, S. 579) sollen 1,53 Tl. d-Glukose so viel süßen wie 1 Tl. Rübenzucker. Der Traubenzucker dreht die Ebene des polarisierten Lichtes nach rechts. Sein Name Dextrose ist abgeleitet von dexter = rechts. Oberhalb 200° tritt unter Schwärzung Zersetzung ein, über 100° schon geringe Verfärbung.

Der andere Teil des Invertzuckers ist die Lävulose, der Fruchtzucker. Um Mißverständnisse zu vermeiden, nennt man nach *E. Fischer* die Lävulose jetzt d-Fructose. Es existieren auch l-Fructose (rechtsdrehend) und i-Fructose (inaktiv). Andere früher im Gebrauch befindliche Namen sind Schleimzucker, Sirupzucker, Chylariose.

Er ist in den süßen Früchten fast stets neben anderen Zuckerarten vorhanden, aber wohl kaum allein, bleibt beim Erstarren der eingedampften Pflanzensäfte, des Invertzuckers oder des Honigs, flüssig und kann als Sirup durch Abpressen von dem auskrystallisierten Fruchtzucker getrennt werden. Der aus diesen Sirupen zu gewinnende Fruchtzucker dreht die Ebene des polarisierten Lichtes stark links. Der Name Lävulose ist von laevus = links abgeleitet. Der Fruchtzucker hat eine größere Süßigkeit als der Traubenzucker und ist ebenfalls durch Weinhefe vergärbar.

Beide, Traubenzucker und Fruchtzucker, kann man nun unmittelbar aus Rübenzucker herstellen durch Hydrolyse in saurer Lösung oder durch Enzyme. Das aus gleichen Teilen Trauben- und Fruchtzucker bestehende Gemisch wird Invertzucker genannt. Sein Geschmack ist weniger scharf süß als der des Rübenzuckers, er ist milder und im Gegensatz zu ihm unmittelbar gärungsfähig. Die Umwandlung des Rübenzuckers in Invertzucker geht unter Wasseraufnahme vor sich, indem 95 Tl. Rübenzucker 5 Tl. Wasser aufnehmen und 100 Tl. Invertzucker bilden. Davon sind 50 Tl. Traubenzucker und 50 Tl. Fruchtzucker. Da die Linksdrehung des Fruchtzuckers größer ist als die Rechtsdrehung des Traubenzuckers, so wird die bisherige Rechtsdrehung des Rübenzuckers verschwinden und sich die überwiegende Linksdrehung des Fruchtzuckers bemerkbar machen. Dies kann man zur Bestimmung der Zuckerarten durch Polarisation nutzbar machen. Die Umdrehung der Ebene des polarisierten Lichtes nennt man Inversion (invertere

= umkehren), aus dem rechtsdrehenden Rübenzucker wird linksdrehender Invertzucker.

33. Das Mengenverhältnis zwischen Invertzucker und Rübenzucker.

Im Rübensirup sollen in den verbliebenen 20 Proz. Wasser der Rübenzucker, der Invertzucker, die Salze und sonstigen Nichtzuckerstoffe in Lösung gehalten werden, was bei einer reinen Lösung irgendeines dieser Bestandteile nicht möglich ist. Es ist deshalb zu prüfen, unter welchen Bedingungen dies bei einer solchen Mischung, wie sie der Rübensirup darstellt, möglich ist.

Herzfeld (Festschrift z. Eröffn. Berlin 1904, S. 670) hat durch Versuche festgestellt, daß in einer Invertzuckerlösung von 70° Bx bei 20° noch so viel Rübenzucker gelöst werden konnte, daß die Mischungslösung 78,5 Bx spindelte und dann neben 50,0 Proz. Invertzucker noch 28,5 Proz. Rübenzucker enthielt. Die schon zum Lösen des Invertzuckers beanspruchte Wassermenge war also in der Lage, noch Rübenzucker gleichzeitig zu lösen. Es entstand eine Mischung von Invert- und Rübenzucker, die zur Lösung dasselbe Wasser gebrauchte. Diese Lösung wird aber nur bei begrenzten Mischungsverhältnissen aufrechtzuerhalten sein, und es muß nun festgestellt werden, wieviel Invertzucker und Rübenzucker nebeneinander im Sirup gelöst erhalten werden können, ohne daß der eine oder andere auskrystallisiert. Wir wissen, daß der Rübenzucker allein nur in einer 67prozentigen Lösung beständig ist (s. Vorwort).

Das durch vollständige Inversion einer 80prozentigen Rübenzuckerlösung gewonnene Gemenge, der Invertzucker (Kunsthonig), besteht, wie schon gesagt, aus gleichen Teilen Trauben- und Fruchtzucker. Schon aus einer Invertzuckerlösung von 75° Bx scheidet sich beim Stehen Traubenzucker aus. Die Fig. 58 (siehe Tafel I) zeigt einen krystallisierten Naturhonig in 60facher Vergrößerung. Deutlich sind die flachen Traubenzuckerkrystalle sichtbar. Durch diese wird der Sirup immer weißlicher, dick und erstarrt zuletzt, besonders schnell bei Belichtung, zu einem schmalzartigen Krystallbrei, in dem der Fruchtzucker in Lösung bleibt. Während also aus dem nichtinvertierten Sirup nach Fig. 57 der Rübenzucker auskrystallisiert, würde jetzt nach vollständiger Inversion Traubenzucker auskrystallisieren. Hiermit wäre aber wieder der alte Übelstand, nur in anderer Form, vorhanden.

Im Honig ist der Invertzucker in bedeutendem Überschuß gegenüber dem Rübenzucker vorhanden. Nach *Lebbin* (Deutsche Vereinbarungen, Nahrungsmittelkunde 1911) enthält im allgemeinen Honig:

Invertzucker	$I = 70$ bis 80	Proz.
Rohrzucker (Rübenzucker)	R bis 10	„
Dextrine	bis 10	„
Mineralstoffe	0,1 bis 0,8	„
Nichtzuckerstoffe	4	„
Ameisensäure	0,2	„
Stickstoffhaltige Substanz	0,8	„
Wasser	20	„

Das Verhältnis $\dfrac{\text{Rübenzucker}}{\text{Invertzucker}} = \dfrac{R}{I}$ ist etwa $\dfrac{10}{75} = 1 : 7{,}5$, bei welchem mit der Zeit der Invertzucker auskrystallisiert. Bei dem teuren Honig ist dies kein unmittelbarer Nachteil, weil er in verhältnismäßig kleinen Dosen immer in durchsichtigen Gläsern verkauft wird. Verluste durch Auskrystallisieren an den Wandungen sind nicht zu befürchten. Auch bedingt diese Auskrystallisation, bei dem größeren Invertzuckergehalt gegenüber dem Rübensirup, keine so weitgehende Veränderung in der Zusammensetzung zwischen dem flüssigbleibenden und dem auskrystallisierenden Teil des Honigs. Aber von vielen wird auch der flüssige Honig vorgezogen, weil er beim Kauen gut schmiert, während der auskrystallisierte unangenehm sandig, grießig ist und viel Speichel zum Lösen verlangt, also das Kauen mehr anstrengt. — Kunsthonig (invertierter Rübenzucker) darf zur Erzielung der während der Kriegszeit geforderten festen krystallinischen Form höchstens noch 5 Proz. Rübenzucker enthalten, bei 14,85 bis 23,15, gewöhnlich 20 Proz. Wassergehalt und einem Säuregehalt von höchstens 1 ccm n-Lauge auf 100 g. Bei einem Rübenzuckergehalt von 30 Proz. bleibt er vollständig flüssig (*A. Behre* und *H. Erecke*, Chem.-Zeit. 1919, S. 153).

Es gibt aber vollkommen klarbleibende Sirupe, und *Herzfeld* hat festgestellt, daß diese Rübenzucker und Invertzucker im gleichen Verhältnis enthalten. So hat z. B. der von Sachsenröder & Gottfried, Leipzig (Hasterlick, Bienenhonig, 1909, S. 42), nach dem D. R. P. 11 964 hergestellte, dauernd klarbleibende Zuckersirup einen Gehalt von 40,02 Proz. Rübenzucker neben 39,47 Proz. Invertzucker und etwa 20 Proz. Wasser.

Das Verhältnis $\frac{R}{I}$ ist $\frac{40,02}{39,47} = \sim 1 : 1$.

Da der Invertzucker seinerseits zur Hälfte aus Traubenzucker und Fruchtzucker besteht, liegt hier eine Lösung vor mit etwa 40 Proz. Rüben-, 20 Proz. Trauben- und 20 Proz. Fruchtzucker, die von 20 Proz. Wasser vollständig in Lösung gehalten werden. Es erweckt den Anschein, als ob jede Zuckerart von der vorhandenen Wassermenge gelöst wäre, ganz so, als ob die anderen beiden Zuckerarten überhaupt nicht vorhanden wären. Denn von 20 Teilen Wasser würden bei 15° auch nur etwa 38 Tl. Rübenzucker allein in Lösung bleiben, von Traubenzucker allein nur 16 Tl. Diese Erscheinung kann man sich damit erklären, daß die Moleküle der einzelnen Zuckerarten eine verschiedene Größe haben und sich in verschiedenen Abständen voneinander befinden, so daß die Moleküle der verschiedenen in Lösung befindlichen Zuckerarten sich zwischen- und durcheinander bewegen können ohne gegenseitige wesentliche Störungen.

Auch die Salze werden noch neben den Zuckerarten in Lösung gehalten. Diese wirken sogar noch günstig auf die Lösung, denn sie erschweren an und für sich die Auskrystallisation wie in der Melasse der Zuckerfabriken, indem sich z. B. je ein Molekül Zucker ($C_{12}H_{22}O_{11}$) und Kochsalz ($NaCl$) zu einer Doppelverbindung vereinigen, die größere Löslichkeit besitzt. Während dort alle Kunst angewendet wird, um diese melassebildende Wirkung der Nichtzuckerstoffe zu vermindern, denn 1 Tl. Nichtzuckerstoff verhindert 5 Tl. Zucker an der Auskrystallisation als Melasse, ist hier das Bestreben auf das Gegenteil gerichtet.

Um Auskrystallisation zu verhindern, muß man somit das Verhältnis von Rübenzucker zu Invertzucker = 1 : 1 im Rübensirup anzustreben suchen.

Bei dem Rübensirup nach *Eggebrechts* Untersuchungen (s. S. 112) ist das Verhältnis:

$$\frac{\text{Rübenzucker}}{\text{Invertzucker}} = \frac{R}{I} \text{ zwischen } \frac{43,4}{12,6} \text{ bis } \frac{47,7}{7,6} = 3 : 1 \text{ bis } 6 : 1 \, .$$

Es ist verhältnismäßig wenig Rübenzucker invertiert, so daß auf seine nachträgliche, langsame und teilweise Auskrystallisation zu rechnen ist. Der auskrystallisierende Rübensirup, Probe 2 nach Zahlenreihe XII, S. 110, hatte das ungünstige Verhältnis $\frac{R}{I} = \frac{40,20}{20,74} = 2 : 1$. Der nicht auskrystallisierende nach Probe 3 hatte wohl das etwas günstigere, aber eigentlich noch nicht genügende Verhältnis $\dfrac{R}{I} = \dfrac{37,76}{22,64} = 1,7 : 1$, wenn er nicht 7,59 Proz. Nichtzuckerstoffe enthielt, die sehr krystallisationshemmend sind, gegenüber den 4,75 Proz. der Probe 2. Der Sirup nach *Claassens* Untersuchungen (s. S. 109) zeigte ein Verhältnis $\dfrac{R}{I} = \dfrac{35,2}{33} = \sim 1 : 1$, so daß also etwa die Hälfte des Rübenzuckers invertiert war. Dies Verhältnis scheint zur Verhinderung der Auskrystallisation richtig zu sein.

Immer wird man aber das für den betreffenden Fall zweckmäßigste Verhältnis erst durch Versuche feststellen müssen. Ist dann dieses, bei sonst gleichbleibender Arbeit, festgesetzt, so wird es leicht sein, dasselbe bei der Herstellung dauernd aufrechtzuerhalten. Die Fig. 59 (siehe Tafel I) zeigt einen krystallfreien Sirup aus Rommerskirchen (S. 106) bei 60facher Vergrößerung, der noch Zellgewebeteilchen u. dgl. erkennen läßt.

34. Die Umwandlung des Rübenzuckers in Invertzucker.

Nachdem gezeigt wurde, daß die teilweise Umwandlung (Inversion) des Rübenzuckers in Invertzucker nützlich ist, will ich weiter darauf eingehen, wie diese vorgenommen werden kann.

Während verdünnte Alkalien bei längerem oder kürzerem Kochen ohne Wirkung auf den Rübenzucker sind, wird er durch Säuren leicht verändert, invertiert. Die Größe der Umwandlung ist abhängig von der Art und Stärke der Säure, der Zeitdauer und der Temperatur. Deshalb findet man auch in den frischen sauren Zuckerrübensäften stets Invertzucker, allerdings infolge des geringen Säuregehaltes, entsprechend etwa 2,0 ccm Normalsäure, auf 100 ccm Saft nur etwa 0,05 Proz. Invertzucker. Bei der hohen Temperatur während des Dämpfens (Abschnitt 11) schreitet durch diese geringe Menge Natursäure die Inversion fort. Nach Zahlenreihe VIII, S. 47, zeigte der Preßsaft schon einen Invertzuckergehalt von 0,7 bis 0,87 bei einem Rückgang der freien Säuren. Wird der Preßsaft weiter in offenen Kesseln, also bei Temperaturen über 100° eingedickt, dann wirkt diese verbleibende Säuremenge fort und veranlaßt weitere Inversion. Dieser durch die Natursäure erreichte Invertzuckergehalt ist aber erfahrungsgemäß zu gering und würde bei der Eindampfung unter Vakuum, also bei niedrigerer Temperatur, noch kleiner bleiben. Durch Zusatz von Säure sucht man deshalb eine stärkere Inversion zu erreichen. Nach *Claassen* (Centralblatt 1908, S. 523) setzte man auf 100 kg Rüben 70 g Schwefelsäure zum Preßsaft. Schwefelsäure ist verhältnismäßig billig, aber ihre Anwendung und die damit zusammenhängende Bildung von schwefelsauren Salzen ist unbeliebt und teilweise verpönt. Zulässig in dieser Beziehung wäre ohne Schaden Salzsäure, aber auch diese mineralische Säure wirkt zu stark, sie beeinflußt den Geschmack. Auch Phosphorsäure wird empfohlen, weil sie nicht so stark wirkt und die phosphorsauren Salze gesundheitlich als vorteilhaft im Sirup erachtet werden. Starken Salzgeschmack kann man durch Phosphorsäure abschwächen und zu Fälschungen benutzen, worauf ich noch im Abschnitt 59 zurückkomme.

Die Inversion geht um so langsamer vor sich, je schwächer die Säuren sind. Dies ist für die fabrikmäßige Herstellung angenehm, weil der Vorgang besser überwacht, gleichmäßiger geführt und auch ein stets gleichbleibendes Erzeugnis gewonnen werden kann. Ebenso für die Herstellung und Ausbreitung bestimmter Marken, da dann der Verkäufer den Abnehmern stets mit gleichbleibender Art und gleichbleibendem Geschmack dienen kann. Die organischen, als die schwächeren Säuren, wie Weinsteinsäure, Zitronensäure, Ameisensäure, sind deshalb vorzuziehen, und weil sie nicht, wie jene, eine mineralsaure Wirkung beim Verdauen ausüben, sondern vollständig verbrannt und ausgenutzt werden.

Zu starke Säuren üben auch eine zerstörende Wirkung aus, indem sie besonders den leicht zersetzlichen Fruchtzucker angreifen. Die Umwandlung bleibt nicht bei der Bildung des Invertzuckers stehen, sondern sie geht weiter, die Lösungen werden gelb, schließlich braun, unter Bildung von Huminstoffen u. dgl. den Geschmack verderbend. Ameisensäure dürfte die besten Ergebnisse zeitigen. Neben der Inversion bietet die Ameisensäure noch den wichtigen Vorteil, gleichzeitig konservierend zu wirken, was bei den anderen nicht der Fall ist. Die im Saft zurückgebliebenen Eiweiß- und Pektinstoffe werden leicht verderben, der Invertzucker geht leicht in Gärung über, so daß gewöhnlicher, nicht steril verpackter Rübensirup leicht Schimmelpilze ansetzt und in Gärung übergeht. Dies verhindert die Ameisensäure mit Sicherheit. Das Reichsgesundheitsamt hält bis 2,5 g Ameisensäure, das sind 0,25 Proz. in 1 kg fertiger Ware, für zulässig. Erfahrungsgemäß genügt für unsere Zwecke schon 0,1 Proz. vollständig. Zur Verwendung kommt meistens 50 proz. chemisch reine Ameisensäure, die in Glasballons zu 60 kg geliefert wird. Sogenannte „technisch", also weniger reine Ameisensäure ist unzulässig. Ihr weiterer Vorteil besteht noch darin, daß der Gehalt leicht eingestellt werden kann, denn ein gelegentlicher Überschuß braucht nicht durch Zusatz von Alkalien durch Versalzen abgestumpft werden, sondern kann durch Kochen leicht verdampft, verflüchtigt werden. Gesundheitlich ist die Ameisensäure in den angegebenen Mengen unschädlich, enthält doch der Naturhonig stets etwa 0,2 Proz. Ameisensäure. Bekanntlich beruht die Wirkung dieser Konservierungsmittel darauf, daß sie auch in verhältnismäßig verdünnter Lösung auf die lebenden Eiweißzellen der niedrigen Organismen stark giftig wirken, während dies bei höheren nicht der Fall ist.

Dieser Säurezusatz erfolgt im allgemeinen zum Preßsaft vor erfolgter Klärung. Die Säure wirkt dann während des Filterns, der Aufsammlung und des Eindampfens invertierend auf den Rübenzucker. Der Säurezusatz ist deshalb so zu bemessen, daß während der ganzen Arbeitszeit die Hälfte des Rübenzuckers invertiert ist. Wie groß diese Menge sein muß, kann nur der Versuch an Ort und Stelle, im Betrieb zeigen. Der gewonnene Sirup muß darauf stets untersucht werden. Es wird aber nicht möglich sein, auf diese Weise einen stets gleichmäßig invertierten Sirup zu erzeugen; je nach der Schnelligkeit der Arbeit, der Temperaturen, der verarbeiteten

Rüben wird der Sirup zum Schluß im Verdampfer mehr oder weniger stark invertiert sein. Auf keinen Fall soll er überinvertiert sein, weil eine Reversion nicht möglich ist und nur durch uninvertierten Sirup ausgeglichen werden könnte. Man wird deshalb den Säurezusatz so wählen, daß der eingedickte Sirup im Verdampfer noch nicht die gewünschte Endinversion zeigt, sondern sie nach Bedarf noch eingestellt werden kann.

Zu dem Zwecke wird die Luftleere abgestellt, der Sirup über 100° C erwärmt, eine kleine Menge Säure eingegossen und nun unter sorgfältiger Beobachtung nachinvertiert.

Gleichzeitig entsteht eine teilweise Caramelisierung des Zuckers und Umwandlung der Pektinstoffe, so daß häufig hierbei erst der richtige Geschmack nach Malz und Vanille entsteht. Deshalb muß auch während dieser Nachinversion der Geschmack des Sirups im Verdampfer sorgfältig beobachtet und geprüft werden. Setzt man den Sirup zu lange hohen Temperaturen aus, dann geht nicht nur die Inversion zu weit, sondern der Sirup wird auch bitter, unschmackhaft und zu dunkel. Man muß dies verhindern, indem man den Sirup schnellstens nach Erreichung des Gewünschten tief abkühlt, sei es im Sirupkocher selbst, indem man durch den Heizkörper Kühlwasser strömen läßt, oder sei es in besonderen Kühlern (s. Fig. 62). Das letztere ist vorzuziehen, weil die Verdampferheizkörper durch den schroffen Temperaturwechsel leiden und seine Eigenwärme verlorengeht, was größeren Kohlenaufwand bedingt.

In kleineren Betrieben, wo nicht die erforderlichen Laboratoriumseinrichtungen und Hilfskräfte zur Verfügung stehen, um stets durch Untersuchungen während des Betriebes die Inversion richtig einzustellen und rechtzeitig beim Erreichen der erwünschten Höhe unterbrechen zu können, wird man nicht die ganze Menge des Sirups invertieren. Dort ist es zuverlässiger, nur die eine Hälfte zu invertieren. Man wird diese halbe Menge unter entsprechendem Säurezusatz bei mindestens 100° während so langer Zeit invertieren, daß der gesamte Rübenzucker in Invertzucker umgewandelt ist. Bei einer Inversionsdauer von $1\frac{1}{2}$ Stunden dürfte dies im allgemeinen erreicht sein. In diesem vollkommen invertierten Sirup muß man die Säure dann möglichst abstumpfen (Abschnitt 55) und mischt ihn nun sorgfältig mit der anderen Hälfte nicht invertierten Sirups. Man erhält dann ein Sirupgemisch, was etwa zu gleichen Teilen Rübenzucker und Invertzucker enthält.

Die Inversionsgeschwindigkeit ist, wie schon gesagt, auch von der Temperatur abhängig, sie nimmt mit der Temperatur zu. Die Menge Rübenzucker, die mit einer bestimmten Säuremenge in 1 Stunde bei 100° vollständig invertiert wird, würde bei 25° erst in etwa 4000 Stunden oder 166 Tagen invertieren. Die Inversion schreitet deshalb im kalten, sauren Sirup langsam weiter fort, so lange, bis schließlich aller Rübenzucker invertiert ist. Dann wäre mit der Zeit der Invertzucker wieder im Überschuß und dessen Auskrystallisation würde erfolgen.

Hier hilft nur die Verminderung des Säuregehaltes, damit das einmal eingestellte Verhältnis zwischen Invertzucker und Rübenzucker nicht verschoben wird, durch Fortschreiten der Inversion. Der Honig enthält 0,2 bis 0,8 Proz. freie Säure. Aller Rübenzucker muß deshalb invertiert werden im Laufe der Zeit und der Honig auskrystallisieren. Wir müssen im Sirup für die Inversion möglichst wenig Säure anwenden und diese dann möglichst wieder abstumpfen und dadurch weitere Inversion erschweren. Ohne Zweifel würde neutraler Sirup in dieser Beziehung am sichersten dauernd seine Zusammensetzung beibehalten und klar bleiben. Dies beweist so recht der schon erwähnte Sirup (S. 75) von Sachsenröder & Gottfried, nach dem D. R. P. 11 964 hergestellt, in dem die angewandte Wein- oder Citronensäure nach dem Eindicken auf 40° Bé mit doppeltkohlensaurem Natron sehr sorgfältig neutralisiert wird.

Bei den auf S. 54 erwähnten Reinigungsverfahren kommt die Inversion des Rübenzuckers durch die Hefeinvertase ebenfalls zur Geltung.

An dieser Stelle möchte ich auch das D. R. P. 308 850 vom 17. 6. 1917, von *C. Petzold*, Zwickau, erwähnen, welches zum Invertieren von Zuckerlösungen unter Einleiten von Luft in die zu invertierende Lösung dient, dadurch gekennzeichnet, daß die Luft mittels in dem Inversionsbehälter umlaufender Kämme mit feiner Zahnung oder mittels bürstenartiger Vorrichtungen in der Lösung verteilt wird.

H. Die Ausbeute an Sirup.

Bei der Ausbeuteberechnung, in bezug auf die Fabrikation, kann natürlich nur das Rübengewicht in Rechnung gestellt werden, welches tatsächlich zur Verarbeitung gelangte. Es ist dies das Reingewicht der Rüben, welches schon im Abschnitt 9 bestimmt wurde.

Die zu erreichende Ausbeute an Sirup aus der verarbeiteten Rübe hängt ab:

1. vom ursprünglichen Gesamttrockengehalt der Rübe,
2. von der Stärke der Abpressung,
3. vom Wassergehalt des eingedickten Sirups und
4. von den bei der Verarbeitung eintretenden Verlusten.

Im einzelnen mögen diese Punkte behandelt werden.

35. Der Einfluß des Gesamttrockengehaltes.

Der Bestandteil der Rübe, der nach entsprechender Behandlung den Sirup bildet, will ich den „Sirupstoff" nennen (S. 11). Es ist dies der gesamte Gehalt der Rübe an Rübenzucker und Invertzucker, der ebenfalls in Lösung befindlichen sog. Nichtzuckerstoffe (S. 11) und der durch das Dämpfen aus der Zellwand noch in Lösung gebrachten Teile. Diese Sirupstoffe bilden mit dem Zellwasser den Rübensaft, der gewonnen und auf Sirup verarbeitet werden soll. Da der Gesamttrockengehalt einer Rübe den Rückstand darstellt, der nach vollständiger Austrocknung des Wassers zurückbleibt (S. 11), so sind die Sirupstoffe gleich Gesamttrockengehalt abzüglich Trockenpülpe. Die Trockenpülpe ist der ursprüngliche Gehalt der Rübe an Zellwandbildnern von 4 bis 6 Proz., abzüglich der durch Brühen gelösten Stoffe, die ich mit 0,5 Proz. annehmen will. Dieser Rückstand an Trockenpülpe ist in den verschiedenen frischen Rüben außerordentlich gleich, ob zuckerreich oder zuckerarm, ob die Rübe verholzt ist oder einen saftigen Eindruck macht. Von dieser wird also die Ausbeute an Sirup nicht beeinflußt.

Wohl aber durch den, weitesten Schwankungen ausgesetzten Gesamttrockengehalt. Der Gesamttrockengehalt der frischen Zuckerrüben schwankt zwischen 15 bis 30 bis hinauf auf 33 Proz. und somit der Gehalt an Sirupstoffen von 11 bis 26 Proz. Dieser Gehalt an Sirupstoffen gibt die größte zu erwartende Ausbeute an Sirup, wenn man noch den im Sirup verbleibenden Wassergehalt hinzurechnet. Dies ist die Wertzahl der Rübe in bezug auf ihre Eignung zur Sirupherstellung, was die Ausbeute anbelangt. Im Gegensatz dazu steht die in den Rübenzuckerfabriken übliche Wertzahl, bei der man nur den Zuckergehalt der Rübe berücksichtigt; denn nur dieser kann für die Zuckergewinnung in Rechnung kommen. Da der Zuckergehalt immer nur einen Teilbetrag des Sirupstoffes ausmacht, so wird die Ausbeute in den Zuckerfabriken stets kleiner sein als in den Rübensirupfabriken.

Für uns ist die Rübe somit um so wertvoller, je größer ihr Gehalt an Sirupstoffen bzw. ihr Gesamttrockengehalt ist. Je höher dieser ist, um so höher kann auch die Rübe bezahlt werden.

36. Die Wirkung der Abpressung.

Je länger und kräftiger gepreßt wird, je vollkommener die Presse ist, um so mehr Saft der Rübe wird gewonnen. Die größte Ausbeute an Saft entstände, wenn sämtlicher Saft ausgepreßt würde und nur der Trockengehalt der Zellen, bis auf die durch das Dämpfen in Lösung gegangene Menge, zurückbliebe. Da die frischen Rüben, ob zuckerreich oder zuckerarm, im Zellgewebegehalt sehr gleichartig sind, und dieses etwa 4 bis 6 Proz. beträgt (nach S. 11), so könnten im allergünstigsten Falle 96 Proz. gewonnen werden. Bei einfacher Pressung, ohne Nachmaischung mit Wasser (S. 48) wird man aber niemals den ganzen Saft abpressen können, die Pülpe hält immer noch einen Teil zurück, so daß mindestens mit 10 Proz. Preßlingen und somit höchstens 90 Proz. Preßsaft erster Pressung zu rechnen ist. Es würde sich dann folgende Verteilung, bezogen auf 100 kg hochprozentiger Rüben mit 24 Proz. Gesamttrockengehalt, ergeben, die bei 4 Proz. in den Preßlingen verbleibender Pülpe 24 — 4 = 20 Proz. Sirupstoff enthält und eine Höchstausbeute von

$$\frac{20}{0,80} = 25 \text{ kg Sirup mit 20 Proz. Wasser liefern würde.}$$

Gegenüber der theoretisch möglichen Sirupausbeute von 25 kg werden nur 23,5 kg gewonnen nach Muster I, so daß in diesem günstigsten Falle (ohne Rücksicht auf Nachmaischung und Pressung) die Ausbeute an Sirupstoff $100 \cdot \frac{23,5}{25} = 94$ Proz. beträgt. Für die Herstellung von 1 kg Rübensirup sind $\frac{100}{23,5} = 4,26$ kg Rüben notwendig.

In Zuckerfabriken rechnet man mit einer Ausbeute von 96 bis 98 Proz. an Zucker, da aber hierfür nur der wirkliche Gehalt an Rübenzucker in der Rübe in Frage kommt und dieser bei der hier angenommenen Rübe nur etwa 16,8 Proz. betragen wird, so ist die Ausbeute dort nur etwa $16,8 \cdot 0,97 = 16,1$ kg Rohzucker (gegenüber 23,5 kg Rübensirup mit 18,8 kg Trockengehalt). Für 1 kg Rohzucker müßten in diesem Falle $\frac{100}{16,1} = 6,2$ kg Rüben verarbeitet werden.

Nach dem Durchschnittsergebnis des Jahres 1906 (*Claassen* 1908, S. 325) waren zur Darstellung von 1 kg Rohzucker (also noch kein Gebrauchszucker) 6,8 kg Rüben erforderlich.

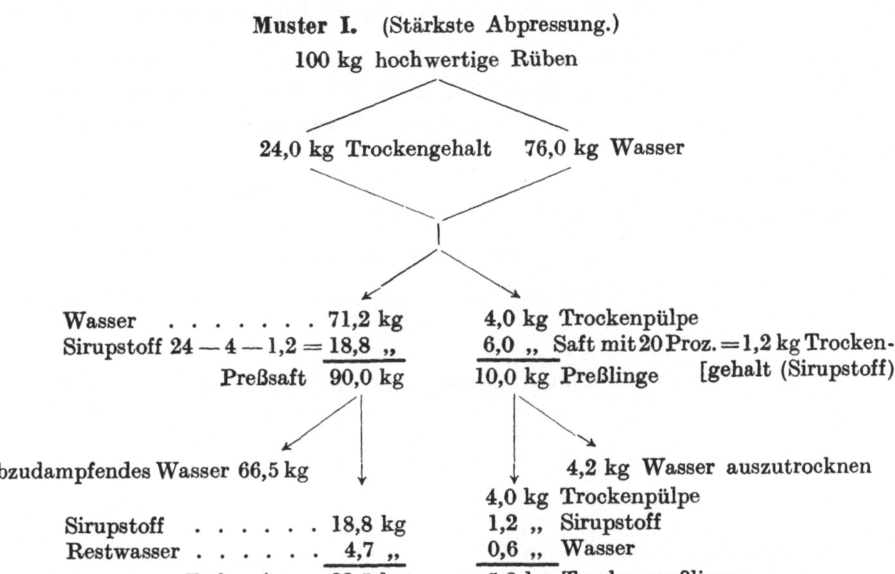

Würde in der Rübensirupfabrik unvollkommen abgepreßt, so würde natürlich weniger Saft gewonnen, weil mehr in den Preßlingen verbleibt, wie dies das nachstehende Muster II für die gleiche Rübe zeigt.

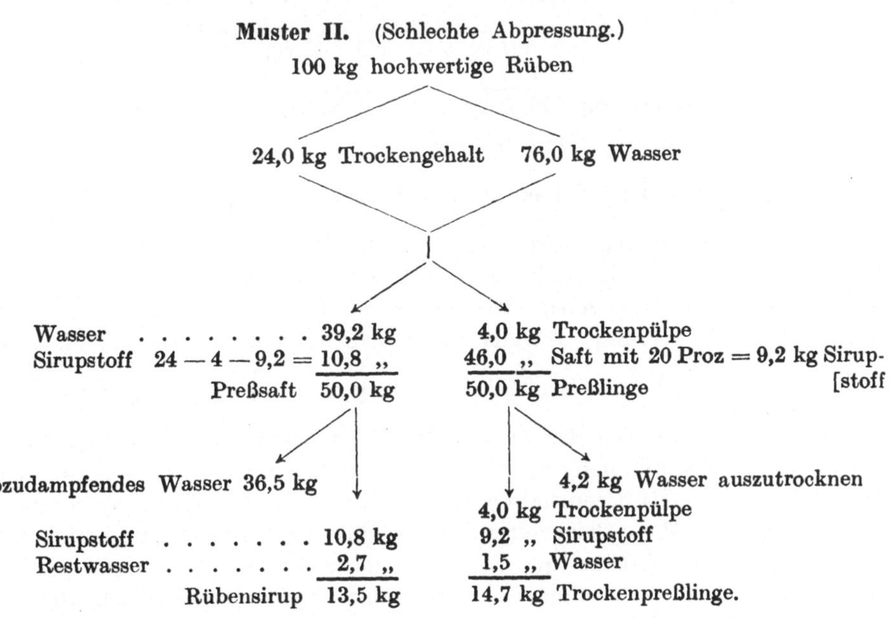

Bei dieser sehr schwachen Abpressung, die nur 50 kg Preßsaft ergibt, beträgt die Ausbeute an Sirup $100 \cdot \dfrac{13,5}{25} = 54$ Proz. und für 1 kg Rübensirup sind $\dfrac{100}{13,5} = 7,4$ kg Rüben aufzuwenden. Beide Muster zeigen die äußersten Grenzfälle, die so recht den Einfluß des Abpressens auf die Ausbeute erkennen lassen. Aber von ebenso großem Einfluß ist der Gehalt der Rübe an Gesamttrockenstoffen. Je geringer dieser ist, um so weniger Sirup kann gewonnen werden.

Im nachstehenden Muster III will ich noch die Zahlen darstellen, die sich bei einer minderwertigen Rübe mit nur 14 Proz. Trockengehalt ergeben.

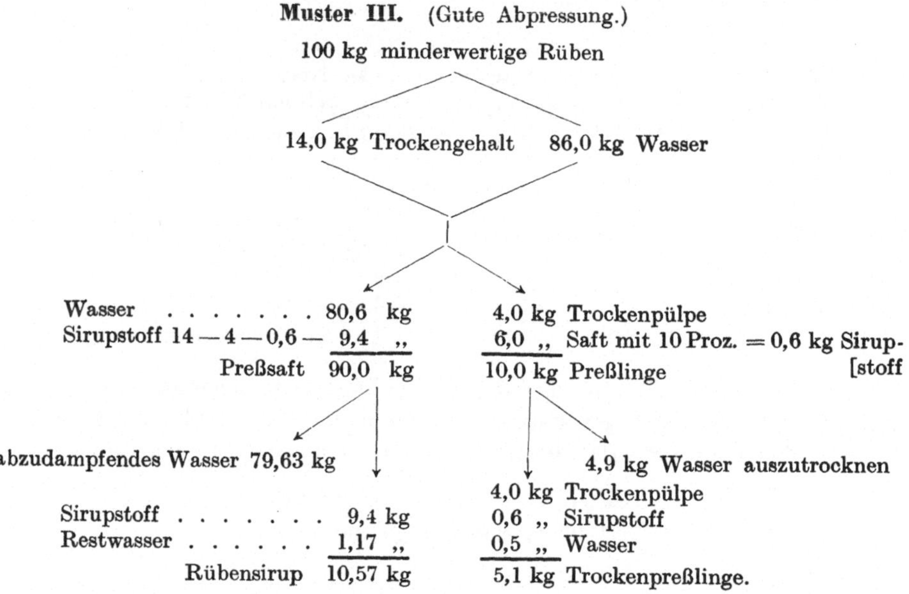

Für 1 kg Rübensaft sind bei dieser schlechten Rübe, aber guten Abpressung $\dfrac{100}{10,57} = 9,4$ kg Rüben zu verarbeiten.

Den Zusammenhang zwischen Abpressung, Trockengehalt der Rübe und Ausbeute habe ich in der Zahlenreihe IX gegeneinander dargestellt. In der obersten Reihe ist angegeben, wieviel Rüben für die Herstellung von 1 kg Sirup verbraucht werden. Daraus ergibt sich dann die Ausbeute, die z. B. bei einem Verbrauch von 5 kg Rüben für 1 kg Sirup $\dfrac{100}{5} = 20$ kg Rübensirup von 100 kg verarbeiteten Rüben beträgt. Wird der Wassergehalt des Sirups mit 20 Proz. angenommen, so würden diese 20 kg Sirup $20 \cdot 0,80 = 16$ kg Sirupstoff aus der Rübe enthalten. Diese Zahlen sind in der zweiten Reihe eingetragen und geben gleichzeitig die Ausbeute an Sirupstoff in Kilogramm aus der betreffenden Rübe an. Weiter ist diese Ausbeute abhängig von der Abpressung. Bei vollkommener Abpressung würde diese Ausbeute den

Gewinn des gesamten, in der Rübe enthaltenen Sirupstoffes betragen, was einer Ausbeute von 100 Proz. entspricht. Dann muß die Rübe, bei einem Restgehalt von 4 Proz. in der Pülpe, einen um 4 Proz. größeren Trockengehalt besitzen. Die Saftausbeute wird aber bei einfacher Abpressung niemals 100 Proz. betragen können, sondern weniger. Für die verschiedenen Ausbeuten an Sirupstoff habe ich nun in der Zahlenreihe IX noch die für diese Ausbeuten erforderlichen Trockengehalte der Rüben eingetragen.

Zahlenreihe IX.

Rübenverbrauch für 1 kg Sirup:		4,0	4,5	5,0	6,0	7,0	8,0	9,0	10,0	kg
Es werden dann aus 100 kg Rüben Sirup mit 20 Proz. Wasser gewonnen:		25,0	22,2	20,0	16,67	14,29	12,5	11,11	10,0	kg
Im Sirup sind enthalten Trockenstoff (Sirupstoff):		20,0	17,8	16,0	13,4	11,4	10,0	8,89	8,0	kg
Höhe der Ausbeute in Prozenten des in der Rübe vorhandenen Sirupstoffes	100	24,0	21,8	20,0	17,4	15,4	14,0	12,89	12,0	
	90	26,2	23,8	21,8	18,9	16,7	15,1	13,9	12,9	
	80	29,0	26,3	24,0	20,6	18,4	16,5	15,1	14,0	
	70	32,6	29,4	26,9	23,0	20,3	18,3	16,7	15,4	
	60		33,7	30,7	26,2	23,0	20,7	18,8	17,3	
	50				30,6	26,9	24,0	21,8	20,0	
	40					32,6	29,0	26,2	24,0	
	30						33,6	30,7		

Erforderlicher Trockengehalt der Rüben in Proz.

Habe ich z. B. eine Rübe mit einem Gesamttrockengehalt von 18,8 Proz. und ist die Abpressung so mangelhaft, daß nur 60 Proz. des Sirupstoffes gewonnen werden können, dann sind 9 kg Rüben für 1 kg Sirup zu verarbeiten.

Man erkennt auch aus der Zahlenreihe, daß die gleiche Ausbeute wie nach Muster II erreichbar ist, auch bei schlechteren Rüben mit nur 15,1 Proz. Trockengehalt (gegen 24), wenn man durch bessere Abpressung die Ausbeute bis auf 90 Proz. bringt.

Übersichtlich wird dieser Einfluß der Abpressung auf die Ausbeute an Sirup und verbleibender Menge Preßlinge durch die zeichnerische Darstellung nach Fig. 60.

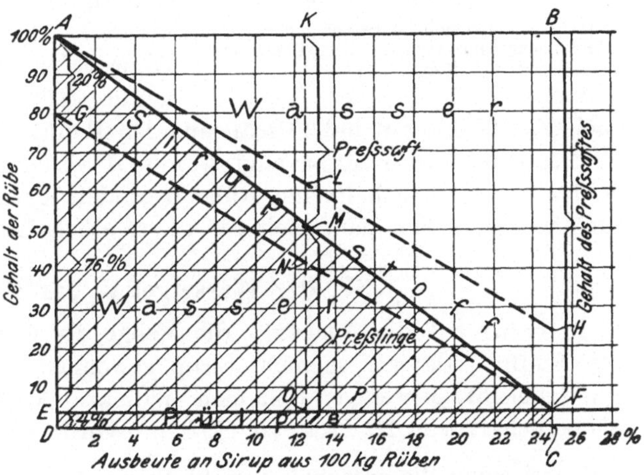

Fig. 60. Zusammenhang zwischen Sirupstoff, Abpressung und Ausbeute.

Ich habe eine zuckerreiche Rübe mit 24 Proz. Gesamttrockengehalt angenommen, mit 4 Proz. Pülpe. Der Sirupstoffgehalt beträgt dann 24 — 4

$= 20$ Proz. und es könnten bei einem Wassergehalt von 20 Proz. somit $100 \cdot \dfrac{20}{80} = 25$ Proz. Gesamtausbeute an Sirup gewonnen werden. Die Fläche $ABCD$ begrenzt den Gesamtinhalt der Rübe und die Verbindungslinie AC trennt die Preßlinge vom Preßsaft. In den ersteren verbleibt zum größten Teil die Pülpe, die durch $CDEF$ begrenzt ist. Der Sirupstoff der Rübe ist durch die Linie $AHFG$ begrenzt, und es verbleibt mit zunehmender Pressung nur ein bestimmter Rest in den Preßlingen (begrenzt durch AFG), während der andere Teil AHF in den Preßsaft geht. Der Wassergehalt der ungepreßten Rübe ist durch EG bestimmt, der sich in den Preßlingen nach der Linie GF vermindert, dagegen im Preßsaft nach AH zunimmt. Wird nun

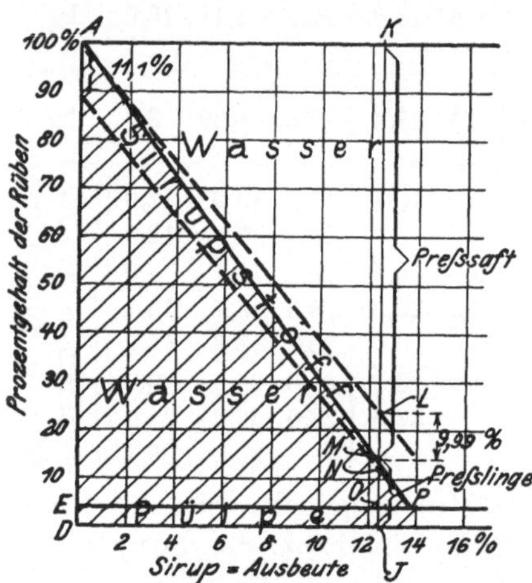

Fig. 61. Zusammenhang zwischen Sirupstoff, Abpressung und Ausbeute bei gehaltsarmer Zuckerrübe.

wenig, z. B. nur halb abgepreßt, dann schneidet die Linie JK die Zusammensetzung, indem KM die Menge Preßsaft, ML die Menge Sirupstoff im Preßsaft, MN die Menge Sirupstoff, die in den Preßlingen verbleibt, MO den in den Preßlingen verbleibenden Saft, MJ die restierenden Preßlinge angibt. Danach würden nur 10 kg des Trockengehaltes der Rübe gewonnen, somit 12,5 kg Sirup, aber 50 kg Preßlinge. Das Ergebnis in der Ausbeute wäre nach Zahlenreihe IX ebenso ungünstig, wenn, wie schon gesagt, zuckerarme Rüben mit nur 15,1 Proz. Trockengehalt verarbeitet, aber durch gute Pressen die Abpressung auf 90 Proz. gebracht würde. Dies geht aus der Darstellung

nach Fig. 60 hervor, indem man nur den Punkt P, der die Höchstausbeute an Sirup aus dieser Rübe angibt, mit A verbindet. Deutlicher wird dies in der für diese gehaltarme Rübe besonders gezeichneten Fig. 61, welche nach vorstehendem ohne weiteres verständlich ist.

37. Der Wassergehalt des Sirups

ist in bezug auf die Ausbeute, die Menge des gewonnenen Sirups insofern von Einfluß, als um so mehr Sirup gewonnen würde, je mehr Wasser in ihm verbleibt, je weniger weit man eindickt. Gewöhnlich nimmt man einen Wassergehalt von 20 Proz. an (S. 71). Würde er nicht soweit eingedickt, z. B. auf einen Wassergehalt von 25 Proz., dann würde man $100 \cdot \dfrac{80}{75} - 100$ $= 107 - 100 = 7$ Proz. mehr Sirup gewinnen. Aber dieser dünnere Sirup dürfte keine günstige Streichfähigkeit haben. Diese ist für den Gebrauch, für die Güte des Sirups von größtem Einfluß, so daß auf keinen Fall die Ausbeute durch größeren Wassergehalt vermehrt werden sollte. Es würde

41. Dampfverbrauch zum Aufkochen.

Es ist für die verschiedenen Reinigungsarten notwendig, den Saft auf 90 bis 100° zu erhitzen, ihn aufzukochen. Um den hierbei erforderlichen Heizdampf berechnen zu können, muß die Menge des Preßsaftes bekannt sein. Nach dem

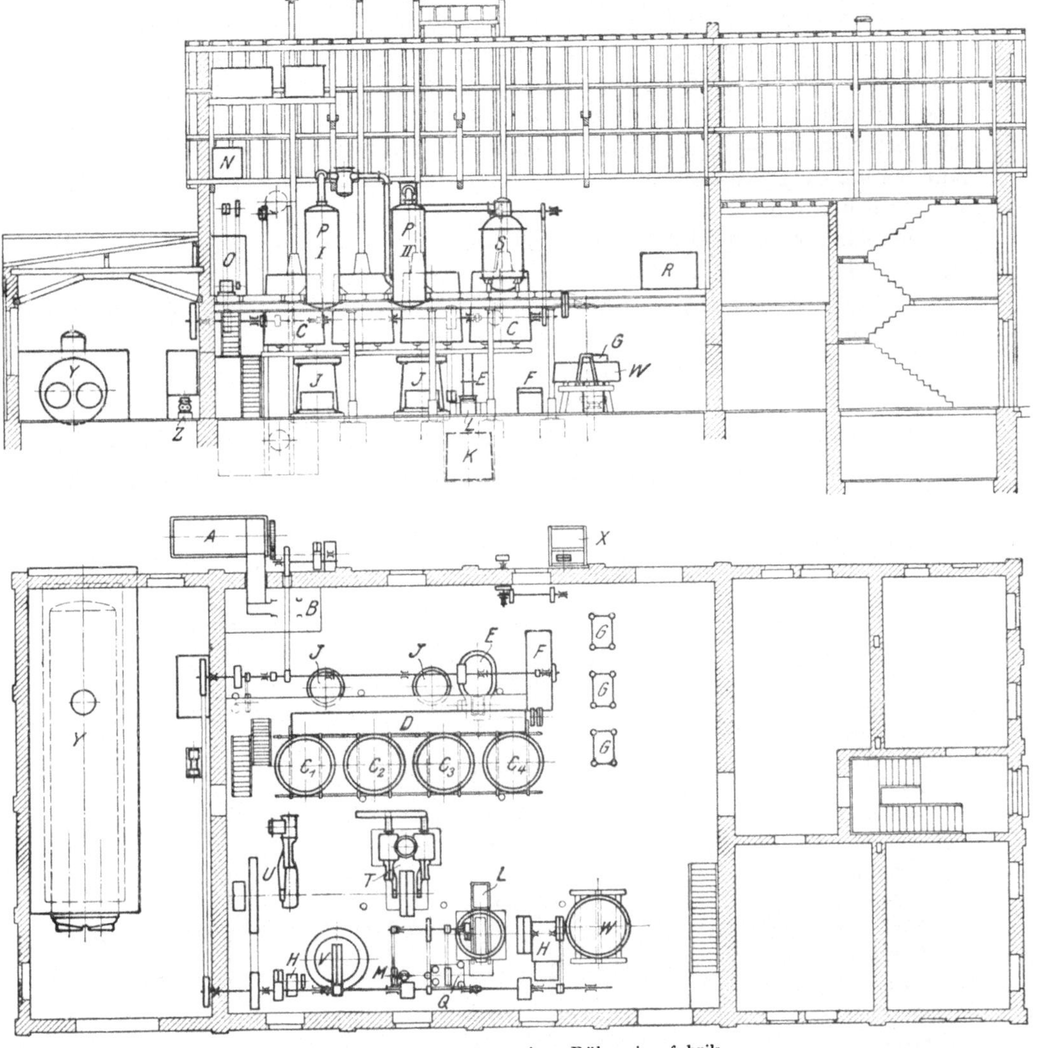

Fig. 62. Gesamtanlage einer Rübensirupfabrik.

Abschnitt 36, Muster I und II kann man als äußerste Grenze wohl 50 bis 90 kg von 100 kg Rüben rechnen. Der erforderliche Heizdampf beträgt dann

für Muster I und III:
$$\frac{90 \cdot 0,9\,(100 - 20)}{530} = 12,2 \text{ kg,}$$

für Muster II:
$$\frac{50 \cdot 0,9\,(100 - 20)}{530} = 6,8 \text{ kg.}$$

42. Dampfverbrauch zum Eindicken des Saftes.

Der größte Dampfverbrauch wird durch das Eindicken des Saftes bewirkt.

a) Nach Muster I (S. 81) sind aus 100 kg zuckerreichen Rüben, bei stärkster Abpressung (also auch höchster Ausbeute), 66,5 kg Wasser zu verdampfen. Der Saft ist durch das Aufkochen vorgewärmt und tritt genügend warm in die Vakuumverdampfer (S. 63), so daß man damit rechnen kann, daß mit 1 kg Heizdampf auch 1 kg Wasser aus dem Saft verdampft wird, wenn ich vorläufig die äußeren Abkühlungsverluste außer acht lasse, weil ich diese zum Schluß insgesamt einrechnen werde. Für 100 kg Rüben sind somit 66,5 kg Heizdampf nötig.

b) Nach Muster II (S. 81) wären dann bei schlechter Abpressung aufzuwenden 36,5 kg Heizdampf.

c) Nach Muster III (S. 82) dagegen bei schlechten Rüben 79,63 kg Heizdampf.

43. Der Gesamtdampfverbrauch

ergibt sich aus der Zusammensetzung der einzelnen Mengen nach Zahlenreihe X. Dort habe ich für die drei verschiedenen Muster nach Abschnitt 36

Zahlenreihe X.

Arbeiten nach		Gute Rüben				Schlechte Rüben	
		Muster I gute Abpressung		Muster II schlechte Abpressung		Muster III gute Abpressung	
		Brühen	Dämpfen	Brühen	Dämpfen	Brühen	Dämpfen
für das Brühen	kg	16,1		16,1		16,1	
für das Dämpfen	„		21,8		21,8		21,8
für das Aufkochen	„	12,2	12,2	6,8	6,8	12,2	12,2
für das Eindicken im Einkörperverdampfer	„	66.5	66,5	36,5	36,5	79,6	79,6
zusammen	kg	94,8	100,5	59,4	65,1	107,9	113,6
Dazu Verluste für:							
Abkühlung	kg	8,0					
Krafterzeugung	„	1,0	11,0	11,0	11,0	11,0	11,0
Dampfverluste	„	2,0					
Gesamtdampfverbrauch für 100 kg Rüben	kg	105,8	111,5	70,4	76,1	118,9	124,6
Kohlenverbrauch bei 8facher Verdampfung: für 100 kg Rüben	kg	13,2	13,9	8,8	9,5	14,8	15,5
für 100 kg Rübensirup	„	56,0	59,0	65,0	70,0	140,0	146,0

die vorberechneten Dampfzahlen eingesetzt, und zwar je einmal für das Brühen, das anderemal für das Dämpfen. Dazu habe ich nur die allgemeinen Verluste geschätzt, und zwar zu

8 kg Dampf für 100 kg Rüben, die durch Abkühlung entstehen.
1,0 kg „ „ „ „ die durch den Wärmeverbrauch bei der Krafterzeugung in der Dampfmaschine entstehen, indem ich annehme, daß der Abdampf zum Heizen der Verdampfer nutzbar gemacht wird.
2,0 kg „ „ „ „ für Verluste durch Undichtigkeiten, Waschzwecke u. dgl.
11,0 kg Dampf für 100 kg Rüben.

44. Der Kohlenverbrauch.

Weiter habe ich aus dem sich ergebenden Gesamtdampfverbrauch den Kohlenverbrauch berechnet. Wird Steinkohle verfeuert und das heiße Kondenswasser wieder in die Dampfkessel gespeist, dann kann man damit rechnen, daß 1 kg Steinkohle 8 kg Wasserdampf erzeugt, so daß der Kohlenverbrauch $^1/_8$ des Gesamtdampfverbrauches ist.

Bei guten Rüben beträgt der Kohlenverbrauch 8,8 bis 13,9 kg auf 100 kg Rüben und rechnet man im allgemeinen mit einem allerhöchsten Verbrauch von 15 kg Steinkohle bzw. 45 kg Braunkohle.

Man sieht nun aus der Zahlenreihe X, daß der Kohlenverbrauch bei guten Rüben, aber bei schlechter Abpressung geringer ist als bei guter Arbeit. Der Dampf- oder Kohlenverbrauch, bezogen auf 100 kg Rüben, ist somit irreführend, denn bei schlechter Arbeit braucht man weniger Kohlen als bei guter. Es handelt sich hier aber nicht darum, möglichst viele Rüben zu verarbeiten, sondern um die Gewinnung möglichst großer Mengen Rübensirup. Der Kohlenverbrauch muß daher auf 100 kg erzeugten Sirup bezogen werden. Die nach Muster I mit 23,5 kg, II mit 13,5 und III mit 10,57 kg Sirup aus 100 kg Rüben erzeugte Menge (S. 81) muß entsprechend in Rechnung gestellt werden und habe ich auch diese Zahlen in die Zahlenreihe X eingetragen. Nun erkennt man deutlich die Verminderung des Kohlenverbrauches durch hochwertige Rüben und gute Abpressung.

Wie schon auf S. 67 gesagt, könnte man den Dampf- bzw. Kohlenverbrauch wesentlich vermindern durch die Verwendung von Mehrkörperverdampfern, wenn die Größe der Tagesleistung deren Aufstellung als lohnend erscheinen läßt. Durch Aufstellung eines Zweikörperverdampfers nach Fig. 52 wurde der Dampfverbrauch für das Eindicken auf die Hälfte vermindert und somit der Gesamtdampfverbrauch nach Muster I auf etwa 88 kg bzw. der Kohlenverbrauch auf 11 kg für 100 kg Rüben. Für 100 kg Sirup würde er nur noch 47 kg Steinkohle betragen. Bei großen Anlagen wäre eine weitere Verminderung des Kohlenverbrauches möglich, durch entsprechenden Ausbau der Verdampfanlage unter Verwendung der Brüden zum Anwärmen (ähnlich wie in Zuckerfabriken).

Den Verlust durch Abkühlung wird man durch guten Wärmeschutz aller Leitungen und Apparate möglichst vermindern, das Kondenswasser schnellstens dem Dampfkessel zuführen, unter Verwendung von Pumpen (nicht Injektoren), die das heiße Wasser sicher speisen. Das warme Fallwasser der Kondensation wird man in die Wäschen leiten. Daß der Abdampf der Betriebsmaschine zum Heizen und Verdampfen nutzbar zu machen ist und weder in einer Kondensation noch durch Auspuff verlorengehen darf, sei besonders betont.

K. Lagerung und Versand des Rübensirups.

45. Die Lagerung.

Den während der Betriebszeit erzeugten Sirup wird man nicht sofort abstoßen und zum Versand bringen können. Man muß sich nach den Anforderungen der Abnehmer richten und wird gezwungen sein, große Mengen Sirup bis fast zur nächsten Betriebszeit hin lagern zu müssen. Je niedriger die Lagertemperatur ist, um so mehr ist Auskrystallisation zu befürchten. Dagegen erleichtern höhere Temperaturen das Verderben des Sirups wegen seines Gehaltes an Eiweiß- und Pektinstoffen. Das Licht beschleunigt, wie wir gesehen haben, ebenfalls die Ausscheidung des Traubenzuckers. Man wird deshalb zweckmäßig den Sirup in nicht zu kühlen Kellern, bei etwa 10 bis 15°, wo aber Frostgefahr ausgeschlossen ist, dunkel lagern, dann wird er sich mehrere Monate unverändert halten.

Auch wird man nicht immer in der Lage sein, den Sirup gleich in die kleineren Versandgefäße einzufüllen, aus Mangel an Arbeitskräften. Das Abfüllen geschieht besser später, nachdem die Rübenverarbeitung beendet, weil man dann auch die zurückbleibenden Arbeiter noch beschäftigen muß. Deshalb sind entsprechend große Lagerbehälter vorzusehen. Eiserne Kästen sind natürlich ungeeignet, besser schon Holzbottiche, die aber häufig lecken und Geschmacksstoffe abgeben. Am besten sind für kleinere Mengen große Steinzeugtöpfe, für große Mengen dagegen aus Beton hergestellte Behälter, die mit Steinzeugfließen ausgekleidet sind. Steinzeug wird vom Sirup nicht angegriffen, beeinflußt somit weder den Geschmack, Geruch noch die Farbe, und ist leicht tadellos von allen Rückständen zu reinigen. Die Behälter erhalten einen mit Eisen gepanzerten Ablaßhahn, mehrere in der Höhe verteilte Probenehmerhähne, einen unteren Mannlochverschluß und eine größere Einsteigöffnung. Diese werden sämtlich mit Steinzeug ausgekleidet und erhalten Sicherheitsvorhängeschlösser, um die unbefugte Entnahme von Sirup, um die Beraubung zu verhindern.

Die Luftfeuchtigkeit im Lagerraum sollte man stets sorgfältig beobachten.

Holzbottiche halten sich bei einer Luftfeuchtigkeit von 50 bis 60 Proz. ohne auszutrocknen. Blechdosen vertragen ebenfalls höchstens 75 Proz. Feuchtigkeit. Wird die Luft feuchter, dann schlägt sich die Feuchtigkeit als Tau auf den Wänden, Fässern und Dosen nieder. Jene setzen Schimmel an, diese verrosten. Die Fig. 63 zeigt ein Hygrometer der Kosmos A. G., Göttingen, welches die Luftfeuchtigkeit unmittelbar anzeigt. Zeigt dies, im Lagerraum aufgehängt, zu große Feuchtigkeit an, dann soll man die Ursachen zu beseitigen suchen, gegebenenfals durch Aufstellen von Gefäßen die mit gebranntem Kalk angefüllt sind. Dieser saugt die Feuchtigkeit begierig auf.

Bei der Lagerung muß man damit rechnen, daß Schaumgärung eintritt. Man darf deshalb die Lagerbehälter nicht ganz vollfüllen, sonst können leicht Verluste durch Überschäumen entstehen.

Im Mai 1918 beobachtete ich an einem Rübensirup, der im November 1917 in Schlesien aus gewöhnlichen Zuckerrüben in üblicher Weise hergestellt wurde, folgendes: Ein Liter dieses Sirups war in einer Glasterrine aufbewahrt, die mit lose aufliegendem Glasdeckel locker verschlossen war. Nach drei Monaten (also im Mai) zeigte sich eine ganz schwache Schaumbildung, der Geruch war ausgesprochen nach Bierhefe — abgestandenem Bier ähnlich. Der Geschmack hatte sich nicht verändert. Aus dem Weckglase füllte ich ein 500 mm hohes Standglas mit Sirup an, wobei natürlich der hoch herabfallende Sirup innig mit der Luft in Berührung kam, und auch größere Mengen Luft mit in den Sirup gerissen wurden. Nach 5 Stunden zeigte sich nun im Standglase eine ausgesprochene Schaumgärung; oben entstand eine Schaumkrause von 8 mm Höhe und der ganze Sirup war mit weitverteilten Schaumbläschen angefüllt. Ein verstärkter Hefegeruch machte sich bemerkbar. Der im Weckglase zurückgebliebene Sirup zeigte keine Veränderung. Nach 12 Stunden war die Schaumkrause auf 14 mm Höhe angestiegen und blieb so mehrere Tage unverändert stehen. Dann sank sie in sich zurück und verschwand vollständig und mit ihr auch der Hefegeruch, während sich auf der Sirupoberfläche, durch die Verdunstung, eine feste, geschlossene Zuckerdecke bildete. Bis jetzt zeigt dieser Sirup keine weitere Veränderung mehr, auch nicht der im Weckglase zurückgebliebene. Ein Teil, von dem Standglase entnommen und im Becher innig mit Luft durchrührt, zeigte ebenfalls keine neue Schaumbildung.

Die Schaumgärung ist erst durch die innige Berührung mit Luft zur Auslösung gebracht. Es machte mir den Eindruck, als ob die die Gärung einleitende Lufthefe erst durch die zugeführte Luft leben konnte, aber schnell abstarb, nachdem sie einige scheinbar nur in geringer Menge vorhandenen Stoffe verzehrt hatte.

Während es sich hier um eine wirkliche, durch Lufthefe erzeugte alkoholische Gärung handelt, können aber auch andere Ursachen zur Schaumbildung des Sirups in den Lagerbehältern Veranlassung geben. In der Z. d. V. d. d. Zuckerind. 1918, S. 105, berichtet Dr. *H. Claassen* „Über Kohlensäureentwicklung in eingedickten Futterrübensäften, zugleich als ein Beitrag zur sogenannten Schaumgärung": Der mit der üblichen Zuckerfabrikseinrichtung aus Futterrüben gewonnene und in eisernen Verdampfern auf 80,5° Bg eingedickte Sirup wurde mit 82 bis 84° C in die eisernen Sammelbehälter abgelassen und zeigte die sogenannte Schaumgärung, aber in sehr verschiedenem Grade. Nach dem Ausfüllen

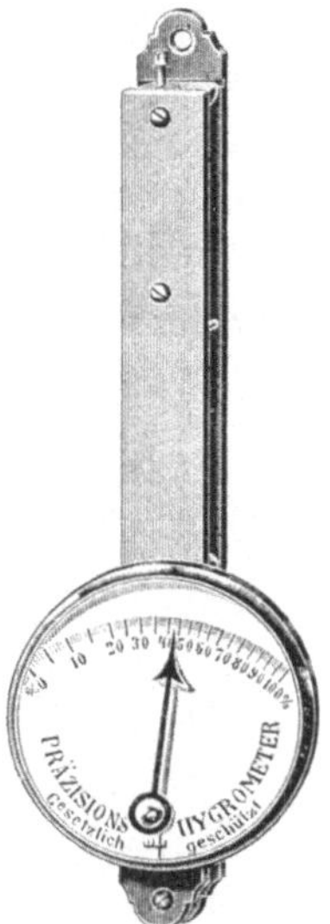

Fig. 63. Hygrometer.

blieben die zuerst in die Behälter gefüllten Sude noch einige Stunden blank; wenn dann aber nach 12 Stunden das zweite Sud abgelassen wurde, so zeigte sich, falls nicht vorher bereits Schaum auf der Oberfläche war, in einem Teil der Behälter alsbald eine stärkere Blasenbildung, die dann längere Zeit anhielt; in einem anderen Teil entstand der Schaum aber erst einige Zeit nach dem Vollfüllen und in geringerer Menge. Da die Sirupe von 80° Bg bei den hohen Temperaturen verhältnismäßig leichtflüssig waren, so war auch der Schaum nicht von zu zäher Beschaffenheit und konnte durch Schlagen und Rühren mit einem breiten Holzstab zerschlagen werden, so daß er nicht aus der oberen Öffnung der sonst geschlossenen Behälter heraustrat und überlief. Das entwickelte Gas war Kohlensäure. Die Gasentwicklung war in der Zeit nach dem ersten Auftreten am stärksten, ließ bei der Abkühlung allmählich nach und hörte bei etwa 50° C ganz auf. Die Schaumentwicklung ist hier auf eine Umsetzung von Invertzucker (oder anderen Zersetzungserzeugnissen, die aus der Saccharose in der Hitze entstehen) mit Aminosäuren zurückzuführen. Aber zur Einleitung dieser Umsetzung muß eine Aufnahme und Bindung von Sauerstoff vorhergehen. Die Aufnahme des Sauerstoffes aus der Luft kann während des Abfüllens erfolgen. Diese Umsetzungserscheinung unter Kohlensäureentwicklung hat eigentlich nichts mit Gärung zu tun, sie erweckt nur den Eindruck und wird deshalb fälschlich als Schaumgärung bezeichnet. In Wirklichkeit ist es nur eine rein chemische Umsetzung, die bei Temperaturen über 70° stattfindet, wo Hefepilze überhaupt keine Tätigkeit ausüben.

Betreffs der Verdorbenheit und der damit verbundenen Gesundheitsschädlichkeit sei auf §§ 10 bis 14 des Nahrungsmittelgesetzes, sowie § 367, Abs. 7, des Strafgesetzbuches hingewiesen. Die von Gärungserscheinungen befallenen Rübensirupe können durch Wiederaufkochen und Sterilisieren meistens nochmals brauchbar gemacht werden.

46. Der Versand.

Von den Rübensirupfabriken wird der Sirup an die Kaufleute und Kleinhändler in Fässern, Kannen oder Dosen geliefert.

Die K. R. G. ließ den Rübensirup von den Fabriken an die Kommunalverbände und Abnehmer in Holzfässern verteilen. Bevorzugt wurden Gebinde bis etwa 150 kg Inhalt; die Lieferung in größeren Gebinden — 250 bis 300 kg, bzw. 400 bis 450 kg — sollte nach Möglichkeit eingeschränkt werden, weil die Verteilung an Unterabnehmer ein umständliches, lästiges Abfüllen erfordert. Im Oktober 1918 setzte die K. R. G fest, daß die Berechnung der Fässer nach folgenden Sätzen zu erfolgen habe:

						Bei Lieferung:	Bei Rücksendung:
a)	Buchenfässer	von	etwa		50 kg Inhalt	7,—	6,20
	„	„	„		100 kg „	11,60	10,60
	„	„	„		150 kg „	16,10	14,60
	„	„	„	250—300 kg	„	26,00	23,00
	„	„	„	400—450 kg	„	39,00	35,00
b)	Eichenfässer	„	„	250—300 kg	„	41,10	38,00

Die Verteilungsstellen waren verpflichtet, unverzüglich die leeren Gebinde (spätestens drei Monate nach erfolgter Lieferung) an die Fabriken frachtfrei zurückzusenden, soweit sie sich in reparaturfreiem Zustande befanden. Es wurden dann die obigen Preise bei Rücksendung vergütet. Die üblichen kleineren Wiederherstellungsarbeiten an den Gebinden (Antreiben und Befestigen der Faßreifen usw.) sind von den Fabriken kostenfrei auszuführen. Außergewöhnliche Wiederherstellungsarbeiten infolge Beschädigungen der Faßdauben, Böden u. dgl. konnten den Verteilungsstellen von den Fabriken zu Selbstkostenpreisen in Rechnung gestellt werden. Um eine Beschädigung der Fässer nach Möglichkeit zu vermeiden, wurde vorgeschrieben, daß die Fässer nur durch die Spundlöcher entleert werden; keinesfalls durften die Böden der Fässer eingeschlagen werden.

Betreffs der Frachtbrieferklärungen (Deklarationen) machte die K. R. G. seinerzeit darauf aufmerksam, daß häufig seitens der Güterabfertigungsstellen der Berechnung der Frachtkosten von Rübensirup — infolge unrichtiger Deklaration — falsche Tarifklassen zugrunde gelegt worden sind. Bahnamtlich sind die Tarifklassen unter „Rübenspeisesirup" festgelegt. Für Bahnsendungen wird es deshalb nützlich sein, sich zu erkundigen, wie die dortige bahnamtlich übliche Bezeichnung ist, um diese auf den Frachtbriefen zu wählen.

47. Die Gefäße für den Kleinverkauf.

Ebenso wie in Schlesien kommt auch in der Gegend des Harzes der Sirup noch teilweise in Blechkannen (nach Art der Milchkannen) auf den Markt. Der Kleinhändler muß aus diesen den Sirup in die vom Käufer mitzubringenden Töpfe, Kruken oder Tassen abfüllen. Eine nicht gerade saubere, hygienische, die Weiterverbreitung fördernde Handhabung. Besser dürfte es für den Kaufmann und Verbraucher sein, gleich den Sirup abgewogen, in geeigneten Dosen geliefert zu bekommen.

Glas, Porzellan oder Tonkruken, die sich bei Marmelade gut bewährt haben, sind hier nicht beliebt, weil beim Bruch nur einer Kruke in den Versandkisten die Umhüllungen aller anderen Dosen verschmiert und unansehnlich werden. Die Verwendung unzerbrechlicher Blechdosen ist deshalb für den flüssigen Sirup vorzuziehen. Als am angenehmsten im Gebrauch haben sich die sog. „Patent-Eindrückdeckel-Dosen" gezeigt nach Fig. 64. Deren verhältnismäßig großer Deckel ist leicht zu öffnen, gestattet die saubere, unbehinderte Entnahme des

Fig. 64. Eindrückdeckel-Dosen.

Sirups und läßt sich in den konischen Oberboden wieder gut dicht eindrücken. Auch die Amerikaner verwenden solche verzinnten Dosen zum Vertrieb ihres Maiszuckersirups (S. 4).

Wenn möglich, werden die Blechdosen aus Weißblech das ist verzinntes Eisenblech, hergestellt. Sie müssen gegen äußeren Rostangriff, besonders aber gegen den Angriff der Säure des Sirups geschützt werden. Saurer Rübensirup in Berührung mit Eisen wird bald braun und schwärzlich und verändert seinen Geschmack, wie schon früher (S. 49) gesagt. Wie dort kommt auch hier Zink oder Blei nicht in Frage, wohl wären emaillierte Eimer brauchbar. Man kann hier aber auch ohne Nachteil unverzinnte Eisenbleche, die entsprechend vorbereitet werden, verwenden. Und zwar solche, die von der Zunder- und Oxydschicht befreit und lackiert sind. Dies erstere geschah früher durch Säurebäder, jetzt durch Sandstrahlgebläse. Man nennt dies

dekapieren und bezieht diese Bleche zweckmäßig fertig dekapiert vom Walz-
werk. Solche dekapierten Bleche lassen sich ohne Bildung von Haarrissen
biegen, greifen die Preß-, Stanz- und Schneidwerkzeuge weniger an wegen
des Fortfalles der außerordentlich harten Zunderschicht, und der Lack-
anstrich haftet besser auf der feingekörnten Oberfläche. Die Bleche müssen
dann lackiert werden, um die unmittelbare Berührung des Sirups mit dem
ungeschützten, blanken Eisen zu vermeiden. Das Lackieren erfolgt zwei-
seitig auf besonderen Maschinen mit nachfolgendem Trocknen und Ein-
brennen in besonderen Trockenöfen mit Gas- oder Dampfheizung. Über die
Herstellung der Blechdosen siehe noch Abschnitt 50.

Wilh. Strohe, Zörbig (Prov. Sachsen), einer der größten deutschen
Rübensiruperzeuger, lieferte seinen Sirup in Blechbüchsen (nach Fig. 64)
von etwa 1,75 l Inhalt, bei einem Durchmesser von 115 mm und einer Höhe
von 175 mm und einem Nettogewicht von 250 g. Boden und Deckel sind ein-
gefalzt. Der Deckel besitzt eine große Öffnung, in die ein loser Deckel mit
konischem Rand eingedrückt wird. Seine Büchsen trugen z. B. folgende
Aufschrift: „Rübenspeisesaft, feinster, aromat. süßer, gärfreier Speisesirup,
garantiert frei von Stärkefabrikaten. — Dieser Rübenspeisesirup ist durch
einen hohen Gehalt an Kohlenhydraten und die Reinheit der Herstellungsweise mit Recht als ein vorzügliches hygienisches Nahrungsmittel von hohem Wert zu bezeichnen, er enthält den vollen
invertierten Zucker bester zuckerreichster Rüben. Der angenehme, kräftige Fruchtgeschmack wird durch keine Beimischungen erzielt. Die vollkommenste Entfernung der
Alkalien und der gesundheitschädlichen Substanzen wird
garantiert. — Kühl aufbewahren."

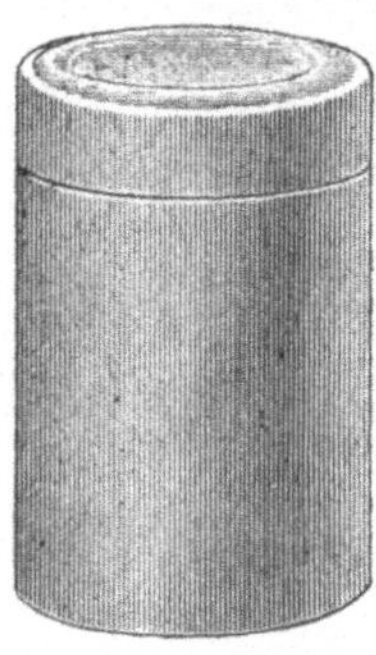

Fig. 65. Pappdose.

Als Ersatz für die Blechdosen finden jetzt häufig solche
aus gewickelter Pappe mit eingepreßtem und eingeklebtem
Pappboden Verwendung. Durch Innenlackierung sind sie
undurchlässig für den Sirup und dauerhaft. Leider haben
diese Pappdosen nach Fig. 65 den Nachteil, daß beim Um-
stürzen der Kisten auf dem Transport, der Deckel be-
schmiert wird, festklebt und dann häufig schwer zu öffnen ist und zerreißt.

Bei der Auswahl der Verpackungsart denke man aber stets daran, daß
diese von großer Wichtigkeit für den Verkauf ist. Je schöner sie sich dem
Auge darbietet, um so leichter wird sie gekauft; je besser und praktischer
die Verpackung sich beim Gebrauch, bei der Benutzung zeigt, um so sicherer
kann man auf Wiederkauf, auf dauernde Abnehmer rechnen. Dabei soll man
aber auch nicht zu weit gehen, denn bei der sparsamen Hausfrau schleicht
sich sehr bald das unangenehme Gefühl ein, solche teure Packung ohne dauernden Wert unnütz mit erwerben zu müssen. Die Einfüllung in Kaffee-, Tee-
kannen, Zuckerdosen u. dgl., um die Hausfrau zum Einkauf zu verführen,
dürfte wohl heute als überwundener Standpunkt gelten. Einfach, billig,
aber geschmackvoll und praktisch muß das Ziel sein, was mit einer guten
Packung für den Kleinverkauf erreicht werden soll.

48. Die Artbezeichnung.

Bei der Artbezeichnung für den Verkauf ist folgende Festsetzung nach dem „Deutschen Nahrungsmittel" (Verlag Carl Winter, Heidelberg) zu beachten:

Apfelkraut besteht aus dem eingedickten Saft von Äpfeln, unter Umständen mit einem Zusatz von Birnensaft oder Zucker, je nach dem Säuregehalt der Früchte bis zu 20 Proz.

Birnenkraut besteht aus dem eingedickten Saft von Birnen, unter Umständen mit Zucker, je nach dem Säuregehalt der Früchte bis zu 20 Proz.

Obstkraut besteht aus dem eingedickten Saft von Äpfeln und Birnen, unter Umständen mit Zucker, je nach dem Säuregehalt der Frucht bis zu 20 Proz.

Diejenigen Erzeugnisse (Apfelkraut, Birnenkraut, Obstkraut) sind als gemischte zu kennzeichnen, die Zuckerzusatz im fertigen Erzeugnis enthalten, oder die Zusätze von Rübenkraut, Rübensirup oder Stärkesirup erhalten haben.

Rübensirup (Rübenkraut, Rübensaft, Rübenkreude, siehe Abschn. 1) wird direkt aus Zuckerrüben gewonnen und häufig mit Stärkesirup oder gereinigtem Melassesirup vermischt.

Unter der Bezeichnung „garantiert reiner Rübensaft" (Rübenkraut, Rübensirup, Rübenkreude) ist ein aus reinem, unverändertem Rübensaft durch Eindicken enthaltenes Produkt zu verstehen, welches aus frischen Zuckerrüben ohne weiteren Zusatz hergestellt ist.

Raffiniert oder doppelt raffiniert darf Rübensaft (Rübensirup) nur dann genannt werden, wenn derselbe durch Anwendung eines besonderen Filtrierverfahrens, bzw. durch Zusatz von Filtrierstoffen, gereinigt ist.

Färbung ist bei Gelees und verwandten Erzeugnissen, ausgenommen bei reinem Apfel-, Birnen-, Obstkraut zulässig; sie muß jedoch in allen anderen Fällen, auch bei gemischtem Obstkraut, gekennzeichnet werden, und zwar mit dem Worte: „Gefärbt."

49. Das Einfüllen in die Dosen.

Das Einfüllen des Sirups von Hand in die Dosen ist umständlich, unsauber, ungenau und verlustbringend, wenn die Menge nur nach dem Augenmaß bestimmt wird und zeitraubend, wenn jede Füllung abgewogen werden soll. Zeit-, arbeit- und sirupsparend ist deshalb die Anwendung von selbsttätigen Füllmaschinen, z. B. nach Fig. 66

Fig. 66. Dosen-Füllmaschine.

von Ganzhorn & Stirn, Schwäb. Hall. Diese Maschine arbeitet nach Art einer Pumpe, deren Kolbenhub leicht einstellbar ist und damit auch die Menge Sirup, die mit jedem Hub angesaugt und fortgedrückt wird. Einmal eingestellt, wird aus dem Fülltrichter immer die gleiche Menge Sirup in die auf das Füllbrett gestellten Dosen eingefüllt, so daß die bedienende Frau nur immer die gefüllte Dose fortschieben und durch eine leere zu ersetzen hat. Die Leistung beträgt etwa 900 bis 1000 Füllungen stündlich bei einem Kraftverbrauch von $1^1/_2$ bis 2 PS.

50. Die Herstellung der Blechdosen.

Die Blechdosen werden sich viele Fabriken selbst herstellen, auf Sondermaschinen, um während der Zeit, in der die Safterzeugung ruht, für die Arbeiter nützliche Beschäftigung zu haben. Allerdings verlangt dies wieder verschiedene teure Maschinen, die sich nur größere Sirupfabriken beschaffen werden, oder solche, die auch an andere, z. B. Konservenfabriken, Dosen abgeben können.

Erforderlich sind Blechscheren, Rundmaschinen zum Rollen der Mäntel, Längsnahtfalz- oder -lötmaschinen, Sick- und Bördelmaschinen für die Mantelenden, Bödenpressen, Falz- und Verschlußmaschinen. Nützlich sind noch Dosenwasch- und Beklebemaschinen, Dosenprobier- und -packmaschinen.

Es würde zu weit führen, hier auf Einzelheiten einzugehen, weil erfahrene Maschinenfabriken gern mit Rat zur Verfügung stehen werden.

L. Die Untersuchung der Rohstoffe und des Rübensirups, sowie seine Beurteilung und Verfälschung.

Eine dauernde Untersuchung und Kontrolle aller in der Rübensirupfabrik verarbeiteten und gewonnenen Stoffe ist ohne Zweifel nützlich, so wichtig wie in der Zuckerfabrik. Dort ist bewiesen, daß nur durch die dauernde, sorgfältige chemische Überwachung auf wissenschaftlicher Grundlage eine hochentwickelte Industrie sich bilden kann, die mit geringsten Verlusten an Rohstoffen, mit kleinstmöglicher Aufwendung an Hilfsstoffen, Brennstoffen und Arbeitskräften das Höchste leistet. Dort, wo es sich um größere Sirupfabriken handelt, wird man geschulte Chemiker anstellen. Kleinere können sich dies nicht leisten, sollten sich dann aber dauernd von einem Chemiker beraten und so weit als möglich auch ihre Rohstoffe und Erzeugnisse untersuchen lassen.

Die meisten chemischen Untersuchungen sind zu schwierig, um von Nichtchemikern ausgeführt werden zu können. Es würde deshalb zwecklos sein und auch den Rahmen dieses Buches weit überschreiten, wenn ich auf alle auszuführenden Untersuchungen hier in allen Einzelheiten eingehen wollte. Es gibt eine große Anzahl guter Handbücher, die ich zum Schluß nenne, in denen alles Wissenswerte dargelegt ist. Besonders in den Büchern für Zuckerchemiker.

Die Untersuchung der Rüben, besonders auf ihren Zuckergehalt, ist wichtig bei Kaufrüben, weil sich danach ihr Wert bestimmt, und notwendig für die Beurteilung der Ausbeute in der Sirupfabrik. Ebenso muß man die Preßlinge prüfen, damit nicht zuviel Zucker in ihnen verbleibt. Untersuchungen, die mit den in der Zuckerfabrik üblichen übereinstimmen. Besonders wichtig und teilweise eigenartig ist die Untersuchung des Rübensirups, weshalb ich hierauf besonders eingehe.

51. Die Untersuchung des Rübensirups.

Die Untersuchung des zähen, dunklen Rübensirups bereitet gegenüber der Untersuchung der Säfte in den Zuckerfabriken einige Schwierigkeiten, es ist deshalb angebracht, einige Untersuchungsarten und die dabei einzuhaltenden Verhaltungsmaßregeln hier näher anzuführen.

Die Untersuchung des Rübensirups erstreckt sich auf:

1. die Dichte des Sirups (spez. Gewicht); die damit zusammenhängende Dicke des Sirups wurde schon im Abschnitt 29, S. 68, eingehend erläutert;
2. den Trockengehalt (Trockensubstanz); es ist die Menge des Sirups, der nach der Entfernung des Wassers zurückbleibt; also damit zusammenhängend die Bestimmung des Wassergehaltes;
3. den Säuregehalt (Acidität) oder Alkaligehalt (Alkalität);
4. den Zuckergehalt; als Gesamtzucker oder als Rüben- und Invertzucker;
5. den Gehalt an sonstigen Stoffen, den sog. Nichtzuckerstoffen;
6. den Aschengehalt; das ist die Bestimmung der Mineralbestandteile in den Nichtzuckerstoffen und deren Alkalität.
7. die physikalischen Eigenschaften;
8. die Verfälschungen, Streckungen, Konservierungsmittel, Farbstoffe.

52. Die Bestimmung der Dichte.

Die Bestimmung der Dichte des Sirups durch Spindelung wurde schon auf S. 70 erläutert. Dort wurden durch die Aräometerspindel die Grade nach Beaumé (Bé), Brix oder Balling bestimmt, die in einem gewissen Verhältnis zum spez. Gewicht stehen. Und zwar ist das

$$\text{spez. Gewicht} = \frac{144{,}3}{144{,}3 - \text{Bé}} \; ;$$

1,0° Beaumé (Bé) ist annähernd gleich 1,8° Brix (Bx).

Tabellen erleichtern die Umrechnung. Im Betriebe selbst, beim Eindampfen, verwendet man obige Grade, die sich dem Gedächtnis besser einprägen als die Zahlen des spez. Gewichts. Für chemische Untersuchungen stellt man gern das spez. Gewicht, die Dichte selbst fest. Es kann dies ebenfalls durch Spindeln geschehen, die statt nach Beaumé nach dem spez. Gewicht eingeteilt sind. Für ganz genaue Messungen bestimmt man die Dichte durch das Pyknometer (Dichtefläschchen). Es sind dies kleine Glasfläschchen mit eingeschliffenem Glasstöpsel, deren Inhalt genau bekannt

Block, Rübensirup.   7 ist, die mit Sirup gefüllt und gewogen werden. Daraus kann dann genau die Dichte des Sirups berechnet werden.

Gegenüber der Senkspindel hat das Dichtefläschchen außer dem Vorteil größerer Genauigkeit noch den, mit viel geringerer Menge Saft (wenige Kubikzentimeter) die Bestimmung zu gestatten. Sie verlangt aber Übung, Zeit und eine analytische Wage. Mit noch geringerer Menge Sirup und in kurzer Zeit läßt sich die Bestimmung mit dem Refraktometer ausführen. Dies dient auch gleich zur Bestimmung des Trocken- bzw. Wassergehaltes.

53. Die Bestimmung des Trocken- bzw. Wassergehalts.

Durch die Bestimmung der Dichte des Sirups könnte man, unter Benutzung von Zahlenreihen, den Trockengehalt schon mittelbar bestimmen, wenn es sich um reine Zuckerlösungen handelte oder wenn für Rübensirup schon solche Zahlenreihen vorlägen. Die Zahlenreihen für Rübenzuckerlösungen sind hier nicht genügend genau, weil sich neben dem Rüben- und Invertzucker noch verschiedene organische Stoffe und Salze befinden, die eine vom Zucker verschiedene Dichte besitzen. Dementsprechend wird die Spindelung beeinflußt und man kann mit ihr nur den scheinbaren Trockengehalt bestimmen.

Spindelt ein Sirup z. B. 82 Bx, dann würde dies bei einer reinen Zuckerlösung einem Wassergehalt von $100 - 82 = 18\%$ entsprechen. Da die Nichtzuckerstoffe aber die Spindel stärker beeinflussen als der Zucker, so zeigt die Spindelung nicht richtig, sie täuscht uns einen Gehalt an Zucker vor, der nicht vorhanden ist. Deshalb ist der aus der Spindelung sich ergebende Zuckergehalt „scheinbar". Man unterscheidet darum zwischen scheinbarem und wirklichem Wassergehalt, zwischen scheinbarem und wirklichem Trockengehalt. Der durch Spindelung festgestellte Trockengehalt ist stets größer als der wirkliche Trockengehalt.

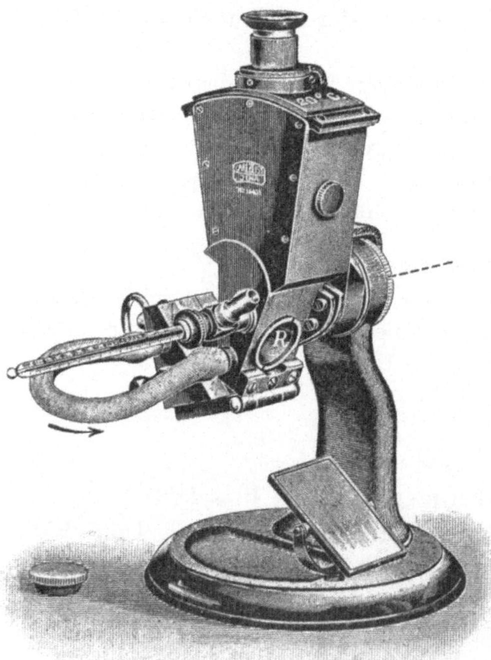

Fig. 67. Refraktometer.

Die genaueste Bestimmung des Trockengehaltes und somit auch des wahren Wassergehaltes geschieht durch vollständige Austrocknung im Vakuumtrockenschrank oder in Sandschälchen.

54. Das Refraktometer.

Außerordentlich einfach und schnell gestaltet sich die Bestimmung des Trockengehaltes mit dem Refraktometer nach Fig. 67. In diesem wird die Brechung des Lichtes, das durch eine Flüssigkeitsschicht geht, gemessen, denn diese Brechung ist nicht allein von der Art der Flüssigkeit, sondern auch von der Temperatur und Dichte, also der Menge des gelösten Stoffes abhängig. Besonders für die dunklen Rübensirupe ist das Refraktometer sehr nützlich.

Die in dem Sirup vorhandenen Nichtzuckerstoffe und invertierten Zuckerarten beeinflussen die Brechung innerhalb der für die Praxis gezogenen Grenzen kaum anders als die des Rübenzuckers allein, während sie die Brixspindel bekanntlich stark beeinflussen. Die aus dem Refraktometer abgelesene Dichte ist nicht allein die des Zuckers, sondern die des gesamten gelösten Trockengehaltes. Aber das Refraktometer zeigt den Trockengehalt stets etwas höher an, als dem wirklichen Trockengehalt entspricht; er liegt somit zwischen dem „wahren" Trockengehalt und dem aus dem Brixgrade festgestellten.

Die Bedienung ist außerordentlich einfach und angenehm. Schnell kann die dem Verdampfer entnommene Probe auf den Wasser- bzw. Trockengehalt geprüft werden, um dann das weitere Eindicken danach einrichten zu können. Es ist keine zeitraubende Verdünnung wie beim Spindeln oder Polarisieren notwendig. Vor allen Dingen genügen für die Prüfung mit dem Refraktometer wenige Tropfen Sirup, die man zwischen die Prismen bringt. Dabei wird dann eine Sirupschicht von etwa 0,15 mm Dicke gemessen.

Jedem Refraktometer wird von der Firma Carl Zeiß. Jena, eine genaue Gebrauchsanweisung mitgegeben.

Hier wie bei allen Messungen muß natürlich etwa auskrystallisierter Zucker erst durch Erwärmen wieder in Lösung gebracht werden, weil er sonst die Messung nicht beeinflussen kann, also seiner Feststellung entgehen würde.

55. Der Säuregehalt und seine Bestimmung.

Wie aus dem Abschnitt 34 ersichtlich, ist für die Inversion ein gewisser Säuregrad notwendig, um diese in der gewünschten Zeit, die für die Behandlung des Sirups zur Verfügung steht, zu erreichen. Höhere Temperatur beschleunigt diesen Vorgang, so daß man bei dieser mit wenig Säure auskommen kann. Man soll und muß diesen Säuregehalt herunterdrücken, möglichst den Sirup neutral halten, um die Nachinversion während der Lagerung zu verhindern, die zur Krystallausscheidung führen würde. Je mehr man sich der Neutralität nähert, je mehr man den Säuregehalt mindert, um so weniger ist Nachinversion zu befürchten. Sache des Betriebes ist es, diesen Säuregehalt im Sirup ständig zu überwachen und in geeigneter Weise einzustellen.

Alkalische Sirupe sind zu vermeiden, im Gegensatz zur Rübenzuckerfabrik, wo man alkalisch arbeitet, um eine Inversion des Rübenzuckers zu verhindern. Geschmacklich angenehmer sind für unsere sauren Speichel- und sauren Magensäfte saure oder neutrale Speisen, während alkalische leicht einen salzigen, laugenhaften Geschmack annehmen.

Man muß dem Säuregehalt stets seine volle Aufmerksamkeit widmen und für gleichmäßige Einstellung sorgen, wenn man gleichmäßig schmackhaften Rübensirup liefern will.

Den Gehalt an Säure (die Acidität) mißt man an der Menge Lauge von bestimmtem Wirkungswert, welche erforderlich ist, um die Säurewirkung aufzuheben. Nun färben
Säuren blaue Lackmustinktur oder blaues Papier rot,
Laugen (Alkalien) rote Lackmustinktur oder rotes Papier blau.
Läßt man in einen mit Lackmustinktur versetzten sauren Saft Lauge zufließen, so läßt die bis zum Farbenumschlag zugeflossene Laugenmenge auf den Säuregehalt schließen. Ist der Laugenfluß so rechtzeitig beendet, daß der Farbenumschlag nicht auftrat, sondern nur die rote Farbe verschwand, dann ist der Saft neutral. Er ist weder sauer noch alkalisch (violettes Lackmuspapier wird weder rot noch blau gefärbt). Dieser Neutralisationspunkt wird durch Tüpfeln auf empfindliches violettes Lackmuspapier (oder Azolitminpapier) bestimmt, indem hierbei ein aufgetüpfelter verdünnter Safttropfen kein Röten oder Bläuen hervorbringen darf. Statt Lackmus verwendet man, immer bei den deutschen Zucker-Handelsanalysen, Phenolphthaleïnlösung als Indikator (Farbenumschlaganzeiger).

7*

Die Bestimmung des Säuregehaltes nennt man Titration und verwendet dazu Normallösungen. Für uns kommt $^1/_{10}$-Normalnatronlauge in Frage, die fertig bezogen werden kann und als zehntelnormale Natronlauge ($^1/_{10}$-n-Lauge oder $\frac{n}{10}$-Lauge) bezeichnet wird.

1000 ccm $^1/_{10}$-Normalnatronlauge entspricht einem Safte, der in 1000 ccm
3,65 g Salzsäure (reine 100 prozentige HCl_2)
oder 6,3 g Oxalsäure
„ 4,9 g Schwefelsäure
„ 2,3 g Ameisensäure
„ 7,5 g Weinsäure
„ 6,98 g Citronensäure

enthält. Uns interessiert es nun im allgemeinen nicht, ob die im Saft bzw. Sirup vorhandene Säure durch Salzsäure, Oxalsäure, Citronensäure o. dgl. hervorgerufen wird, für uns ist nur die Gesamtwirkung maßgebend, ob sie nun nur von einer oder allen möglichen Säuresorten hervorgerufen wird. Es genügt deshalb für uns, den Gesamtsäuregehalt zu bestimmen, ohne zu wissen, welcher Art die ihn hervorrufenden Säuren sind. Diese zu bestimmen, muß man feineren analytischen Untersuchungen überlassen.

Zur Feststellung des Gesamtsäuregehaltes verwendet man Glasbüretten nach Fig. 68, die in Zehntel-Kubikzentimeter eingeteilt sind. Die an einen Ständer angeklemmte Bürette wird mit zehntelnormaler Natronlauge angefüllt, und man läßt dann durch den Quetschhahn so lange Lauge ablaufen, bis die Laugenoberfläche mit dem obersten Teilstrich abschneidet. In ein Becherglas oder Porzellanschälchen gießt man 10 ccm des zu untersuchenden Saftes. Die 10 ccm müssen in einem Meßgläschen oder noch besser in einer kleinen Pipette, nach Art der Stechheber, genau abgemessen werden. Aus einem besonderen Fläschchen fügt man zum Saft einige Tropfen Lackmus- oder Phenolphthaleinlösung, wodurch sich der saure Saft rot färbt. — Durch den Quetschhahn läßt man nun vorsichtig, unter ständigem Umrühren des Saftes mit einem Glasstäbchen, Normallauge zulaufen. Sobald die Säure des Saftes von der Normallauge neutralisiert ist, färbt sich der Saft durch den geringsten Überschuß an Lauge blau. Der Zulauf muß dann sofort beendet und der Verbrauch an Lauge an der Bürette abgelesen werden.

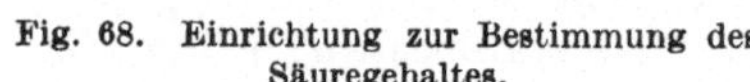

Fig. 68. Einrichtung zur Bestimmung des
Säuregehaltes.

Sind zu 10 ccm Saft 1,8 ccm zehntelnormale Natronlauge zugeflossen, so wäre das für den Betrieb das Maß, welches der weiteren Beurteilung zugrunde gelegt wird, indem man immer sagt, der Saft solle soundso viel Gesamtsäure, bezogen auf Normalsäure, enthalten.

Obige für 10 ccm Saft aufgewendeten 1,8 ccm zehntelnormale Natronlauge entsprechen somit auch 18 ccm zehntelnormale Gesamtsäure für 100 ccm Saft. Wollte man diese auf Schwefelsäure beziehen, so entsprechen 18 ccm nach obigem $18 \cdot \frac{4,9}{1000} = 0,088$ g Schwefelsäure, d. h. die 100 ccm Saft enthalten 0,088 g, oder bei einem spez. Gewicht von 1,1 sind dies $100 \cdot 1,1 = 110$ g, die somit $\frac{0,088}{110} \cdot 100 = 0,08$ Proz. Schwefelsäure enthielten.

Ist der Saft trübe, dann muß er vor der Titration filtriert werden. Sirup ist zu dick und dunkelfarbig, um den Umschlag deutlich erkennen zu lassen. Man wird deshalb 10 ccm genau abmessen und mit 50 bis 100 ccm Wasser verdünnen. Die Titration erfolgt dann in der beschriebenen Weise unter ausschließlicher Berücksichtigung der 10 ccm Sirup.

Zeigt der Sirup nach der Prüfung einen zu hohen unerwünschten Säuregrad, dann kann man die Säure abstumpfen. Besser ist es aber, den Zusatz der Säure bei der Inversion und dem Lauf der Arbeit so zu regeln, daß eine nachträgliche Abstumpfung unnötig ist, weil sonst Stoffe in den Sirup gebracht werden müssen, die ihn geschmacklich nicht verbessern. Wird z. B. die überschüssige Schwefelsäure durch Kalk abgestumpft, dann bildet sich Gips. Nichts angenehmes, wenn ich an die gegipsten Weine erinnere. Aber man muß ihn verwenden, wenn die Abstumpfung nicht zu umgehen ist. Verwendet man Soda oder Natronlauge unter ständiger Prüfung durch Titration, bis man die Säure auf das gewünschte Maß vermindert hat, so sind die entstehenden Salze verhältnismäßig leicht löslich. Sie bleiben also in Lösung und erschweren auch, wie bei der Melassebildung in der Zuckerfabrik, die Auskrystallisation des Zuckers. Dies wäre ein Vorteil. Aber sie wirken nachteilig, denn die Lösungen dieser Salze wirken mehr auf die Zunge, auf den Gesamtgeschmack, als der fast unlösliche Gips. Deshalb verwendet man bei der Weinentsäuerung reinen, gefällten, kohlensauren Kalk, der keine anderen Bestandteile in den Wein einführt und mit der Weinsteinsäure den schwer löslichen weinsteinsauren Kalk bildet.

Hier bei der Sirupherstellung kann der Kalk sich ausscheiden, den Saft trüben und zur Krustenbildung (Kesselstein) Veranlassung geben. Kalilauge darf man nicht verwenden, weil die Kalisalze gesundheitsschädlich sind.

Das Vorkommen von flüchtigen Säuren (Kohlensäure) deutet auf gärenden, verdorbenen Sirup hin.

56. Die Bestimmung des Zuckergehaltes.

Im Rübensirup haben wir es immer mit einem Gemisch von Rübenzucker (Saccharose) und Invertzucker (S. 73) neben Salzen und organischen Stoffen aus den Zellwänden zu tun. Da der Rübenzucker das polarisierte Licht rechts dreht, der Invertzucker aber links, so kann man durch die Polarisation des verdünnten und geklärten Rübensirups nicht ohne weiteres den Zuckergehalt bestimmen. Während der Preßsaft noch stark rechts polarisiert, geht diese Polarisation mit dem Fortschreiten der Inversion immer mehr zurück. Wenn z. B. der Rübensirup nach Zahlenreihe XIII, *Herzfeld* (S. 111), 79,2 Bx spindelt, so müßte er auch etwa 79° polarisieren, wenn er aus reinem Rübenzucker bestände, doch polarisiert er wegen der Gegendrehung des Invertzuckers nur 20,6. Nach vollständiger Invertierung durch Zusatz von Säure und Erwärmung polarisierte dann dieser Sirup —16,95.

Aus diesen Ergebnissen der Polarisation vor und nach der Inversion kann nach der *Clerget*schen Formel der Rübenzuckergehalt annähernd bestimmt werden. Einzelheiten sind in *Frühling*s „Anleitung z. U." zu finden. Er berechnet sich bei dem genannten Sirup zu 27,89 Proz.

Auch auf die Ausführung der Polarisation mit Polarisationsapparaten nach Fig. 69 (von Franz Schmidt & Haensch, Berlin) selbst will ich hier, weil zu weitgehend, nicht eingehen, denn in obigem Buche ist alles Wissenswerte zu finden. Zur Vornahme der Polarisation (Prüfung des optischen Verhaltens) werden 10 g Rübensirup in 80 ccm Wasser gelöst, mit 10 ccm (zuweilen auch 15—20 ccm) Bleiessig geklärt, auf 110 ccm gebracht und im 200 mm langen Polarisationsrohr polarisiert. Die Verdünnung ist dann 1 : 10 und ist beim Berechnen des Ergebnisses entsprechend zu beachten.

Die Abnahme der Rechtsdrehung mit fortschreitender Inversion gibt uns einen Maßstab diese beurteilen zu können. Dies ist wichtig (S. 74), um das richtige Mischungsverhältnis zwischen dem im Sirup verbliebenen Rübenzucker und dem aus ihm entstandenen Invertzucker einhalten zu können. Ohne die Zusammensetzung im einzelnen feststellen zu müssen, genügt es, die einmal als richtig erkannte Polarisationsdrehung (die ein richtig invertierter Normalrübensirup zeigte) stets wieder an dem neu hergestellten Sirup festzustellen, bzw. an Hand des Untersuchungsergebnisses den Sirup noch weiter zu behandeln.

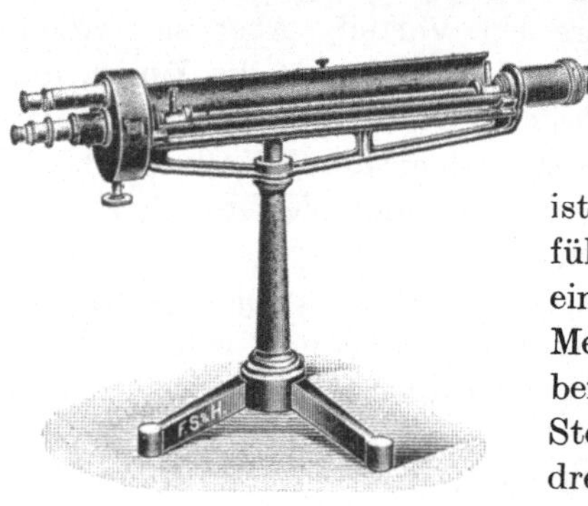

Fig. 69. Polarisationsapparat.

Die hierfür erforderliche Polarisation ist verhältnismäßig schnell genug auszuführen, so daß danach die Betriebsarbeit eingestellt werden kann. Genau sind diese Messungen aber nicht, denn im Rübensirup befinden sich noch andere rechtsdrehende Stoffe, wie z. B. Raffinose, und auch linksdrehende, wie z. B. Apfelsäure, Peptone. Zur genauen Bestimmung des Rübenzuckers neben dem Invertzucker wird deshalb folgendes Verfahren im allgemeinen angewendet: Zunächst bestimmt man den vorhandenen Invertzuckergehalt mittels der sog. *Fehling*schen Lösung, wobei der vorhandene Rübenzucker ohne jede Wirkung ist. Darauf wird der Rübenzucker im Sirup durch eine Säure invertiert, und man bestimmt nun nochmals den jetzigen Invertzuckergehalt. Dieser setzt sich zusammen aus dem zuerst bestimmten, ursprünglich vorhandenen Invertzucker und dem durch die nachträgliche Inversion aus dem Rübenzucker neugebildeten Invertzucker. Zieht man von dem zuletzt gefundenen den vor der Inversion gefundenen ab, so kann man aus dem verbleibenden Invertzucker die Menge des ursprünglich vorhandenen Rübenzuckers berechnen. Bei der Untersuchung ist der Rübensirup so weit zu verdünnen, daß die Lösung nicht mehr als 1 Proz. Invertzucker enthält, aber, wenn angängig, auch nicht unter 0,5 Proz. Die Untersuchungsverfahren sind von verschiedener Seite ausgearbeitet, und müssen die Vorschriften zur Erlangung genauer Ergebnisse genau eingehalten werden (z. B. von Dr. *Karl Windisch*, Untersuchung von Most und Wein, S. 315; *A. Herzfeld*, Anweisung).

57. Die Nichtzuckerstoffe.

Der Gehalt an sonstigen im Sirup befindlichen Stoffen, den sog. Nichtzuckerstoffen, wird im allgemeinen nicht durch unmittelbare Untersuchungen festgestellt, sondern durch Restrechnung. Die Gesamtmenge der Nichtzuckerstoffe ergibt sich dann, nach dem Abzug des vorher bestimmten Wasser- und Gesamtzuckergehaltes, als Restmenge. In dieser befindet sich dann der häufig noch besonders festgestellte Aschengehalt (Mineralstoffe). Es ist der Verbrennungsrückstand, der sich nicht so bedeutend von dem der Füllmasse der Zuckerfabriken unterscheidet, daß er von wesentlichem Einfluß auf den Geschmack und die physikalischen Eigenschaften sein kann. Aber bei der Veraschung verbrennende organische Stoffe sind wohl die, welche die Eigenart des Rübensirups bestimmen. Sie veranlassen seinen eigentümlichen, charakteristischen Geschmack sowie Geruch und seine zähflüssigen, physikalischen Eigenschaften. Es würde hier zu weit führen, auf alle Einzelheiten einzugehen.

Pektinstoffe werden dadurch ermittelt, daß man den Rübensirup in einem Reagenzglase mit absolutem Alkohol überschichtet. Ihre Anwesenheit zeigt sich durch Entstehung eines weißen Ringes an der Berührungsgrenze an. Für die gewichtsmäßige Bestimmung bringt man die Pektinstoffe in 25 ccm Lösung mit 125 ccm Alkohol von 96 Vol.-Proz. zur Fällung, sammelt den Niederschlag auf einem gewogenen Filter, wäscht ihn mit Alkohol derselben Stärke aus, trocknet und wägt. Gewicht der Asche und des Eiweißgehaltes (N × 6,25) des Niederschlages ist in Abzug zu bringen.

Zur Bestimmung der Mineralstoffe der Asche (*Baier*, *Buchka*, Das Lebensmittelgewerbe 1916, Bd. II, S. 367) dampft man 50 ccm des Sirups zur Trockne ein, verascht den Rückstand mit einer Spirituslampe zur Vermeidung einer Beeinflussung der Alkalität durch die schweflige Säure der Leuchtgasflamme (nach *Lunge* genügt aber, zur Abhaltung der Verbrennungsprodukte der Gasflamme die Veraschung auf einer durchlochten schräggestellten Asbestplatte vorzunehmen), zieht die Kohle mit Wasser aus, verbrennt sie mit Filter, gibt die Lösung zur erhaltenen Asche, dampft sie ein und glüht schwach zur Vermeidung eines Verlustes an Alkalien durch zu starkes Glühen. Wegen der hygroskopischen Eigenschaften der Asche muß schnell gewogen werden.

Zur Bestimmung der Aschen Alkalität versetzt man die Asche mit 25—30 ccm $^1/_{10}$-n-Schwefelsäure (keine Salzsäure), verjagt die Kohlensäure durch schwaches Kochen bei aufgelegtem Uhrglase während 5—10 Minuten, filtriert in ein Becherglas und titriert mit $^1/_{10}$-n-Lauge unter Zugabe von Phenolphthalein zurück. Das Ergebnis wird auf Kubikzentimeter in 100 ccm Sirup berechnet.

Die Asche und deren Alkalität geben bei Fruchtsäften Anhaltspunkte über deren stattgefundene Verdünnung mit Wasser oder Nachpresse. Beim Wein, Himbeersaft u. dgl. ist der Zusatz des durch Nachpressen gewonnenen Saftes zum ersten Preßsaft verboten. Ohne auf die Berechtigung eines solchen Verbotes für diese Säfte einzugehen, widerspricht es dem gesunden, wirtschaftlichen Menschenverstande, aus einem Rohstoff nicht alles, was irgend möglich ist, herauszuholen. Wie man in Zuckerfabriken aus der Rübe, in den Stärkefabriken aus der Kartoffel, so muß man auch hier bemüht bleiben, restlos die für den Rübensirup geeigneten Stoffe aus der Rübe zu gewinnen. Wenn dies durch Wiederaufmaischen mit Wasser und Nachpressen gelingt, und die Nachpresse den Wert des Rübensirups nicht verschlechtert, dann sollten auch keine Bedenken gegen eine Zumischung bestehen.

Die Feststellung des Mengenverhältnisses der Aschenbestandteile (Aschenanalyse) kann oft wertvollen Aufschluß über die Echtheit des Rübensirups geben. Man verwendet 1 g Asche, scheidet zunächst die Kieselsäure ab und bestimmt in einem Teil des Filtrates Schwefelsäure und Alkalien, im anderen, neutralisierten und mit Natriumacetat versetzten Teile, Eisen und Tonerde als Phosphate und nach der Ausfällung im Filtrate davon Kalk und Magnesia. Phosphorsäure, Kohlensäure und Chlor werden besonders in einer anderen Aschenportion bestimmt. Vergleiche auch den von *A. Farnsteiner* eingehaltenen Analysengang (Z. f. U. N. 1907, S. 317).

In jedem Sirup findet man kleine Mengen von Eisen. Größere Mengen färben den Saft in Gegenwart von Gerbsäure schwarz unter Bildung von gerbsaurem Eisenoxyd. Die häufig ursprünglich vorhandenen Eisenoxydulsalze färben den Saft nicht, sie gehen aber leicht durch die Berührung mit Luft in Eisenoxydsalze über, die dann eine schwarze Färbung oder gar schwarzen Niederschlag mit dem Gerbstoff geben. Macht sich eine solche nachteilige Verfärbung des Sirups bemerkbar, dann muß man ihn auf Eisen untersuchen lassen. Sind größere Mengen vorhanden, dann ist festzustellen, wie das Eisen (aus eisernen Apparaten, Rohren u. dgl.) in den Sirup gelangte, um dies künftig zu verhindern.

Kupfer kann aus den verwendeten Apparaten und Rohren in den sauren Rübensirup gelangen. Mehr als 50 mg im Kilogramm Rübensirup dürfte unzulässig sein. Qualitativ läßt sich das Vorhandensein von Kupferoxyd leicht dadurch nachweisen, daß man in die mit Salzsäure angesäuerte Siruplösung einen blanken Eisenstift legt und etwa 24 Stunden darin läßt. Er nimmt beim Vorhandensein von Kupfer einen kupfernen Überzug an.

58. Die physikalischen Eigenschaften des Rübensirups.

Neben der chemischen Untersuchung dürfte auch eine physikalische Prüfung des Sirups für seinen Gebrauchswert durchaus nützlich sein. Seine Güte als Aufstrichmittel wird neben seinem schönen Aussehen vom Verbraucher auch danach beurteilt, wie er sich überhaupt zum Aufstrich eignet und wie er sich dabei verhält. Er soll sparsam anwendbar sein, wie es bei einem solchen allgemeinen Volksnahrungsmittel recht wichtig ist. Die sparsame Hausfrau wird bald herausfinden, mit welchen Aufstrichmitteln sie am billigsten und vorteilhaftesten die Kindermäulchen stopft.

Es wird zum guten Bedecken einer Brotschnitte, einer bestimmten Fläche, um so weniger Sirup notwendig sein, je weniger flüssig und doch nicht zäh ein Aufstrichmittel ist. Harter, fest krystallisierter Honig ist schwer streichbar, schlecht auf der Brotoberfläche verteilbar, so daß zu viel verbraucht wird. Dünner Honig tropft vom Messer, verschmiert sich schnell, füllt viele Poren und sickert schnell durch. Trotz aller Jongleurkünste beschmiert man sich, was besonders bei Kindern unangenehm ist. Solche Speisesirupe werden deshalb allmählich durch solche verdrängt, die diese unangenehmen Eigenschaften nicht besitzen. Gut, sparsam streichbar (in bezug auf die Menge) ist

Fett, welches halb aus Gänse- und Schweineschmalz besteht, und als Muster eines guten Aufstrichmittels gelten kann. Zu weit eingedickter Sirup läßt sich schlecht verstreichen, klebt fest am Messer. Schlüpfrige Sirupe sind am besten. Schon im Abschnitt 11 wies ich auf den Einfluß des Rübendämpfens hin. Häufig sucht man die geleeartige, schlüpfrige Eigenschaft durch als Verfälschungen zu betrachtende Zusätze von Stärkesirup, Gelatine, Agar - Agar u. dgl. zu erreichen, hier sollte dies nur durch die sich beim Brühen im Saft lösenden Pektinstoffe erreicht werden.

Durch längeres Mahlen (in Kollergängen, Holländern, Schleudermühlen) kann man die Zellulose in schleimigen, kolloidalen Zustand überführen (*Schwalbe u. Becker*, Z. f. a. Ch. 1919, S. 265). Doch ist dieses Mittel zur Erlangung einer mehr geleeartigen Zähigkeit des Rübensirups noch nicht verwendet worden, kann aber durch die Traun-Plausonsche Kolloidmühle noch Bedeutung erlangen.

Die Pektinstoffe und die entsprechende Eindickung (durch Entfernung des Wassers) erzeugen die gewünschte Zähigkeit des Sirups, die gewöhnlich nach der unzuverlässigen Fadenprobe beurteilt wird. Die Fadenprobe ist auch deshalb unsicher, weil sie den Einfluß der Temperatur nicht zu berücksichtigen gestattet.

Die Zähigkeit, Viskosität, die innere Reibung ist der Widerstand, den die Teilchen der Flüssigkeit ihrer gegenseitigen Bewegung entgegensetzen. Zu ihrer Bestimmung dienen sog. Viskosimeter, z. B. von *Engler*. Siehe z. B. *Claassen*, Z. d. V. d. d. Zuckerindustrie 1895, S. 800, wo er eingehende Versuche über die Zähigkeit verschiedener Zuckerlösungen mitteilt. Man bestimmt die Menge Sirup, die durch ein Röhrchen von bestimmtem Durchmesser in einer gewissen Zeit ausfließt und vergleicht diese mit der unter den gleichen Umständen ausfließenden Wassermenge. Ich habe solche Bestimmungen an einem einfachen Glastrichter nach Fig. 70 ausgeführt, dessen Abflußröhrchen auf etwa 1 mm lichte Weite ausgezogen war. Die Bestimmungen erfolgten bei einer für die Bewertung als Aufstrichmittel wohl im allgemeinen maßgebenden Zimmertemperatur von 20° C. Die Flüssigkeitssäule hatte eine Höhe von 125 mm. Das Wasser lief in feinem Strahl aus, während die Sirupe abtropften. Ich habe die Anzahl der in der Minute auslaufenden Tropfen n gezählt und daraus die Tropf-Zähigkeit $z = \dfrac{2046}{n}$ in bezug auf Wasser berechnet.

Somit ist z. B. für Melasse Nr. 2 $z = \dfrac{2046}{n} = \dfrac{2046}{37} = 55.$

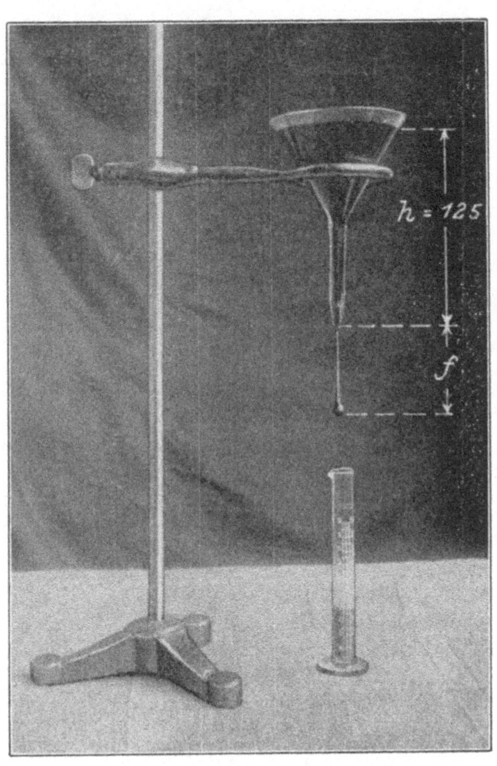

Fig. 70. Tropfenzähler zur Bestimmung der Zähigkeit, Oberflächenspannung und Fadenlänge.

Zahlenreihe XI.

Nr.	Art und Erzeugungsjahr	Wassergehalt %	Polarisation 0	Tropfenzahl in der Minute bei 20° C n	Tropf-Zähigkeit in bezug auf Wasser z	Anzahl der Tropfen, die für 10 ccm erforderlich sind a	Oberflächenspannung in bezug auf Wasser α	Fadenlänge f mm	Bemerkungen
1	Wasser	100	—	2046	1	171	1	—	
2	Melasse (*Hecklingen*), 1916	19,7	+ 49,7	37	55	340	0,71	—	tief dunkelbraun, schwach trübe
3	Fruchtzucker von Naturhonig des Jahres 1917, im März 1919 vom Krystallbrei abgeschöpft	21,8 (Ref. 78,2)	—	22	93	325	0,74	10	hellgelb, goldig funkelnd; Geschmack angenehm mild
4	Charlottenburger Kriegssirup, mit Melasse verfälscht, 1917	22,3	+ 50,4	21	97	337	0,71	—	dunkel, kaffeerotbraun, klarfunkelnd
5	Schlesischer Rübensirup, gekocht, geschält, offen eingekocht, 1916	24,3 (?) (Ref. 75,8)	—	14	146	322	0,74	23	hell, gelbbraun, etwas trübe
6	Speisesirup aus Diffusionssaft, Akt.-Zuckerf. Wismar, Febr. 1919	19,8 (81,5 Bx ?) (Ref. 80,2)	+ 25,0	8	256	273	0,89	—	hell, gelb-rotweinfarbig, funkelnd, ungetrübt; bonbonartiger, schwacher Rübenzuckergeruch
7	Thüringer flüssiger Naturhonig. Dez. 1918	17,7 (Ref. 82,3)	—	3	682	385	0,63	100 sehr feines Fädchen	klar, honighell, gut streichbar
8	Glauziger Haushaltungssirup, gekocht, ungeschält, offen eingedickt, 1918/19	19,7 (Ref. 80,3)	—	2,1	1000	—	—	56	dunkelbraun, sehr sirupdicklich, zu zäh zum Aufstrich; schwach getrübt; kräftiger Rübengeschmack; Geruch schwach
9	Rübensirup von Fudickar, Rommerskirchen, Rheinland, Febr. 1919	21,0 (Ref. 79,0)	—	1,97	1040	449?	0,54	150?	tief rotdunkelbraun, trübe, undurchsichtig; kräftiger nachhaltender Rübengeschmack, schwacher Geruch

In der Zahlenreihe XI habe ich einige Werte angeführt. Es sind zu wenig, um für die Beurteilung als Grundlage zu dienen. Immerhin sollte man bei späteren Untersuchungen nicht nur die chemische Zusammensetzung feststellen, sondern auch die Zähigkeit. Dann werden wir sicherer in der Beurteilung des Sirups, besonders als „Aufstrichmittel". Gleichzeitig habe ich die Fadenlänge f (Fig. 76) beobachtet, die sich bildet, ehe der Faden durch den niederfallenden Tropfen zerrissen wird. Aber wie schon gesagt, ist die Fadenlänge als Maßstab für den Sirup nicht brauchbar.

Die Zähigkeit der Melasse ist nach der Zahlenreihe XI kleiner als beim Rübensirup, so daß auch daraus dessen Verfälschung mit Melasse bestimmt werden kann.

Versuche, daraus Feststellungen am wirklichen Verbrauch beim Aufstreichen machen zu können, führten noch zu keinem einwandfreien Ergebnisse, weil der Verbrauch am Aufstrichmittel beim Bestreichen eines Brotes doch gar zu vielen individuellen Schwankungen unterworfen ist. Jedenfalls steht fest, daß man um so weniger verbraucht, je weniger dünnflüssig, aber dafür schmalziger der Sirup ist. Zu starke Gelee-Eigenschaften erschweren den Aufstrich und vermehren den Verbrauch. Von schlesischem Rübensirup Nr. 5 wurden auf einer Brotscheibe von 75 qcm Oberfläche (Kriegsbrot) 7 bis 9 g verbraucht; von Charlottenburger Kriegssirup (verfälschter Rübensirup) 9 bis 10 g; von Thüringer krystallisiertem Naturhonig 12 bis 20 g; von Glauziger Rübensirup 8 g; von krystallisiertem, schmalzartigem Kunsthonig 8 g; von Orangenmarmelade 10 bis 15 g; und von Schweinefett 6 bis 7 g.

In der Zahlenreihe XI habe ich teilweise den Wassergehalt durch Messung mit dem Zeißschen Refraktometer (S. 98) mit der Tabelle von *Main* bestimmt und mit „Refr." gekennzeichnet, indem ich aus diesem scheinbaren Trockengehalt den „scheinbaren" Wassergehalt durch Abzug von 100 berechnete.

Ebenfalls habe ich bei einigen Sirupen die Anzahl Tropfen angegeben, die für 10 ccm notwendig sind. Diese Tropfenzahl ist unabhängig von der Zähigkeit gibt aber einen Vergleichsmaßstab für die Oberflächenspannung an.

Der am Tropfrohr sich bildende Tropfen hängt gleichsam in einem Säckchen, von der Oberfläche des auslaufenden Sirups gebildet. Die Füllung wird immer schwerer und reißt das Säckchen schließlich ab, wenn die Haut, die durch die Kraft der Oberflächenspannung vorgetäuscht wird, zerreißt. Je größer die Oberflächenspannung des betreffenden, auslaufenden Sirups ist, um so schwerer und größer wird der Tropfen, ehe er abreißt, um so weniger Tropfen gehen auf 10 ccm. Je geringer die Oberflächenspannung ist, um so kleiner ist das Tropfengewicht. Während für 10 ccm Wasser 171 Tropfen notwendig sind, sind z. B. für den schlesischen Rübensirup 322 notwendig, oder die Oberflächenspannung dieses Sirups ist nur $\alpha = \dfrac{171}{322} \times$ spez. Gewicht $= 0{,}53 \cdot 1{,}39 = 0{,}74$, wenn die des Wassers $= 1$ ist.

Die Tropfen fielen in ein schlankes, mit feiner Teilung versehenes Meßglas. Dabei macht sich bemerkbar, daß das eigentliche Tropfengewicht, welches zum Senken des Tropfens Veranlassung gibt, bei zähem Sirup wesentlich größer ist, als das, welches wirklich abtropft und im Gläschen gemessen wird. Der sich bildende Tropfen senkt sich nach Erreichung des der Oberflächenspannung entsprechenden Gewichtes langsam nach unten, dehnt den Siruptropfen aus, immer längere Faden ziehend, bis dieser zerreißt. Der lange, verhältnismäßig dicke Faden wird in der Hauptsache aus dem Sirup des Tropfens gebildet, weil aus dem Röhrchen in dieser Zeit zu wenig nachläuft, sodaß das eigentliche Tropfengewicht im Augenblick des Abreißens schon sehr abgenommen hat. Das obere Ende des Sirupfadens kriecht zurück und wird zur Bildung des neuen Tropfens wieder verwendet. Deshalb gibt der zu zähe Rübensirup Nr. 9 sehr kleine abfallende Tropfen.

Diese Oberflächenspannung ist gleich der Capillarität, die sich beim Aufsteigen von benetzenden Flüssigkeiten in Haarröhrchen (Capillarröhrchen) als Maßstab der Steighöhe bemerkbar macht. Je größer die Oberflächenspannung, je schneller und höher steigt die Flüssigkeit in dem Haarröhrchen. Mit solchen haben wir es teilweise auch beim Brot zu tun. Ein Sirup wird um so schneller durch die feinen Poren des Brotes dringen, je größer die Oberflächenspannung ist; der Sirup wird um so schneller durchschlagen, was eine unangenehme Erscheinung ist, weil man das Brot nirgends mehr hinlegen kann und schließlich Sirup durchtropft.

Die Zähigkeit z erschwert, die Oberflächenspannung α beschleunigt das Durchschlagen. Die Durchschlagezeit Z, die ein bestimmter Sirup unter sonst gleichen Verhältnissen braucht, wenn Wasser in der Zw durchschlägt, ist $Z = Zw \cdot \dfrac{z}{\alpha}$. Z. B. für den Sirup Nr. 5 ist die Durchschlagzeit $Z = 1 \cdot \dfrac{146}{0,74} = 200$ Sekunden, wenn die des Wassers 1 Sekunde betragen würde.

Wasser, mit seiner großen Oberflächenspannung, aber geringen Zähigkeit, dringt schnell durch; Wismarer Speisesirup langsamer; Fudickar-Rübensirup am langsamsten.

Schon auf S. 5 habe ich den günstigen Einfluß der Oberflächenspannung auf die Aufnahme der Säfte durch den tierischen Körper, auf die Verdauung erwähnt. Reiner Zucker beeinflußt die Oberflächenspannung fast gar nicht; eine gesättigte Zuckerlösung zeigt deshalb eine solche, die nahe bei $\alpha = 1$ liegt. Die nützliche niedrige Oberflächenspannung entsteht demnach nur aus den anderen, somit wertvollen Bestandteilen des Rübensirups. *Traube* bestimmte aus der Tropfenzahl die Oberflächenspannung des Mageninhalts zu 0,85—0,79, des Blutes zu 0,917—0,893 und des Urins zu 0,98—0,87, woraus sich die Wirkung der Osmose (S. 5) auf die Bewegung der Säfte durch den Körper begründet. Zu den Messungen benutzte *Traube* sein Stalagmometer (s. Prof. *J. Traubes* kapillaranalytische Apparate und ihre Anwendung, Sonderliste Nr. 65/1916 von C. Gerhardt, Bonn, mit eingehender Quellenangabe). Dieser Tropfapparat besteht aus einer durch zwei Marken abgegrenzten Glaskugel, an die eine Capillarröhre anschließt, die das Abtropfen verlangsamt, sowie einer sorgfältig abgeschliffenen Abtropffläche. Bei seiner Benutzung muß für völlige Reinheit der Abtropffläche gesorgt werden; sie darf nie mit dem Finger berührt werden und muß von Zeit zu Zeit mit einem heißen Gemisch von Kaliumbichromat und konzentrierter Schwefelsäure oder mit Kalilauge gereinigt werden. Die Flüssigkeit wird mit Hilfe eines Gummiballes oder einer Wasserstrahlpumpe angesogen.

Hier erkennt man so recht den Einfluß der aus dem Zellgewebe in den Saft eingetretenen Stoffe, sowie die Wirkung der sog. Melassebildner der Zuckerfabriken. Diese aus einem Sirup, der als Aufstrichmittel dienen soll, durch irgendwelche Reinigungsmittel vollständig zu entfernen, würde somit keine Verbesserung, sondern eine Verschlechterung seiner Eigenschaften als Brotaufstrichmittel bedeuten. Es kann deshalb nicht das Bestreben sein, einen blanken Sirup zu erhalten, der jene günstig wirkenden Stoffe nicht mehr besitzt.

Die von mir in einfachster Weise festgestellte Zähigkeit und Oberflächenspannung kann keine streng wissenschaftlichen Zahlen ergeben, aber, wie wir gesehen haben, gute, für die Praxis nützliche Vergleichszahlen, die es ermöglichen, bei der Herstellung des Rübensirups die günstigste Wirkung bestimmen zu können.

Bei den Messungen ist zu beachten. daß die Zähigkeit außerordentlich von der Temperatur abhängig ist. Mit zunehmender Temperatur nimmt sie ab; so ist z. B. beim Rübensirup Nr. 5 (Zahlenreihe XI) die Zähigkeit bei 80° C nur noch $^1/_6$ der bei 20°. Nur die bei einer bestimmten, gleichen Temperatur (bei meinen Versuchen 20° C) festgestellten Werte sind miteinander vergleichbar.

59. Die chemische Zusammensetzung des Rübensirups.

Über die Zusammensetzung des Rübensirups sind wenig Veröffentlichungen bekannt geworden. Seine Erzeugung in Kleinwirtschaften bedingte keine Untersuchungen, während größere Betriebe keinen Wert auf Veröffentlichungen über ihre Erzeugnisse legen. Besonders fehlen Untersuchungen über die verschiedenen Nichtzuckerstoffe im Rübensirup, im Zusammenhang mit der verarbeiteten Rübe, über ihren Einfluß auf die physikalische Beschaffenheit und ihren Wert für die Ernährung. Wichtig wären auch vergleichende Versuche über die Erzeugnisse nach den verschiedenen Arbeitsverfahren. Würde dieses Buch zur weiteren Verbreitung des Rübensirups und zu seiner größeren Erzeugung anregen, dann dürften sich auch bald Stellen finden, die weitere Untersuchungen anstellen.

An Hand der Untersuchungen kann der Hersteller die eigenen Erzeugnisse mit denen anderer vergleichen und verbessern, wo dies notwendig erscheint.

Die Nahrungsmittelchemiker bezwecken mit der Untersuchung dessen Echtheit und Unverfälschtheit, weniger die Nährbestandteile und ihren Nährwert festzustellen. Die Kenntnis der Zusammensetzung guter Rübensirupe bildet daher die Voraussetzung für die Unterscheidung von echten und verfälschten Sirupen.

König (Z. f. analyt. Ch. 1889, S. 408) berichtet über Untersuchungen von Rübensirupen nach Zahlenreihe XII, die lange Zeit für die Nahrungsmittelchemiker als Grundlage zur Beurteilung dienten.

Das Körnigwerden der Probe 2 wird nach *König* durch langsames Einkochen vermieden. Dies ist aber nur bedingt richtig, wenn die beim langsamen Einkochen eintretende längere Wirkung der Säure bei den höheren Temperaturen auch die Inversion genügend weit, aber auch nicht zu weit bringt, nach Abschnitt H. Die Sirupproben Nr. 2 und 3 hatten längere Zeit in nur mit Papier bedeckten Gefäßen im Laboratorium gestanden, wodurch vielleicht der hohe Säuregehalt mit bedingt sein kann. Für die Polarisation im Halbschattenapparat wurden 10 g Sirup in 100 ccm Wasser gelöst, mit 10 ccm basisch essigsaurem Blei gefällt und im 220-mm-Rohr *Ventzke-Soleil* polarisiert.

Aus dem auf S. 47 erwähnten Preßsaft gewann *Claassen* (Centralblatt 1908, S. 523) in der rheinischen Rübensirupfabrik Sirup folgender Zusammensetzung: Wassergehalt 25 bis 26 Proz., Polarisation $+35,2$, Inversionspolarisation $-33,0$, Invertzucker nach der Kupfermethode 33,0 Proz., Asche

5,04 Proz., Säure 21 ccm auf 100 g. *Claassen* macht darauf aufmerksam, daß die Analyse dieser stark invertierten, hoch erhitzten Sirupe große Schwierigkeiten bereitet. Der hohe Säuregehalt kommt von dem für die Inversion erfolgten Zusatz von Schwefelsäure zum Preßsaft her (auf 100 kg Rüben etwa 70 g). Die Krautpresse (Sirupfabrik) hatte 2 kupferne Kessel zum Kochen der Rüben, 2 hydraulische Pressen, 2 kupferne, offene Kessel zum Eindicken des Saftes und einen Behälter, in dem der fertige Sirup abkühlt, ehe er in die Fässer gefüllt wird. Sämtliche Kessel werden über direktem Feuer erhitzt, und können mit jeder Füllung 600 bis 700 kg Rüben verarbeitet werden. Die Arbeitsweise unterscheidet sich von der schlesischen wesentlich dadurch, daß die gekochten Rüben nicht geschält werden. Hierdurch und durch die Verarbeitung halb zuckerreicher Rüben wird ein Sirup von weniger feiner Qualität erzielt. Ein Muster rheinischen Rübenkrautes aus dem Jahre 1917

Zahlenreihe XII.

	Rübensirup, dessen Ursprung und Herstellungsjahr	Wasser	Invertzucker (I), nach *Fehling*	Rohrzucker[1] (R) nach der Inversion bestimmt	Säure, als Apfelsäure berechnet	Stickstoff	Nichtzuckerstoffe	Mineralstoffe (Asche)	Phosphorsäure	Kali	Kalk	Magnesia	Polar. Drehung der Lösung 1 : 10 im Halbschattenapparat
					in Prozenten								
1	Aus dem Rheinland, 1886	28,06	13,67	51,09	0,282	0,717	2,42	4,48	0,319	1,9	—	—	+6° 40′
2	Aus Westfalen, 1887, körnig, scheidet Zucker aus	28,69	20,74	40,20	1,89?	0,921	4,74	3,74	0,372	1,54	0,142	0,191	+5° 50′
3	Aus Westfalen, 1887, blank, scheidet keinen Zucker aus	26,46	22,64	37,76	2,029	0,866	7,59	3,52	0,390	1,36	0,110	0,163	+4° 25′
4	Aus dem Rheinland, 1888	28,9	18,06	43,51	1,156	0,514	5,30	3,07	0,480	1,25	0,070	0,196	5° 6′
5	Aus Westfalen, 1888	27,96	14,12	45,60	1,688	0,620	6,43	4,20	0,537	1,38	0,094	0,259	+6° 0′
6	Im Mittel	28,01	17,85	43,63	1,409	0,727	5,30	3,80	0,419	1,49	0,296	0,202	+5° 36′

[1] In wissenschaftlichen Werken wird die Saccharose, der reine Zucker meistens mit R o h r zucker bezeichnet, auch dann, wenn er aus Zuckerrüben gewonnen wird und somit R ü b e n zucker ist. Es war dies eine notwendige Übung, als noch nicht allgemein die Überzeugung durchgedrungen war, daß der Rohrzucker nichts anderes ist als der Rübenzucker und ersterer in seiner vollen Reinheit zuerst bekannt war. Jetzt sehe ich aber keine Notwendigkeit vorliegen, immer und immer wieder für tropische Erzeugnisse Reklame zu machen gegen einheimische Erzeugnisse, indem man jene immer als Maßstab für diese wählt, ganz abgesehen davon, daß manche nicht verstehen werden, wie in die Rübensirupe Rohrzucker hineinkommt.

war tief dunkelbraun, glänzend (doppelt so dunkel als schlesischer Sirup), hatte einen stark karamelbonbonartigen Geschmack, sonst fast gar nicht an Rüben erinnernd, war bitter, reizend und wenig süß.

In seiner schon auf S. 75 erwähnten Arbeit über die Herstellung klarbleibender Speisesirupe (Zeitschr. d. V. d. d. Zucker-Ind. 1895) gibt Prof. Dr. *A. Herzfeld* auch einige Analysen über Rübensirupe, die aus Zuckerrüben hergestellt waren. Zum Vergleich führe ich auch eine Analyse einer flüssigen Raffinade an, die sich dauernd vollkommen klar erhält, ohne jede Auskrystallisation.

Zahlenreihe XIII.

	Probe 1 Flüssige Raffinade von Sachsenröder & Gottfried	Probe 2 Unreiner Rüben- sirup	Probe 3 Reiner Sirup aus einer Rübensirup- fabrik
Brix	76,0	78,7	79,2
Direkte Polarisation	+ 29,3	+ 18,1	+ 20,6
S_{20} (Inversionspolarisation) . . .	— 24,3	— 20,55	— 16,95
Zucker nach *Clerget*	40,40	29,13	27,89
Invertzucker mit Kupferlösung (I)	39,0	39,18	46,87
Invertzucker, optisch berechnet .	35,71	—	—
Gesamtzucker als Saccharose mit Kupferlösung[1])	74,6	68,0	75,5
Daraus Saccharose (R)	37,55	30,77	30,97
Asche	0,122	3,75	0,15
Bemerkungen	hält sich ohne Trübung	krystallisiert ziemlich stark	krystallisiert etwas langsamer
Verhältnis $\dfrac{R}{I}$	0,96 : 1	0,76 : 1	0,66 : 1

Die beiden Rübensirupe nach Probe 2 und 3 sind überinvertiert. Das Verhältnis $\dfrac{\text{Rübenzucker}}{\text{Invertzucker}}$ ist 0,76 : 1 bzw. 0,66 : 1, während es etwa 1 : 1 sein sollte. Bei diesen Sirupen wird deshalb der in bedeutendem Überschuß vorhandene Invertzucker früher oder später auskrystallisieren.

H. Eggebrecht macht einige Angaben über die Rübensirupherstellung in der Provinz Sachsen (Centralblatt 1910, S. 946). Großbetriebe, die bis 15 000 t Rüben in der jährlichen Betriebszeit verarbeiten, sind damals noch Ausnahmen, die meisten sind kleine Betriebe, die nur 200 bis 2000 t verarbeiten. Dies erklärt, daß die hergestellten Erzeugnisse nicht einheitlich sind und eine verschiedene Zusammensetzung zeigen, gemäß den nachstehenden Untersuchungen.

---

[1] Zu den Analysen ist zu bemerken, daß die optischen Bestimmungen der Saccharose, besonders aber des Invertzuckers, gegenüber den gewichtsanalytischen zum Teil nicht unerheblich differieren. Es ist dies darauf zurückzuführen, daß der vorhandene reduzierende Zucker nicht das Drehungsvermögen chemisch reinen Invertzuckers besitzt, sondern wie die meisten praktischen Produkte vor und nach der Inversion schwächer nach links dreht.

Zahlenreihe XIV.

Nr.	Spez. Gewicht	Brix	Beaumé	Polarisation	Asche %	Säuregehalt ccm $^1/_{10}$-n-L.	Wasser %	Rohrzucker %	Invertzucker %	Gesamtzucker %	Rohrzucker Invertzucker
1	1,4103	79,2	41,9	46,8	3,9	18,0	—	34,4	12,6	47,00	2,8 : 1
2	1,4005	77,7	41,2	38,0	4,3	14,1	22,4	39,0	9,75	48,75	4,0 : 1
3	1,4026	78,0	41,3	45,8	2,9	19,2	21,3	45,1	10,0	55,10	4,5 : 1
4	1,4203	80,7	42,6	47,9	6,6	15,2	19,4	47,7	7,6	55,30	6,3 : 1
5	1,4198	80,6	42,6	48,4	6,4	15,3	19,6	47,6	8,0	55,6	6,0 : 1
6	1,4054	78,4	41,5	43,9	4,5	17,0	21,8	45,8	11,3	57,1	4,0 : 1

Über die Art der Bestimmung der Analysen sei auf den Originalartikel verwiesen. Der Säuregehalt wurde in Kubikzentimeter für 100 g mit $^1/_{10}$-Normalnatronlauge festgestellt. Das spez. Gewicht wurde durch Pyknometerfläschchen bestimmt.

Die Wasserbestimmung erfolgte mit reichlicher Sandzugabe unter Trocknung bis 95° C in 20 Stunden. Die Zahlen stimmen mit den gespindelten teilweise gut überein.

E. weist auf die Fälschungen hin, denen diese Rübensirupe durch Melasse und andere Abläufe der Zuckerherstellung unterliegen. Nach seinem Dafürhalten kann der Zusatz von Melasse leicht durch den höheren Aschegehalt nachgewiesen werden. So glaubt er, daß z. B. Nr. 4 und 5 mit invertierter Melasse gemischt seien, wobei er als Beweis den hohen Aschegehalt, die überaus dunkle Farbe und den Geschmack ansieht.

Nachstehend will ich auf die bei der Verfälschung durch Melasse zu erwähnenden Untersuchungen von *G. Heuser* und *C. Haßler* (S. 125) eingehen. Sie untersuchten Melassen, um diese den ebenfalls untersuchten Rübensirupen gegenüberstellen zu können. Besonders prüften sie deshalb auch solche von einwandfreier Beschaffenheit, die ihnen von Vertretern des rheinischen Rübenkrautverbandes zur Verfügung gestellt wurden. Die damals (1911/12) dort übliche Arbeitsweise ist folgende:

Die gewaschenen Zuckerrüben werden in Dampffässern die meistens 1750 kg fassen, unter einem Druck von $1^1/_2$ bis 2 Atm mittels direkten Dampfes gekocht. Nach etwa 3 Stunden werden die gargedämpften Rüben ausgepreßt und der Saft nach Zusatz von gemahlener Braunkohle durch Filterpressen, welche mit doppeltem Köpertuch versehen sind, filtriert und dann im Vakuum eingekocht.

Bei der Untersuchung geschah die Bestimmung der einzelnen Bestandteile wie folgt:

1. **Saccharose (Rübenzucker), Invertzucker, Mineralstoffe, Säure, Pentosane und Stickstoff** wurden nach den allgemein üblichen Weisen bestimmt. Extrakt und Wasser wurden aus dem spez. Gewicht der 10 proz. Lösung nach der von *Windisch* (s. Literaturverzeichnis S. 138) für Fruchtsäfte aufgestellten Tabelle ermittelt. *Sutthof* und *Großfeld* (Z. f. d. U. s. N. 1914, S. 184) hatten sich überzeugt, daß dies Verfahren auch für aschereiche Melasse brauchbare Werte gibt, indem sie eine Probe in einem mit Seesand beschickten Schälchen bei 105° trockneten.

2. **Phosphorsäure:** Zur Veraschung wurden 15 g Sirup mit 1,5 g Magnesiumoxyd innig gemischt. In der mit Säure aufgenommenen Asche wurde die Phosphorsäure in der üblichen Weise nach der Molybdänmethode bestimmt.

3. **Klärung zur Polarisation.** Als geeignetes Mittel erschien immer noch Bleiessig und spätere Ausfällung desselben mit gesättigter Kaliumsulfatlösung. Es muß nach dem Zusatz der einzelnen Stoffe kräftig geschüttelt werden. Auch ist darauf zu achten, daß genügend Überschuß an Kaliumsulfat zugesetzt wird und die gefällte Flüssigkeit

zum Absetzen des Niederschlags hinreichend Zeit hat. Während die Melassen und die verdächtigen Sirupe gut bzw. leicht zu behandeln waren, machten die reinen Rübensirupe vielfach große Schwierigkeiten; es mußte infolgedessen hier häufig mit geringerer als 10 proz. Lösung gearbeitet werden. *Sutthof* und *Großfeld* erzeugten bei dem Rübenkraut dadurch klare Lösungen, daß sie dem Zusatz der übrigen Reagenzien Taninlösung, und zwar $^1/_{10}$ vom Gewicht der Substanz zusetzten. Der Zuckergehalt der Lösungen wird dabei, wie Versuche ergaben, so gut wie gar nicht beeinflußt.

4. **Alkalität.** Da bei den Rübensirupen die Alkalien, vor allem das Kali, in der Asche reichlich vorhanden sind, so wurde die Bestimmung der Aschenalkalität in 2 Phasen ausgeführt, und zwar zuerst in dem wasserlöslichen und dann in dem säurelöslichen Teil. Hierzu wurde die Asche zunächst mit heißem Wasser ausgezogen; das Filtrat wurde nach Zusatz einer entsprechenden Menge $^1/_{10}$-n-Natronlauge im Erlenmeyer-Kolben mit aufgesetzter Birne erhitzt, bis die Kohlensäure entwichen war; dann wurde mit $^1/_{10}$-n-Natronlauge zurücktitriert. In derselben Flüssigkeit ließ sich dann das Kali nach der Perchloratmethode bestimmen. Der unlösliche Teil der Asche wurde nach dem Verbrennen des Filters mit $^1/_{10}$-n-Säure erwärmt und der Überschuß mit $^1/_{10}$-n-Alkalilauge zurückgemessen.

Die Ergebnisse der von ihnen in der angegebenen Weise untersuchten Rübensirupe und Melassen sind in den nachstehenden Zahlenreihen zusammengestellt. Reihe XV enthält die Melassen, von denen Nr. 3 als Strontianmelasse bezeichnet war. Reihe XVI enthält die als garantiert rein übermittelten Rübensirupe. Dieser habe ich auch Zahlen über eine gewöhnliche

Zahlenreihe XV.

Rübenzucker-Melassen.

Bezeichnung (Erntejahr)	Nr. 1 (1911)	Nr. 2 (1911)	Nr. 3 (1912) (Strontian-melasse)
Geschmack	Stark bitter, kratzend widerlich	Bitter, nicht ganz so stark wie Nr. 1	Kaffeeähnlich, fast widerlich süß etwas scharf;
Spezifisches Gewicht der Lösung 1 : 10 . .	1,0310	1,0308	1,0305
Extrakt nach *Windisch* . . . . %	77,8	77,3	76,6
Wasser . . . . ,,	22,2	22,7	23,4
Polarisation der 10 proz. Lösung (vor der Inversion	$+5,9°$	$+7,0°$	$+8,8°$
(nach der Inversion	$-2,2°$	$-2,4°$	$-0,3°$

Prozente der Trockensubstanz.

Invertzucker . . . . %	0,32	1,52	0,72
Saccharose (Rübenzucker) . . . . ,,	61,67	69,91	67,76
Pentosane. . . . . ,,	0,73	0,67	0,31
Stickstoff . . . . ,,	3,040	2,220	0,578
Reaktion	alkalisch	neutral	alkalisch
Säureverbrauch (N.-Säure auf 100 g Trockengehalt)	5,6 ccm	—	5,6 ccm
Mineralstoffe (Asche) . . . . %	11,68	9,94	9,28
Phosphorsäure (P_2O_5) . . . . ,,	0,0249	0,0349	0,0208
Kali (K_2O) . . . . ,,	5,30	5,82	2,25
Alkalität der Asche, berechnet auf 100 g Substanz (Verbrauch an ccm N.-Säure) a) wasserlösliche	96,9 ccm	91,8 ccm	34,2 ccm
b) säurelösliche	29,8 ,,	10,0 ,,	27,7 ,,

Füllmasse einer Rübenzuckerfabrik beigefügt, umgerechnet auf 80 Proz. Wasser, um einen Vergleich zu ermöglichen. Schließlich enthält die Reihe XVII alle möglichen Proben des Handels. Die Analysenwerte sind, um für die Beurteilung ein einheitliches Bild zu gewinnen, auf den Trockengehalt umgerechnet.

Wie ein Blick auf die Zahlenreihe XVI zeigt, ist der Durchschnittsgehalt an Phosphorsäure und Asche bei den untersuchten Proben erheblich niedriger als bei den früheren Rübensirupen; desgleichen ist die freie Säure der Menge nach geringer. Invertzucker und Rübenzucker (Saccharose) sind teilweise fast gleich, vielfach überwiegt aber der Invertzucker, während bei den alten Analysen meist nur halb soviel Invertzucker wie Saccharose ermittelt worden ist. Dementsprechend ist bei den Krauten neueren Datums auch die Drehung des polarisierten Lichtstrahls vor der Inversion geringer. Es ist denkbar, daß diese Abweichungen, abgesehen von dem verschiedenen Ausfall der Ernten usw., ihren Grund in einer gegen früher geänderten Herstellungsweise

Zahlenreihe XVI.

Echte Rübenkraute.

Bezeichnung (Erntejahr)	Nr. 4 (1911)	Nr. 5 (1911)	Nr. 6 (1911)	Nr. 7 (1912)	Nr. 8 (1912)	
Geschmack	kraut- ähnlich angenehm	etwas säuerlich, sonst wie Nr. 4	wie Nr. 5	ange- nehm wie Nr. 4	ange- nehm säuerlich wie Nr. 5	Füllmasse aus einer Rüben- zuckerfabrik von 4,72% Wasser auf 20% Wasser umgerechnet
Spez. Gewicht der Lösung	1,0313	1,0322	1,0312	1,0318	1,0305	—
Extrakt nach *Windisch* %	78,5	80,7	78,3	79,7	76,6	—
Wasser . . . . „	21,5	19,3	21,7	20,3	23,4	20
Polarisation der 10 proz. Lösung — a) vor der Inversion °	$+1,9$	$+2,2$	$+3,1$	$+1,0$	$+3,0$	—
b) nach der Inversion °	$-2,5$	$-2,7$	$-2,2$	$-2,2$	$-2,0$	—
Auf 100 Tl. des Trockengehaltes.						
Invertzucker . . . . . %	49,48	42,13	39,33	51,82	48,38	—
Saccharose (Rüben- zucker) . . . . „	35,72	38,29	43,14	33,03	36,03	93,5
Pentosane . . . . „	7,39	7,69	8,05	7,02	7,31	4,4
Stickstoff . . . . „	0,864	0,731	0,817	0,840	0,516	0,37
Freie Säure als Apfel- säure berechnet . . . „	0,802	0,764	0,693	0,464	0,595	—
Mineralstoffe (Asche) . „	2,47	2,46	3,41	2,84	2,46	2,21
Phosphorsäure (P_2O_5) „	0,2688	0,2106	0,2478	0,3014	0,2331	0,005
Kali (K_2O) . . . . . „	1,100	0,979	1,188	0,916	0,913	1,25
Alkalität der Asche, be- rechnet auf 100 g Sub- stanz (Ver- brauch an ccm N.-Säure) — a) wasserlös- liche ccm	19,80	16,11	21,45	22,08	14,36	—
b) säurelös- liche ccm	11,47	13,88	14,05	—	7,83	—

haben (die früheren Sirupe wurden nur durch Kochen ohne Druck der Rüben erhalten), oder aber auch darin, daß die früher untersuchten Rübensirupe aus selbst abgepreßten Rübensäften im kleinen hergestellt worden sind. Immerhin sind diese neuen Verhältnisse bei der Beurteilung zu berücksichtigen, vor allem aber betr. der Werte für Phosphorsäure und Asche.

Ein Vergleich der Zahlenreihe XV und XVI zeigt, daß der Nachweis von Melassezusatz zu Rübenkraut sehr gut möglich ist, falls dieser nicht in zu geringer Menge erfolgt ist. Demgegenüber bleibt zu beachten, daß nach den vorher mitgeteilten Versuchen sich ein größerer Zusatz von Melasse geschmacklich sehr übel bemerkbar macht. Ausschlaggebend bei der Beurteilung sind nach den Zahlen der beiden Zahlenreihen XV und XVI die Werte für Phosphorsäure, Asche und Pentosane, während der Kali- und auch Stickstoffgehalt, sowie die Alkalität der wasserlöslichen Asche in gewissen Fällen zur Unterstützung herangezogen werden können.

Zahlenreihe XVII.

Rübenkraut des Handels.

Bezeichnung (Erntejahr)	Nr. 9 (1911)	Nr. 10 (1911)	Nr. 11 (1912)	Nr. 12 (1912)	Nr. 13 (1912)	Nr. 14 (1912)	Nr. 15 (1912)	Nr. 16 (1912)	Nr. 17 (1911)
Geschmack	säuerlich erfrisch., angenehm	angenehm krautähnlich	karamelartig, mit kratzendem Nachgeschmak			stark karamel- und sirupartig mit bitterem Nachgeschmack			—
Spez. Gew. der Lösung 1:10	1,0303	1,0318°	1,0306	1,0306	1,031	1,0318	1,0307	1,0310	1,0302
Extrakt nach *Windisch* %	76,1	79,7	76,8	76,8	77,8	79,7	77,0	77,8	65,8
Wasser ,,	23,9	20,3	23,2	23,2	22,2	20,3	23,0	22,2	24,2
Polarisation der 10 proz. Lösung: a) vor der Inversion°	+ 3,5	+ 3,42	+ 4,2	+ 4,4	+ 5,4	+ 5,12	+ 5,92	+ 5,5	+ 1,75
Polarisation der 10 proz. Lösung: b) nach der Inversion°	— 2,76	— 3,00	— 2,1	— 2,0	— 1,5	— 2,08	— 1,2	— 1,98	— 1,6

Auf 100 Tl. des Trockengehaltes.

	Nr. 9 (1911)	Nr. 10 (1911)	Nr. 11 (1912)	Nr. 12 (1912)	Nr. 13 (1912)	Nr. 14 (1912)	Nr. 15 (1912)	Nr. 16 (1912)	Nr. 17 (1911)
Invertzucker %	34,01	33,01	29,01	29,01	23,98	23,57	20,97	20,8	54,1
Saccharose (Rübenzucker) ,,	50,52	43,98	47,22	47,22	53,12	49,52	53,33	52,78	30,1
Pentosane ,,	3,69	5,02	6,47	6,21	4,96	4,06	4,59	4,59	—
Stickstoff ,,	0,841	0,871	0,885	0,768	0,753	0,857	0,725	0,825	0,992
Freie Säure, als Apfelsäure berechnet ,,	1,520	0,941	0,523	0,523	0,449	0,672	0,574	0,586	1,194
Mineralstoffe (Asche) ,,	2,52	2,83	4,77	4,76	5,66	5,97	5,55	5,48	3,48
Phosphorsäure (P_2O_5) ,,	0,284	0,285	0,155	0,155	0,181	0,160	0,169	0,180	0,284
Kali (K_2O) ,,	1,012	0,889	1,992	1,992	2,223	1,774	1,741	1,568	—
Alkalität der Asche, berechnet auf 100 g Substanz. (Verbrauch an ccm N.-Säure) a) wasserlösliche ccm	19,19	16,56	41,67	40,88	46,53	40,60	52,76	56,94	—
Alkalität der Asche, berechnet auf 100 g Substanz. (Verbrauch an ccm N.-Säure) b) säurelösliche ccm	15,24	18,32	11,98	11,98	22,88	22,33	17,66	9,89	—

Unter Berücksichtigung dieser Umstände scheinen von den Rübensirupen der Zahlenreihe XVII nur die Proben Nr. 9, 10 und 17 einwandfrei zu sein, und zwar auf Grund der Werte für Phosphorsäure und Asche. Die für die Pentosane gefundenen Werte wirken hier etwas verwirrend; während nämlich die als echt anzusprechenden Rübensirupe verhältnismäßig wenig Pentosane enthalten, haben zwei der verdächtigen Sirupe (Nr. 11 und 12) sogar ziemlich hohe Werte. Möglicherweise hat dies seinen Grund wieder in der Verschiedenheit des bei der Herstellung angewendeten Verfahrens, und ist es nicht ausgeschlossen, daß bei Anwendung von Dampfdruck der Pentosangehalt infolge intensiverer Einwirkung auf die Pflanzenfaser steigt. Jedenfalls scheinen hiernach die Pentosane für die Beurteilung nur bedingten Wert zu haben. *Sutthof* und *Großfeld* (siehe weiter unten) fanden in den Melassen höchstens 1 bis 2 Proz. Pentosane, dagegen bei sämtlichen Rübensirupen über 7 Proz. der Trockensubstanz, so daß sie wohl als Merkmal dienen können. Doch ist hier die Möglichkeit eines Zusatzes furfurolliefernder Stoffe im Auge zu behalten.

Den Krauten Nr. 9, 10 und 17 gegenüber stehen die Proben 11 bis 16 mit niedriger Phosphorsäure, hoher Asche und teilweise sogar sehr reichlichem Kaligehalt; die dementsprechend hohe Aschenalkalität verstärkt den Verdacht des Melassezusatzes. Diese sämtlichen Sirupe sind aber auch von den Vertretern der Praxis auf Grund des Geschmacks als verfälscht bezeichnet worden, und auch sie haben sich überzeugt, daß hier tatsächlich den echten und anscheinend einwandfreien Rübensirupen der Zahlenreihe XVI und XVII gegenüber ein erheblicher Unterschied vorliegt. Diese hatten nämlich einen angenehmen, teilweise etwas fruchtsäureähnlichen Rübensirupgeschmack während jene einen sirup- bis karamelartigen Geschmack mit etwas bitterer, teilweise kratzender Nachwirkung aufwiesen, der wohl an Melassezusatz erinnern konnte. Man wird daher dieser geschmacklichen Beurteilung ihre Bedeutung nicht absprechen können und ihr volle Aufmerksamkeit widmen müssen.

Als weiteres Moment zur Beurteilung könnte noch das Verhältnis der Phosphorsäure zur Asche dienen, welches in der Zahlenreihe XVIII angegeben ist.

Zahlenreihe XVIII.

Nr.	Bezeichnung	Phosphorsäure (P_2O_5) der Asche %		Nr.	Bezeichnung	Phosphorsäure (P_2O_5) der Asche %
1	Melasse	0,213	Mittel 0,272	9	Rübensirup des Handels	11,26
2		0,224		10		10,08
3		0,351		11		3,25
				12		3,26
4	Echtes Rübenkraut	9,47	Mittel 9,36	13		3,26
5		10,61		14		2,68
6		7,26		15		3,05
7		8,58		16		3,28
8		10,88		17		8,16

Aus dieser Zahlenreihe XVIII ist ersichtlich, daß bei Melassen das Verhältnis der Phosphorsäure zur Asche den echten Rübensirupen gegenüber verschwindend klein ist, und es fallen die aus verschiedenen Gründen schon verdächtig bezeichneten Sirupe Nr. 11 bis 16 durch ihre geringe Verhältniszahl auf. Nach den vorliegenden Ergebnissen wird man daher bei einem Phosphorsäuregehalt der Asche unter 5 Proz. mit ziemlicher Sicherheit auf Melassezusatz schließen können. Dies bestätigen auch *Sutthof* und *Großfeld* (Z. f. d. U. v. N. 1914, S. 185), nach welchen der Gehalt an Phosphorsäure (berechnet auf 100 Tl. Asche) ein sicheres Kennzeichen für die Beurteilung sei. Dieses Verhältnis scheint bei Melasse stets weiter als 1 : 100 zu sein; in den Strontianmelassen, sowie dem aus Strontianmelasse hergestellten Hildesheimer Speisesirup, fanden sie keine wägbaren Mengen an Phosphorsäure. Dagegen fanden sie bei Obstkraut 4,75 bis 7,81 Tl. Phosphorsäure, und beim Rübenkraut liegt er nach den bisherigen Versuchen nicht unter 7 Proz. Dieses durch die Ausfällung der Phosphorsäure durch die Kalk- bzw. Strontianbehandlung hervorgerufene Verhältnis erscheint beweiskräftiger als der Gesamtaschen- und deren Kaligehalt und ist, was für die Praxis von Bedeutung ist, gegenüber dem letzteren leichter feststellbar. Jedoch bleibt denkbar, daß geschickte Fälscher einem Melassegemisch durch einfachen Phosphorzusatz leicht einen normalen Phosphorsäuregehalt geben könnten. Er würde auch beeinflußt, wenn man, wie jetzt vorgeschlagen wird, zum Zwecke der Inversion Phosphorsäure verwendet.

Sutthof und *Großfeld* (Z. f. d. U. v. N. 1914, S. 190) untersuchten ebenfalls verschiedene Melassen, um Vergleichswerte zu erhalten, und Rübensirupe. Von den letzteren soll Nr. 6 aus gekochten, dagegen 7 und 8 aus gedämpften Rüben, nach der schon auf S. 112 angegebenen Arbeitsweise hergestellt sein.

Zahlenreihe XIX.

Nr.	Bezeichnung der Probe	Gesamt-stickstoff %	Durch Phosphorwolframsäure fällbarer Basenstickstoff, ermittelt im Filtrat der Klärung mit			
			Bleiessig und Tannin		Uran-acetat %	Eisen-acetat %
			nach 1 Tag %	nach 3 Tagen %		
6	Rübensirup	0,516	0,117	0,102	0,174	0,218
7	Rübensirup	0,543	0,100	0,119	0,143	0,192
8	Rübensirup	0,578	0,108	0,106	0,165	0,180
	Mittel von Nr. 6—8	0,546	0,108	0,109	0,161	0,197
9	Apfelkraut	0,285	0,036	0,107	0,107	0,107
10	Birnenkraut	0,106	—	0,023	0,056	0,042
11	Strontianmelasse	0,471	0,196	0,211	0,356	0,278
12	Hildesheimer Sirup	0,434	0,200	0,223	0,285	0,263
13	„Rübensirup", zur Hälfte aus gereinigter Strontianmelasse bestehend	0,546	0,136	0,186	0,304	0,291
14	Rübensirup, wahrscheinlich Strontianmelasse enthaltend	0,429	0,063	0,109	0,213	0,185

Zahlenreihe XX.

Nr.	Bezeichnung der Proben	Wasser %	Drehung der Lösung 1:10 im 200-mm-Rohr vor der Inversion °	nach der Inversion °	Spez. Drehung des invertierten Zuckers °	Alkalität der Asche (ccm N.-Lösung auf 100 g Substanz)	Re-aktion	Gesamt-stickstoff %	Invert-zucker %	Saccharose (Rüben-zucker) %	Pentosane %	Asche %	Strontium-oxyd (SrO)	Calcium-oxyd (CaO)	Magnesium-oxyd (MgO)	Kalium-oxyd (K₂O)	Phosphor-säure (P₂O₅)	Phosphor-säure in Proz. der Asche %
	Mittel von Nr. 1—5	20,8	+ 6,46	— 2,16	— 21,3	109,4	0,078	2,135	0,0	61,85	2,08	11,27	nicht nachweisbar	0,664	0,051	5,156	0,041	0,38
6	Kraut aus gekochten Rüben	22,9	+ 4,16	— 2,14	— 16,3	20,8	Säure = %Apfelsäure 0,904	0,516	40,52	42,33	9,09	2,05	„	0,104	0,337	0,817	0,311	15,17
7	Kraut aus gedämpften Rüben, im Vakuum eingedickt	21,0	+ 2,86	— 2,30	— 17,7	21,6	1,086	0,543	73,26	8,47	8,35	2,34	„	0,456	0,278	1,063	0,215	9,19
8		20,0	+ 1,64	— 2,20	— 16,2	19,6	1,189	0,578	56,85	26,46	8,64	2,50	„	0,188	0,263	1,175	0,200	8,00
	Mittel von Nr. 6—8	21,3	+ 2,89	— 2,21	— 16,7	20,7	1,060	0,546	56,88	25,75	8,69	2,30	„	0,249	0,293	1,018	0,242	10,79
9	Apfelkraut	50,5	— 3,20	— 3,50	— 46,6	16,6	3,574	0,285	72,40	4,38	4,87	3,41	„	0,121	0,101	0,261	0,162	4,75
10	Birnenkraut	22,9	— 5,72	— 6,60	— 64,2	10,5	0,843	0,106	58,73	7,50	2,37	1,89	„	0,052	Spuren	0,951	0,149	7,81
11	Strontianmelasse	21,7	+ 9,20	+ 0,12	+ 1,14	71,7	Alkalität = % SrO 0,040	0,471	Spuren	63,92	1,86	8,52	1,427	1,191	0,038	2,120	0,0	0,0
12	Hildesheimer Sirup, aus Strontianmelasse hergestellt	18,5	+ 9,86	+ 0,08	+ 0,68	96,2	neutral 0,434	„	68,87	1,95	9,12	0,047	0,056	0,036	2,086	0,0	0,0
13	„Rübensirup", zur Hälfte aus gereinigter Strontianmelasse bestehend	19,8	+ 6,28	— 1,40	— 11,9	60,5	Säure = %Apfelsäure 0,535	0,546	22,74	48,81	4,89	6,23	0,409	0,522	0,112	1,895	0,037	0,59
14	Rübensirup, wahrscheinlich Strontianmelasse enthaltend	23,6	+ 5,50	— 1,94	— 15,6	34,7	0,719	0,429	27,97	50,59	5,48	4,32	0,161	0,323	0,287	1,728	0,157	3,63

Sie bestimmten Kalk und Strontian, nachdem bei den phosphorsäurehaltigen Proben die Phosphorsäure zunächst nach der Acetatmethode abgeschieden war, als Carbonat ausgefällt und als Nitrate durch ein Gemisch gleicher Teile Alkohol und Äther getrennt.

Sie versuchten auch den Betain-Stickstoff zu bestimmen, der sich zur Unterscheidung der Rübensirupe von den Melassen wohl eignet, denn er ist durchweg so hoch wie der Gesamtstickstoff in den Rübensirupen. Jedoch ist die Trennung zu umständlich und für die Laboratoriumspraxis ungeeignet. Sie gingen daher zu Versuchen über, um den durch Phosphorwolframsäure fällbaren Basenstickstoff in Vergleich zu bringen. Die Ergebnisse sind in der Zahlenreihe XIX zusammengestellt. Danach wird vom Gesamtstickstoff als Basenstickstoff ausgefällt nach der Tannin-Bleiessigklärung bei Melassen rund die Hälfte, beim Rübenkraut rund ein Fünftel. Die Zahlenreihe XX zeigt noch eine Zusammenstellung ihrer Versuchsergebnisse, die einen guten Vergleichsüberblick über verschiedene Sirupe ergeben.

Wie wichtig es ist, sich das Verhalten der Bestandteile der Zellmembran klarzumachen, zeigt *J. König* (Z. f. U. d. N.- u. G. 1913, Bd. 26, S. 281). Zu diesen Untersuchungen wurde er veranlaßt, nachdem er von verschiedenen Seiten darauf hingewiesen wurde, daß das Obstkraut und der Rübensirup eine andere Zusammensetzung angenommen haben und andere Konstanten zeigen als die, welche früher zugrunde gelegt wurden. Neuere, von der Techn. Prüfungsanstalt, der Lehranstalt in Geisenheim und der Versuchsstation in Münster i. W. ausgeführte Untersuchungen ergaben im Vergleich mit den früheren z. B. folgende mittlere Zusammensetzung:

Zahlenreihe XXI.

	Wasser	In der Trockensubstanz:							Verhältnis
		Invertzucker	Saccharose	Stickstoff	Säure = Apfelsäure	Asche	Phosphorsäure	Drehung der Lösung 1:10 im 200-mm-Rohr (Laurent)	$\frac{R}{I}$
	%	% (I)	% (R)	%	%	%	%		
Obstkraut: früher .	34,85	81,31	4,24	0,31	3,48	2,95	0,247	— 6,85°	
jetzt. .	28,81	62,42	9,61	0,20	2,51	2,68	0,154	— 5,68°	
Rübensirup: früher	28,01	24,79	60,60	1,09	1,94	5,28	0,582	+ 7,45°	2,5 : 1,0
jetzt .	18,78	42,22	37,74	0,47	1,16	2,73	0,357	+ 3,47°	0,9 : 1,0

Wie man sieht, hat sich die Zusammensetzung der beiden Krautsorten gegenüber den Erzeugnissen vor 20 bis 30 Jahren wesentlich geändert und sind die Unterschiede zwischen Obstkraut und Rübensirup, was den Gehalt an Zuckerarten, Stickstoff, Asche, Phosphorsäure u. a. sowie das Drehungsvermögen anbelangt, mehr und mehr ausgeglichen. Es wird dies seinen Grund sowohl in der Veredlung der Rohstoffe (Äpfel und Rüben) als auch besonders in der Verarbeitung (längeres Kochen, stärkeres Pressen) haben. In früherer Zeit wurden die Zuckerrüben nämlich einfach gekocht und gepreßt; jetzt werden sie aber vielfach unter Druck gedämpft, und es werden auf diese Weise Rübensirupe gewonnen, deren Beurteilung, wenn sie in alter Weise vorgenommen wird, einen Gehalt an Stärkesirup vortäuschen können. So ergaben zwei auf letztere Weise von *Fr. Fudickar*, Rommerskirchen, hergestellte Rübensirupe, von denen die erste Probe von *W. Fresenius* und *L. Grünhut*, die zweite Probe von *J. König* untersucht wurde, folgende Werte:

Zahlenreihe XXII.

Rüben-sirup	Trocken-gehalt %	Mineral-stoffe %	Alkalität der Asche von 100 g ccm N-Lauge	Freie Säure als Apfel-säure %	Polarisation (1 : 10) vor der Inversion im 200-mm-Rohr (Laurent)	nach	Spezielle Drehung des invertierten Extraktes	Vermeint-licher Zusatz von Stärkesirup %
Nr. 1	80,3	1,88	25,1	0,38	$+2{,}8°$	$-1{,}68°$	$-10{,}9°$	6,8
Nr. 2	77,6	1,59	16,0	0,43	$+2{,}4°$	$-1{,}96°$	$-12{,}6°$	5,5

Die Untersuchung zeigte also einen vermeintlichen Zusatz von 6,8 bzw. 5,5% Stärkesirup an, so daß dieser Rübensirup als mit Stärkesirup vermischt von Nahrungsmittelämtern beanstandet wurde, trotzdem Fudickar solche Mischungen nie lieferte und stets solche Verfälschungen unlauterer Wettbewerber bekämpfte.

In Wirklichkeit ließ sich aber in dem mit Bierhefe hergestellten Gärrückstand kein Stärkesirup nachweisen. Dagegen fanden *Fresenius* und *Grünhut* in der Probe Nr. 1 5,51 Proz. Pentosane und 2,04 Proz. Galaktose, die nur durch die beim Dämpfen unter Druck eintretende Hydrolyse aus dem Mark und der Zellmembran der Rüben gebildet sein können (siehe S. 27). Vorsicht bei der Beurteilung ist deshalb geboten.

Fr. und *Gr.* äußern sich darüber noch weiter in einem Gutachten (21. VI. 1912).

Die Polarisation der saccharimetrischen Normallösung (26 g zu 100 ccm) im 200-mm-Rohr bei 20° C betrug

unmittelbar . . . . + 20,8° *Ventzke*

nach der Zollinversion . . . . — 12,6°   ,,

Aus der Polarisation nach der Zollinversion und aus dem Extraktgehalt berechnet sich ein spezifisches Drehungsvermögen des invertierten Trockengehaltes.

$$D = -\frac{12{,}6 \cdot 34{,}4}{2 \cdot 80{,}26 \cdot 0{,}26} = -10{,}4°.$$

Die Linksdrehung ist demnach erheblich geringer als —21,5°. Dieser Wert würde also — falls bei Rübensirup nicht besondere Verhältnisse vorliegen — als ein Hinweis auf die Gegenwart von Stärkesirup gelten müssen. Aus ihm ergäbe sich, nach der von *Juckenack* und *Pasternack* begründeten Berechnungsart, der Stärkesirupgehalt der untersuchten Probe zu 7%. Auch wenn man nicht das spezifische Drehungsvermögen des invertierten Trockengehaltes, sondern das der invertierten *Fehling*s Lösung reduzierenden Stoffe heranzieht, findet man einen von —21,5° abweichenden Wert, nämlich

$$D = -\frac{12{,}6 \cdot 34{,}4}{2 \cdot 65{,}05 \cdot 0{,}26} = -12{,}8°.$$

Man würde also auch so zu dem Schluß geführt werden, daß Stärkesirup in dem Rübensirup zugegen ist. — Ehe man diese Schlüsse als sicher und beweiskräftig ansehen kann, bedarf es aber noch der weiteren Prüfung der Frage, ob bei Rübenkraut die Voraussetzungen für die Anwendbarkeit des Verfahrens von *Juckenack* und *Pasternack* ohne weiteres gegeben sind. Eine dieser Voraussetzungen ist, daß der Trockengehalt des reinen, unverfälschten Erzeugnisses an Kohlenhydraten ausschließlich Rohrzucker und Invertzucker enthält, d. h. solche Kohlenhydrate, deren spezifisches Drehungsvermögen im invertierten Zustande nicht von 21,5° abweicht. Diese Voraussetzung trifft auf Rübensirup nicht zu. *Herzfeld* hat gefunden, daß das Pektin der Rüben bei der Hydrolyse sowohl Arabinose als auch Galaktose liefert und gummiartige Stoffe ähnlicher Beschaffenheit konnte *Lippmann* aus den Ausquellungen unreifer Rüben darstellen. Es war zu vermuten, daß derartige „galakto-araban"-ähnliche Stoffe auch im Rübensirup sich finden würden, und *Fr.* u. *Gr.* haben deshalb die Probe einer Untersuchung in diesem Sinne unterzogen. Zu diesem Zwecke wurde, behufs Nachweises der Arabangruppe, eine Pentosanbestimmung nach *Tollens*, und behufs Nachweises der Galaktangruppe eine Ermittelung der Ausbeute an Schleimsäure (bei der Oxydation mit Salpetersäure) vorgenommen. Bei letzterer verfuhren sie genau nach der Vorschrift, die *Creydt* für die Raffinosebestimmung mitgeteilt hat, berechneten das Ergebnis sinngemäß aber nicht auf Raffinose, sondern auf Galaktose. Hierbei wurde die oben erwähnte Menge erhalten an

Pentosane . . . . 5,51 Gewichtsprozent
Galaktose 2,04   „

Ein Versuch, die nachgewiesenen und quantitativ bestimmten Pentosane näher zu deuten, insbesondere sie als Araban zu erweisen, führte zu keinem Erfolg. Aus dem Gärrückstand, der beim Vergären einer Lösung des Rübenkrautes zurückblieb, konnten — sowohl nachdem er nach der Zollvorschrift, als auch nachdem er nach der *Sachss*eschen Methode invertiert war — mittels p-Bromphenylhydrazin nur schmierige Produkte erhalten werden, aus denen sich reines Bromphenylarabinosazon nicht abscheiden ließ. Trotzdem in dieser Beziehung also volle Aufklärung über die Natur der betreffenden Bestandteile nicht erhalten werden konnte, bleibt das Ergebnis feststehend, daß im vorliegenden Rübensirup die angegebenen Mengen Pentosane und Galaktose liefernder Verbindungen vorhanden sind.

Ist somit die Gegenwart von etwa 7,5% Kohlenhydraten sicher erwiesen, die ein ganz anderes spezifisches Drehungsvermögen haben als —21,5°, so entfällt zugleich — wie schon ausgeführt — die Möglichkeit der unmittelbaren Anwendung des Verfahrens von *Juckenack* und *Pasternack* auf den vorliegenden Rübensirup. Wenn sich oben auf Grund dieses Verfahrens ein Schluß auf die Gegenwart von 7% Stärkesirup ergab, so erscheint dieser Schluß nunmehr hinfällig und für die Prüfung auf Stärkesirup werden andere Gesichtspunkte mit herangezogen werden müssen. Als einen solchen wählten sie die Untersuchung der durch Hefe nicht vergärbaren Bestandteile des Rübensirups. Sie ließen zu diesem Zweck eine wässerige Lösung des Rübensirups mit Bierhefe vergären und prüften den Gärrückstand auf sein Reduktionsvermögen gegen *Fehling*s Lösung und auf seine Polarisation. Hierbei wurden folgende Ergebnisse erhalten:

Reduktionsvermögen des Gärrückstandes gegen *Fehling*s Lösung, berechnet als Invertzucker,

unmittelbar . . . . 0,98% der Ursubstanz
nach der Zollinversion . . . . 2,42% „   „
nach der Inversion *Sachsse* . . . . 7,98% „   „

Polarisation der saccharimetrischen Normallösung (26 g zu 100 ccm) nach der Vergärung, im 200-mm-Rohr bei 20° C,

unmittelbar. . . . . +0,3° *Ventzke*
nach der Zollinversion . . . . +7,7°   „
nach der Inversion *Sachsse*. . . . . +16,6°   „

Hieraus geht hervor, daß der Gärrückstand nur eine sehr geringe Rechtsdrehung zeigt, die bei der Zollinversion und noch mehr bei der Inversion *Sachsse*, wesentlich zunahm. Er verhält sich also wesentlich anders, als der Gärrückstand eines stärkesiruphaltigen Erzeugnisses. Ein solcher hätte stark rechts drehen müssen und seine Polarisation hätte bei der Zollinversion unverändert bleiben, bei der Inversion *Sachsse* erheblich abnehmen müssen. Andererseits entspricht das beobachtete Verhalten sehr wohl dem, wie es bei Gegenwart von galaktoarabanartigen Stoffen erwartet werden durfte. Diese letzten Untersuchungen lehrten, daß das Reduktionsvermögen des Gärrückstandes für *Fehling*s Lösung infolge der Zollinversion von 0,98 auf 2,42, also um 1,44% Invertzucker entsprechenden Wert gestiegen war. In gleicher Weise war die Polarisation der saccharimetrischen Normallösung des Gärrückstandes durch die Zollinversion von +0,3 auf +7,70°, also um 7,4% *Ventzke* angestiegen. Zieht man diese Werte von den am ursprünglichen (unvergorenen) Rübensirup erhaltenen ab, so findet man:

Reduktionsvermögen gegen *Fehling*s Lösung . . . 65,05 — 1,44 = 63,61%
Polarisation der saccharimetrischen Normallösung im
200-mm-Rohr bei 20° C . . . . —12,6 — 7,4 = —20,0° *Ventzke*.

Diese Werte entsprechen den nach der Zollvorschrift invertierten Kohlenhydraten des Rübensirups nach Abzug derjenigen unvergärbaren, die durch Zollinversion verändert werden, also dem vorhandenen Rohrzucker, Invertzucker, und ferner auch etwa vorhandenen Stärkesiruptrockengehaltes.

Das spezifische Drehungsvermögen dieser Kohlenhydrate kann demnach im Sinne der Methode von *Juckenack* und *Pasternack* als Kennzeichen für die Abwesenheit oder Anwesenheit von Stärkesirup benutzt werden. Berechnet man dieses spezifische Drehungsvermögen, so ergibt sich

$$D = -\frac{20,4 \cdot 34.4}{2 \cdot 63,61 \cdot 0,26} = -20,8°.$$

Die nahezu vollständige Übereinstimmung dieses Wertes mit dem Werte — 21,5° beweist, daß unter den Kohlenhydraten, auf die sich dieser Wert bezieht, sich nur Rohrzucker und Invertzucker finden kann, Stärkesirup aber abwesend sein muß.

Die Zahlenreihe XXI zeigt auch, daß man sich dem nach Abschnitt H als richtig zur Verhinderung der Auskrystallisation erkannten Verhältnis $\frac{R}{I} = 1 : 1$ immer mehr nähert. Bei dem „früheren" Rübensirup war $\frac{R}{I}$ noch 2,5 : 1,0, also der nicht genügend invertierte Rübenzucker im Überschuß, so daß er auskrystallisieren muß. Dagegen war das Verhältnis $\frac{R}{I} = 0,9 : 1$ recht zweckmäßig, wenn man bedenkt, daß die Hersteller jedenfalls ohne chemische Kontrolle, rein erfahrungsgemäß, das als günstig erkannte Verhältnis einzuhalten suchten.

60. Die Farbe und der Geschmack.

Die Farbe des Rübensirups wird durch die Nichtzuckerstoffe hervorgerufen, die teilweise schon als Farbstoffe in der Rübe vorhanden, zum anderen Teil sich aus vorher farblosen Stoffen während der Verarbeitung bilden durch Zersetzung und Umwandlung. Auch kann durch Aufnahme von Stoffen aus den Apparaten, z. B. durch Eisen, eine Verfärbung eintreten. Zur Bestimmung der Farbe kann man sich des Farbenmessers (Colorimeter) von *Stammer* bedienen. Dieser Farbenmesser beruht darauf, daß man zu einem Normalfarbenglas die, die Farbengleichheit wirkende Schichtdicke des Sirups bestimmt. Die Stärke der Farbe ist abhängig von der Schichtdicke, doppelte Schicht gibt doppelte Farbenstärke; außerdem ist sie abhängig von der Dichte. Für Vergleichszwecke bezieht man deshalb die Farbe auf den wasserfreien Sirup.

Die Fig. 71 zeigt einen *Stammer*schen Farbenmesser (von Franz Schmidt und Haensch, Berlin). Das Rohr *f* ist unten mit einer Glasplatte verschlossen und wird mit dem zu untersuchenden Sirup angefüllt, gegebenenfalls unter entsprechender Verdünnung. Mittels Rädchen und Zahnstange wird das Eintauchrohr *t* eingestellt, zur Veränderung der Schichtdicke. Mit dem Tauchrohr *t* ist noch das Rohr *b* verbunden, welches das Normalfarbenglas trägt. Beide sind oben durch den Prismenhalter *p* verbunden. Unten wird durch die Milchglasplatte *m* Licht sowohl in das mit Sirup gefüllte Gefäß *f*, als auch in das Blendrohr *b* geworfen. Durch Beobachtung in den beiden Prismen wird die Eintauchtiefe so lange verändert, bis Farbengleichheit zwischen der durchleuchteten Sirupschichtdicke und dem Normalglas herrscht. Aus der Maßteilung ersieht man dann die Schichtdicke, die unter Berücksichtigung der Sirupdichte (also seines Wassergehaltes) auf Vergleichszahlen umgerechnet wird.

Die Verwendung des Farbenmessers hat den Vorteil, während des Betriebes die färbenden Vorgänge feststellen zu können, und ermöglicht, Abhilfe an der richtigen Stelle zu schaffen. Man ist auch in der Lage, die Farben des fertiggestellten Sirups stets zu beobachten, so daß solcher mit stets gleicher Farbe geliefert werden kann, was für den Verkauf ebenfalls wichtig ist.

Der Geschmack des Sirups wird durch alle in ihm in Lösung befindlichen Stoffe beeinflußt.

Die auf der Zunge, dem Gaumen und Deckel des Kehlkopfes befindlichen Geschmacksknospen (melonenförmige Körperchen etwa 0,08 mm lang) vermitteln uns eigentlich nur vier Arten von Geschmacksempfindungen, und zwar süß, sauer, bitter und salziglaugig.. Spricht man von würzigem und aromatischem Geschmack, so handelt es sich um gleichzeitig eintretende Geruchsempfindung. Öliger, kratzender, sandiger, brennender Geschmack wird von den Tastempfindungen der Zunge mit veranlaßt. Der Geschmack wird also von den Mischungsempfindungen unserer Geschmacks-, Geruchs- und Gefühlsnerven hervorgerufen. Die Geschmacksknospen (Papillen der Zunge) werden jede durch eine besondere Geschmacksart betätigt. Süß wird mehr an der Zungenspitze, sauer am Rande, bitter am Grunde, salzig an Spitze und Rand geschmeckt. Mischungen, wie sie im Sirup vorliegen, können daher die verschiedenen Geschmacksempfindungen nacheinander in Erscheinung treten lassen. Dies ist wohl zu beachten, wenn man glaubt durch gewisse vorschmeckende Zusätze andere Geschmacksempfindungen zurückzudrängen; sie werden nachwirken als unangenehmer Nachgeschmack. Pinselt man den Mund mit Coccain aus, so wird zuerst der bittere Geschmack und danach die anderen aufgehoben, es erfolgt allmähliche Abstumpfung. Saccharin, anfangs durch Übersüße alle andern Nerven abstumpfend, bringt nachher den häßlichen laugigen Nachgeschmack, indem Teile in den Grübchen und Furchen länger nachwirken als das Süße.

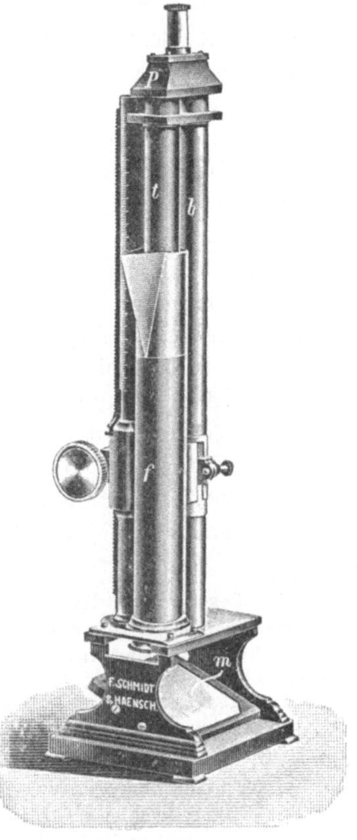

Fig. 71. Farbenmesser.

In manchen Gegenden, z. B. Sachsen, ist Rübensirup mit aromatischem Geschmack, wie Himbeer, Erdbeer, Vanille u. dgl. beliebt. Bei der Wahl solcher Beimischungen muß man aber sehr sorgfältige Zungenproben anstellen, damit durch den anfangs angenehm schmeckenden Zusatz nicht ein häßlicher Nachgeschmack hervorgerufen wird. Die im Sirup nebeneinander befindlichen Zuckerarten, Salze und Aromastoffe, treten durch Diffusion nacheinander in die Nervenzellen, stufenweises Schmecken veranlassend. Technische Mittel zur Beurteilung des Geschmacks besitzen wir nicht, man muß sich hier, wie beim Wein, auf geübte Zungenchemiker verlassen.

Ständige Beurteilung ist notwendig, denn der angenehme Geschmack erleichtert den Verkauf und erhöht den Verkaufswert, denn er ist von großer Bedeutung für die Ernährung, durch die rechtzeitige Anregung eines reichlichen Speicheldrüsenflusses.

61. Die Verfälschungen.

Um den echten Rübensirup zu strecken, um bei minderwertigen Sirupen die guten Eigenschaften der echten Sirupe vorzutäuschen, werden die Rübensirupe mit Zusätzen versehen, die als Verfälschungen zu betrachten sind

So schilderte ich schon (S. 9) die betrügerische Handlung schlesischer Kleinerzeuger, die ihrem Sirup Mehl beimischen, um durch dessen verkleisternde Wirkung einen gut und zäh eingedickten Rübensirup vorzutäuschen.

Durch den Zusatz von Stärkesirup sucht man ähnliches zu erreichen und erreicht gleichzeitig eine erhebliche Streckung des Rübensirups, da er ziemlich geschmacklos, wenig süß und sehr zähflüssig ist. Aus letzterem Grunde wird er häufig mit Vorliebe zugesetzt, um die Auskrystallisation zu erschweren. Meiner Ansicht nach ist der Zusatz des Stärkesirups als eine Verfälschung des „echten Rübensirups" zu betrachten, da er ihm wesensfremd ist, nicht aus der Zuckerrübe gewonnen wird und deshalb nicht in „Rübensirup" hineingehört. Allerdings wird nach eingebürgertem Brauch (*Lebbin*, Nahrungsmittelkunde 1911) ein solcher Zusatz als unerlaubt nicht angesehen. Sollte er aber über zehn Prozent steigen, dann muß dies auf den Verkaufsgefäßen angegeben (deklariert) werden. Meiner Ansicht nach müßte jeder Zusatz bekanntgegeben werden.

Ein größerer Zusatz an Stärkesirup kann dadurch erkannt werden, daß er erniedrigend auf die Gesamtaschenbestandteile wirkt.

Beim Nachweis von Stärkesirup ist zu beachten, daß der Rübensirup außer Rübenzucker und Invertzucker auch noch andere, die Drehung des polarisierten Lichtes beeinflussende Kohlenhydrate (z. B. Pentosane) enthält.

Eine Bestimmung derselben mit Hilfe der *Juckenack*schen Tabelle erscheint deshalb nicht ohne weiteres angängig. Hier muß vielmehr das Reduktionsvermögen nach der starken Inversion und die gleichzeitige Prüfung auf Dextrine herangezogen werden. *Fresenius* und *Grünhut*, S. 120, fanden in einem Rübensirup, der aus gedämpften Rüben gewonnen war, einen vorgetäuschten Gehalt von 6,8 Proz. Stärkesirup (nach der Tabelle von *Juckenack* berechnet). In Wirklichkeit fanden sich in dem Sirup 5,51 Proz. Pentosane und 2,04 Proz. Galaktose, deren Vorhandensein auf eine stattgefundene, teilweise Hydrolyse der Hemicellulosen zurückzuführen ist.

Zur Feststellung des Stärkesirups (Capillärsirup) werden etwa 40 g Rübensirup in einem kleinen Becherglas genau abgewogen, mit heißem Wasser verrührt und ohne Verlust in ein 200-ccm-Kölbchen übergeführt. Nach dem Erkalten füllt man das Kölbchen mit destilliertem Wasser bis zur Marke auf, schüttelt tüchtig durch, gießt die Mischung in eine Gärflasche von 400 ccm Inhalt, gibt etwas rein gezüchtete Weinhefe hinzu, setzt einen Gärverschluß auf und läßt den Stärkezucker vollständig vergären. Alsdann filtriert man die vergorene Flüssigkeit, behandelt sie mit Bleiessig und schwefelsaurem Natron und polarisiert. Eine Rechtsdrehung der vergorenen Flüssigkeit von mehr als 0,2 Kreisgraden zeigt die Gegenwart von Stärkesirup in dem Sirup an. Je größer die Rechtsdrehung ist, um so mehr Stärkesirup ist vorhanden. (*Windisch*, Unters. von Most und Wein.) Diese Untersuchungsart ist zeitraubend.

Baier (*Buchka*, Das Lebensmittelgewerbe 1916, Bd. II., S. 367) weist noch auf die Feststellung von Gelatine sowie Agar (Gelose) als Verfälschungsmittel hin, um zähflüssige Sirupe zu erhalten.

Die Erkennung eines Zusatzes von Rübenzucker wird bisweilen durch die beim Kochen eintretende vollständige Inversion verhindert. Bei größeren Mengen zugesetzten Zuckers erleiden jedoch auch der Stickstoff, die Asche, die Säure und Phosphorsäure, wie überhaupt alle Bestandteile, soweit sie nicht Zucker sind, eine nachweisbare Verminderung. Seine Verwendung als

Fälschungs- bzw. Streckungsmittel ist lediglich eine Preisfrage. In gesundheitlicher Beziehung wäre sie selbstverständlich nicht zu beanstanden.

Den Zusatz von Melasse (dem abfallenden Restsirup der Rübenzuckerfabriken) muß man unbedingt als Verfälschung betrachten.

Nach den österreichisch-ungarischen Zollvorschriften vom Jahre 1897 sind als zum menschlichen Genuß nicht geeignet anzusehen:

a) Rohr- (Rüben-) zuckerhaltiger Sirup, welcher, auf 75 Balling bezogen, nicht über 56 Proz. Rohzucker und Zucker anderer Art und mindestens 7 Proz Asche enthält.

b) Rohr- (Rüben-) zuckerfreier Sirup, Lösungen anderer Zuckerarten (Invertzucker, Stärkezucker, Maltose u. dgl.), welche in der Trockensubstanz nicht über 33 Proz. Zucker aller Art und mindestens 3,3 Proz. Asche enthalten.

Melasse unterscheidet sich vom Rübensirup durch ihren größeren Gehalt an Mineralstoffen (weil aus dem ursprünglichen Saft schon der meiste Zucker entfernt wurde und nur wenig Zucker mit den ursprünglichen Salzen zurückblieb), hohe Alkalität der Asche, deren geringen Phosphorsäuregehalt, ferner durch hohen Stickstoff-(basen), hohen Kalium- (gesundheitsschädlich) und geringen Pentosanegehalt; unter Umständen kann auch Strontium (aus den Strontian-Entzuckern entstanden) in der Asche vorhanden sein. Der Nachweis von Betain und des in der Melasse enthaltenen Gesamtbasenstickstoffes (vgl. *Sutthoff* und *Großfeld*, Z. f. d. U. v. N. 1914) kann zur Feststellung von Melasse in Rübensirup und Obstkraut, sowie andererseits zum Nachweis von Rübenkraut in Obstkraut zweckdienlich sein. Siehe weiter unten.

G. Heuser und *C. Haßler* berichten (Z. f. d. U. v. N. 1914, S. 177) über die Untersuchungen von Rübenkraut, die sie im städt. Untersuchungsamt Oberhausen (Rhld.) ausführten, und über die Verfälschungen mit Melasse. Der Zusatz von Melasse erscheint wegen des niedrigen Preises für die Fälscher sehr verlockend. Der echte Rübensirup hat an Bedeutung als Volksnahrungsmittel, besonders im Rheinland, gewonnen. Um so schärfer ist es zu verurteilen, wenn derartige gerade für die minderbemittelte Volksklasse noch wohlfeilen Nahrungsmittel verfälscht werden. Nach ihnen soll ein besonderer Anlaß zu diesen Verfälschungen die Dürre im Jahre 1911 gegeben haben, wo unter all den in ihren Erträgnissen zurückgegangenen landwirtschaftlichen Erzeugnissen die Zuckerrüben eine Hauptrolle spielten. So kamen denn viele Klagen aus Kreisen der Kleinhändler und Verbraucher, daß die ihnen verkauften Rübensirupe geschmacklich erheblich zurückgegangen seien, so daß der dringende Verdacht von Fälschungen vorläge. Ein gewisses Hindernis des Melassezusatzes bietet jedoch der widerliche Geschmack und Geruch, der gewöhnlicher Melasse aus Rübenzuckerfabriken anhaftet. Sie stellten mit der ihnen zur Verfügung stehenden Melasse die geschmacklich noch angängige Zusatzgrenze zum Rübensirup fest, die schon bei 5, in einem Falle bei 10 Proz. lag. Ging der Zusatz darüber, so war der Geschmack derart, daß das betreffende Gemisch nicht mehr marktfähig war. Solches wurde z. B. unter dem Namen „Rübenspeisesaft" in den Handel gebracht. Die Untersuchungsergebnisse hatte ich schon im Abschnitt 59 (S. 112) angeführt.

Die Strontianmelassen (die gereinigten Sirupe aus den Melasseentzuckerungsanstalten) besitzen im Strontium, das technisch wohl schwerlich soweit entfernt werden kann, daß wenigstens nicht noch ein qualitativer Nachweis gelänge, einen bezeichnenden Bestandteil, der ihre Gegenwart untrüglich kundgibt.

Sutthof und *Großfeld* fanden selbst in dem offenbar gut gereinigten Hildesheimer Sirup qualitativ und auch quantitativ sicher bestimmbare Mengen (s. Zahlenreihe XX, S. 118). In anderen (Kalk-) Melassen und in den Rübensirupen konnten Strontian selbst in Spuren nicht nachgewiesen werden, trotzdem an ein Vorkommen in der Rübe wohl gedacht werden könnte. Ein zweites Merkmal haftet den Strontianmelassen in ihrem optischen Verhalten an. Während die übrigen Melassen eine eigene Linksdrehung des invertierten von rund 20° und darüber, die Rübensirupe von —11,9° bis 18,5° zeigen, dreht der invertierte Zucker der Strontianmelasse spezifisch schwach rechts, was mit in erster Linie auf hohen Raffinosegehalt zurückzuführen ist.

Die K. R. G. brachte im Betriebsjahr 1916/17 auf Veranlassung der Reichszuckerstelle den Rübensirup zur Hälfte mit gewöhnlicher Melasse, Kandisablaufmelasse, sogar gelöstem minderwertigen Raffinerie-Farine, 4. Produkt, zur Hälfte gemischt zur Verteilung. Diese staatlich unterstützte Verfälschung mit diesen gesundheitsschädlichen und ungenießbaren Zusätzen erregte soviel Beschwerden (Centralblatt f. d. Zucker. 1917, S. 507, 414, 412), daß man später sich an solche Verfälschungen nicht wieder heranwagte und den Rübensirup stets in reinem Zustande, wie es sich gehört, abgab.

Bei der Beurteilung von Verfälschungen, unter Zugrundelegung älterer Analysen guter Rübensirupe, ist nicht außer acht zu lassen, daß mit den verschiedenen Rübensorten und mit der veränderten Arbeitsweise noch andersartige Sirupe gewonnen werden. Wie schon aus den angeführten Analysen ersichtlich, sind die einzelnen Rübensirupe recht verschieden. Normalmuster kennt man noch nicht, wie z. B. beim Rohzucker. Dies hängt auch mit den verschiedenartig eingerichteten Fabriken zusammen; die kleinen arbeiten anders als die großen.

Die wertvollen Obstsirupe (Obstkraut) werden mitunter durch Rübensirup verfälscht.

Obstkraut ist durchschnittlich doppelt so teuer, als der Rübensirup (1 kg Obstkraut kostete 1889 70 bis 80 Pfg., dagegen 1 kg Rübensirup 30 bis 40 Pfg.), so daß sich in obstarmen Jahren die Verfälschung mit Rübensirup wohl lohnt. In Holland und Belgien wird der Rübensirup fast allgemein mit saurem Apfelkraut verarbeitet.

Um letzteren Zusatz festzustellen, empfiehlt *König* (Chemie der menschl. Nahr.- und Genußmittel II. Bd., 1883, S. 482) die Untersuchung auf Betaïn. Er hat alle für den Zweck in Vorschlag gebrachten Verfahren geprüft, aber nach keiner das Betaïn einigermaßen quantitativ gewinnen können (Z. f. analyt. Chemie 1889, S. 413). Indes macht er darauf aufmerksam, daß Rübensirup beim Erwärmen mit Kalilauge einen unangenehmen, ammoniakalischen und schwachen Trimethylamingeruch, Obstkraut dagegen einen angenehmen, obstartigen Geruch geben, was unter Umständen als qualitative Unterscheidung verwendet werden kann. Als Handelsartikel war vor 1914 reiner Obstsirup fast vollständig vom Markte verschwunden, weil aus getrockneten amerikanischen Apfelschalen und Apfelweintrestern ein Gelee mit Zusatz von Stärkesirup zum Preise von 30—32 Pfg. hergestellt wurde. Die Herstellung reinen Obstsirups lohnte dann gar nicht, und nur für Eigenbedarf wurde er in Lohnpressereien hergestellt. (*F. Fudickar.*)

M. Anhang.
62. Die Verarbeitung von Futterrüben und Möhren.

Häufig ist es versucht worden, auch die Futterrüben zur Herstellung von Rübensirup nutzbar zu machen. Dies ist aber nicht möglich, weil bei dem geringen Zucker- und starken Salzgehalt der aus diesen gewonnene

Sirup unangenehm schmeckt. Trotzdem sei hier auf die Verarbeitung der Futterrüben hingewiesen.

Bekanntlich kann man die Zuckerrüben und auch die hochzuckerhaltigen Futterrüben wegen ihres hohen Zuckergehaltes nicht in Schaufeltrocknern, wie sie für ausgelaugte Schnitzel benutzt werden, und auch nicht auf Walzentrocknern (Kartoffelflockentrockner) trocknen. Die Schnitzel backen zusammen, bleiben in der Wärme des Trockners infolge des Zuckers bonbonartig weich und verschmieren die Schaufeln oder Messer. Nun lag ein dringendes Bedürfnis vor, auch größere Mengen Futterrüben zu trocknen in vorhandenen Trocknern. Dies wurde dadurch ermöglicht, daß man die Rüben teilweise entsaftete. Den dabei gewonnenen Saft kann man natürlich nicht verloren geben und mußte an dessen Eindampfung gehen. Hierüber berichtet Dr. *H. Claassen* (Z. d. V. d. d. Zuckerindustrie 1918, S. 105). Die zerschnittenen Futterrüben wurden im Brühtrog (*Steffens*) gebrüht und dabei Temperaturen über 50° vermieden, weil sich die Schnitzel in den mit Preßkonus ununterbrochen arbeitenden Pressen sonst schlecht abpressen ließen. Vom in der Futterrübe ursprünglich vorhandenen Saft verblieb $2/_3$ in den Preßlingen und $1/_3$ wurde als Saft gewonnen. Dieser Saft ging über einen Pülpefänger von *E. Babrowski*, Grüneberg (S. 53), und wurde im sog. Dicksaftkörper (letzter Verdampfer einer Vacuum-Verdampfanlage) der Zuckerfabrik Dormagen erst auf 40—50° Bx. eingedickt. Die Voreindampfung geschah bei einer Luftleere von 55 ccm Quecksilbersäule unter Beheizung durch Abdampf von etwa 0,5 Atm. Dabei zeigte sich etwas mehr Schaum als sonst bei der Eindampfung der Zuckersäfte, doch gelang diese ohne besondere Schwierigkeiten. Der Saft wurde nun weiter im sog. Sirupkocher innerhalb 8 bis 10 Stunden auf 80 bis 81° Bx eingedickt und in eiserne Behälter (Maischen) abgelassen mit einer Temperatur von 82 bis 84° C.

Die Futterrüben hatten einen Trockengehalt von 10,6 Proz., zeigten eine Zuckerpolarisation von 4,7 Proz., 0,04 Proz. Säure (als Kalkäquivalent berechnet, mit einer auf Kalk eingestellten Natronlauge titriert).

Der Brühpreßsaft zeigte 6,7° Bx, 2,7 Proz. Polarisation, 40 scheinbare Reinheit und 0,235 Proz. Säure. Die hohe Säure erklärt sich aus der langsamen Arbeit und der langen Berührung mit angefaulten Rüben.

Aus 100 kg Futterrüben wurden 4,23 kg Sirup gewonnen (die Ausbeute ist gering, weil man nicht Sirup erzeugen, sondern nur die Preßlinge verarbeitungsfähig für die Trocknung machen wollte), welcher 80,5 Bx, 15,8 Proz. Polarisation, 19,5 scheinbare Reinheit und 1,64 Proz. Säure besaß.

Man sieht, daß durch den hohen Säuregehalt während der Eindampfung eine starke Inversion eingetreten ist, denn die Eindickung erfolgte von 6,7 auf 80,5 oder um $\dfrac{6,7}{80,5} = \infty \dfrac{1}{12}$.

Demnach hätte die Polarisation (die Anzeige an Rübenzucker) von 2,7 auf $2,7 \cdot 12 = 32,4$ steigen müssen. Festgestellt wurde aber durch Polarisation nur 15,8 Proz., sodaß also die Hälfte des Rübenzuckers in Invertzucker umgewandelt wurde. Dabei hatte auch der Säuregehalt wesentlich bei der Eindampfung abgenommen, weil sich jedenfalls Säure mit dem Wasser verflüchtigte, denn er hätte sonst auf $0,235 \cdot 12 = 2,82$ Proz. steigen müssen, während er nur in Wirklichkeit auf 1,64 Proz. stieg. Der Säuregehalt war bei der starken Färbung des Saftes nur schwer zu bestimmen; ebenso schwierig war die Polarisation, die nur bei sehr großer Verdünnung möglich war. Der Sirup war für Menschen ungenießbar, während ihn Tiere gern fressen; man schmeckt darin überhaupt keine Süße mehr, sondern nur eine ziemlich scharfe Säure. Er war aber wenig bitter, jedenfalls infolge der geringen Abpressung. Seine Farbe war ganz dunkelschwärzlich, weil der saure Saft viel mit den eisernen Apparaten in Berührung gekommen war.

Nachstehend gebe ich noch eine Zusammenstellung der Ergebnisse *Claassens*, weil diese einen besseren Überblick gestatten.

Zahlenreihe XXIII.

	Trocken-gehalt %	Brix °	Polari-sation %	Säure %	Scheinbare Reinheit %
Futterrüben	10,6	—	4,7	0,04	—
Preßsaft	—	6,7	2,7	0,235	40,0
Sirup	—	80.5	15,8	1,64	19,5

Mit Vorteil wird dieser Sirup aus Futterrüben zur Naßfutterbereitung verwendet, denn dieses wird von den Kühen sehr gern genommen.

Auch die z. B. im Jahre 1918 von der K. R. G. veranlaßte Verarbeitung von hochzuckerhaltigen Futterrüben, sog, Lankerrüben, auf Rübensirup konnte keine guten Ergebnisse erzielen, trotzdem sie notwendig erschien, um den durch die ungünstige Obsternte hervorgerufenen Ausfall an Marmelade teilweise ausgleichen zu können.

K. Ventzke (Z. d. V. d. d. Zuck.-Ind. 1857, S. 152) gewann aus Möhren

$$
\begin{array}{lll}
\text{durch erstes Pressen} & 69,1 \text{ Proz.} & \text{Dicksaft} \\
\underline{\text{durch Nachpressen} \quad 12,4 \quad\quad ,, \quad\quad\quad ,,} \\
\text{insgesamt} & 81,5 \text{ Proz.} & \text{Saft,}
\end{array}
$$

der neutral, schmutzig, hellbräunlich und trübe war; er spindelte 11,02 Bx, Rübenzucker 5,9 Proz., Fruchtzucker 1,92 Proz., Nichtzucker 3,2 Proz. Wenn er den Saft mit äußerst geringen Mengen Schwefelsäure aufkochte, wurde der Sirup durch die sich niederschlagenden Proteïnstoffe sehr hell blank und lieferte einen hellbraunen Sirup von recht gutem Geschmack.

Sirup, aus zuckerreichen Möhren durch einfaches Auspressen und Ein-dampfen des Saftes gewonnen, sowie die Preßlinge haben nach *Wallac* (*König*, Chemie d. m. Nahr.- u. Genuß.. II. B. 1883, S. 481 und Z. f. analyt. Ch. 1889, S. 408), im Mittel dieser Untersuchungen folgende Zusammensetzung:

Zahlenreihe XXIV.

	Wasser	Rüben-zucker	Frucht-zucker	Sonstige Stoffe (Nicht-zucker-stoffe)	Säure als Apfel-säure	Asche (Mine-ral-stoffe)	Stick-stoff-sub-stanz	Fett	N-freie Ex-trakt-stoffe	Holzfaser
Möhrensirup . . %	24,60	44,93	26,07	2,07	—	2,33	—	—	—	—
Möhren-Preßlinge ,,	88,31	—	—	—	—	0,68	0,74	0,28	8,64	1,53
Sirup aus gelben Möhren (Daucus Carota L.) West-falen 1887 . . ,,	31,19	12,64	40,30	7,66	2,363	5,85	0,612	—	—	—

Der Sirup aus den gelben Möhren enthält bedeutend mehr Frucht- und weniger Rübenzucker. Das steht im Einklang mit dem Gehalt der natür-lichen Wurzeln an beiden Zuckerarten. Während die Zuckerrübe kaum Fruchtzucker enthält, ist er in den Möhren in größerer Menge vorhanden.

63. Der Unterschied zwischen der Herstellung des Rübenzuckers und des Rübensirups.

Der Rübensirup entsteht, ebenso wie die Füllmasse der Zuckerfabriken, aus der Zuckerrübe, und doch ist diese in größerer Menge nicht genießbar. Auch der Rohzucker ist unangenehm im Geschmack und ohne Entfernung dieser Geschmackstoffe durch Raffination auf die Dauer widerlich. Die Melasse, die aus der Füllmasse verbleibt, nachdem der Rohzucker entfernt wurde, enthält die Geschmacks- und Geruchsstoffe der Füllmasse in verstärkter Form. Sie ist deshalb für Menschen überhaupt ungenießbar, auch in der Kriegszeit.

Es ist ein merkwürdiger Umstand, daß bei gleichem Ausgangsgut (der Zuckerrübe) in der Rübensirupfabrik ein Speisesirup hergestellt wird, der gut und schmackhaft ist, während dies von der Rohzuckerfüllmasse doch nicht behauptet werden kann.

Eine kurze Gegenüberstellung der Arbeitsweisen in einer Rohzuckerfabrik und einer Rübensirupfabrik gibt gute Anhaltepunkte (s. S. 130). Das Schema „A" zeigt den Gang der Rohzuckerherstellung, „B" den des Rübensirups.

Beim Rohzucker fällt auf, daß die gewaschenen, rohen Rüben an der Luft geschnitzelt und in eiserne Diffuseure eingefüllt werden, um sie mit Wasser auszulaugen. Oxydation, Verfärbung, Aufnahme von Eisen, Geschmacks- und Farbenänderung auch bei der Aufnahme nur von Spuren Eisen, sind die Folge. Bei der Diffusion treten die Salze schneller aus den Zuckerschnitzeln als der langsamer diffundierende Zucker. Dies und die Notwendigkeit der Anwendung nicht zu hoher Temperaturen sind ebenfalls von Einfluß. Die gebrühten Rüben sind mundgerechter. Beim Pressen der Rüben treten alle Teile des Saftes gleichzeitig aus, Salze und Zucker müssen gleichzeitig fließen, schädliche Entmischung findet nicht statt. Der Preßsaft muß um so besser sein, um so mehr der hochgezüchteten Reinheit des Saftes in der Rübe entsprechen, je vollkommener jede Diffusion während der Entsaftung der Rübe ausgeschlossen wird. Die reineren Säfte des Preßverfahrens (z. B. *Steffens*) sind die Folge. Nur schwer konnte deshalb das Diffusionsverfahren die Preßarbeit in den Rohzuckerfabriken verdrängen.

Erst als es *Steffens* auf anderem Wege gelang, das Pressen und Verarbeiten gebrühter Rüben zu ermöglichen, trat das Preßverfahren wieder als erfolgreicher Wettbewerber auf. In welcher Weise auch der *Steffens*sche Preßsaft geschmacklich besser ist, als sich allein aus seiner größeren Reinheit ergeben würde, ist bisher noch nicht beachtet. Ich vermute, daß er auch im Geschmack besser sein muß und sich auch besser für die Verarbeitung auf Rübensirup eignen müßte.

Auch die Verwendung unreinen Wassers bei der Diffusion ist von schädlichem Einfluß. Aus Wasser, das schon selbst nicht geschmacklich einwandfrei ist, kann man keinen gutschmeckenden Saft bekommen.

Die Anwendung des Ätzkalkes in der Zuckerfabrik klärt wohl den Saft, hebt aber nicht den Geschmack, sondern verschärft ihn, bringt Umsetzungsstoffe, die sich in der Füllmasse anhäufen und den immer so unangenehm an Stiefelwichse erinnernden Geruch erzeugen. Nach Stiefelwichse deshalb, weil bekanntlich die Melasse der Rübenzuckerfabriken zur Herstellung von Stiefelwichse verwendet wird.

Weiter scheint die bittere Rübenschale von besonderem Einfluß zu sein. Wie bei der Kohlrübe, sind die Bitterstoffe zum Schutz gegen Nagetiere in der Haut der Schale angereichert.

Dr. *W. Meyer*, Zuckerf., Wismar, lieferte 1918/19 einen Speisesirup, der aus dem Dicksaft hergestellt wurde, indem dieser durch Säurezusatz

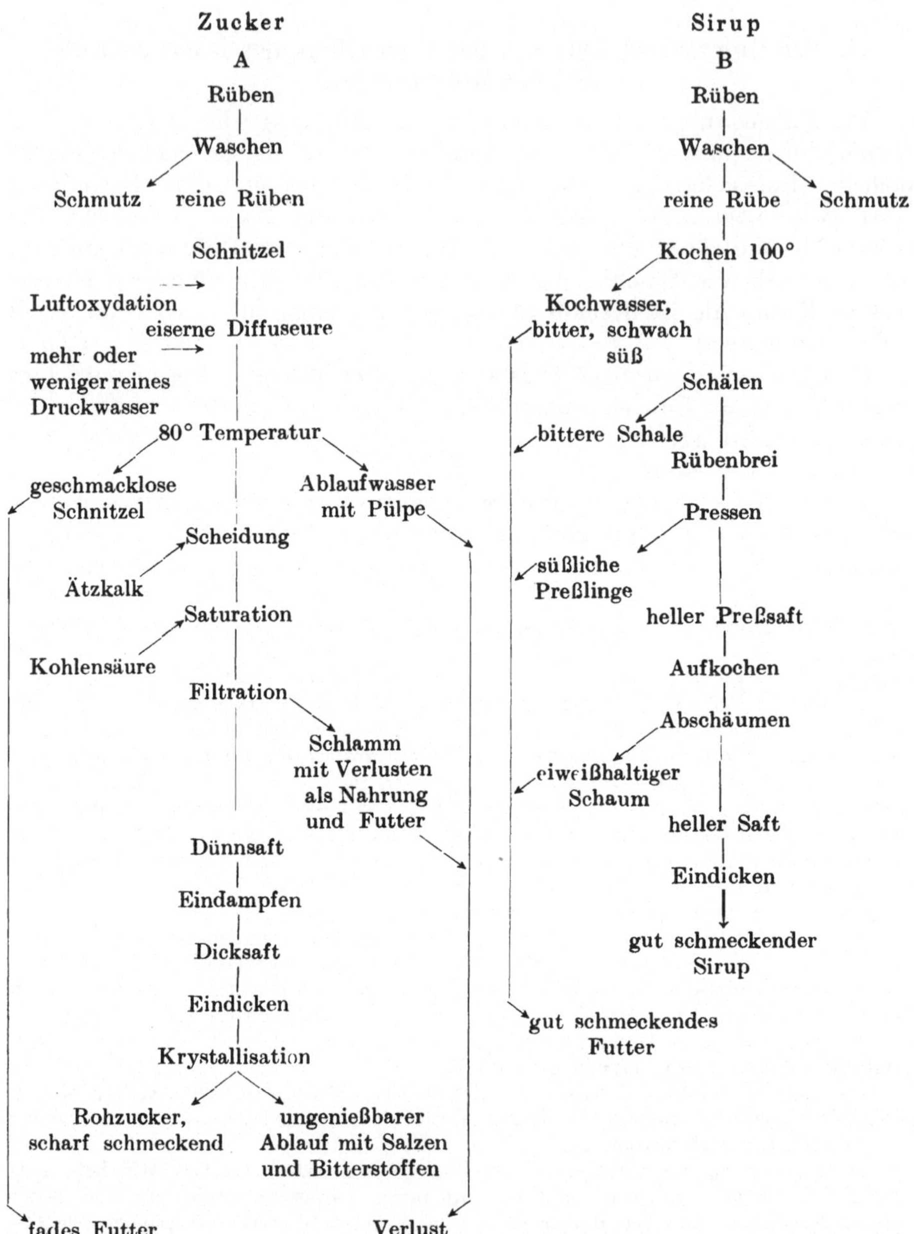

invertiert, wieder neutralisiert, filtriert und zur Sirupdicke eingedampft wurde. Das Verfahren ist zum Patent angemeldet.

Die Erzielung eines guten Geschmackes und heller Farbe sind Fabrikationsgeheimnis. Tatsächlich schmeckt dieser Sirup bedeutend angenehmer, als der aus gewöhnlichem, mit starkem Kalkzusatz hergestellte Dicksaft. Aber er ist zu süß und trotz der weitgehenden

Eindickung nach Zahlenreihe XI doch vielmal dünnflüssiger als „echter" Rübensirup. Er hat deshalb nicht die wertvollen Eigenschaften dieses Rübensirups und stellt eigentlich nichts anderes dar als den sogenannten „Kunsthonig", der jetzt immer in fester, auskrystallisierter Form geliefert werden sollte, um Verfälschungen mit echtem Honig im Kleinhandel zu erschweren. Der Speisesirup von *W. Meyer* hat folgende durchschnittliche Zusammensetzung: 81,5 Bx, Gesamtzucker 76,5 Proz., direkte Polarisation $+$ 25,0, Acidität 0,08 (auf CaO bezogen), Aschegehalt 1,8 Proz. Durch den hohen Säuregehalt schreitet die Inversion fort, und nach einigen Wochen scheidet der lagernde Sirup Zucker aus, wie dies Fig. 72 (siehe Tafel I) bei 20facher Vergrößerung zeigt.

Dr. *R. Schomann*, Malchin setzt zu dem auf übliche Weise in der Zuckerfabrik gewonnenen alkalischen Dicksaft eingedicktes Kartoffelfruchtwasser (D. R. P. 317 165/1918) oder 5 bis 10 Proz. Kartoffelwalzmehl (s. S. 123) (D. R. P. 317 530). Beim Invertieren und Aufkochen verkleistert die Stärke, und man erhält nach dem Erkalten einen schwach gelierten, vorzüglich streichfähigen Rübensirup. Sein Geruch ist stark sellerieartig; der Geschmack, wie bei allen derartigen erst alkalisch n. d. sauer in eisernen Apparaten gewonnenen zu melasseähnlich, an Fleischextrakt, also Aminosäuren erinnernd.

Die Schwierigkeiten, welche durch die Verarbeitung geschnitzelter und gedämpfter Rüben in der Diffusion eintreten, weil sich diese nicht abpressen lassen, überwindet Direktor *Mathis* in der Zuckerfabrik Ottleben durch eine Beobachtung, welche er in der Betriebszeit 1918/19 bei der Herstellung von Rübensirup in seiner Zuckerfabrik machte. Die Ergebnisse bei der Verarbeitung in kleineren Mengen waren so günstige, daß die Zuckerfabrik in diesem Jahr sich vollständig zur Verarbeitung der ganzen Zuckerrüben auf Sirup entschlossen hat. Die in üblicher Weise gewaschenen und geschnitzelten Rüben werden in die Diffuseure eingefüllt. In Ottleben sind zwei Reihen vorhanden zu je 8 Gefäßen. Die Rübenschnitzel werden in üblicher Weise ausgelaugt unter Verwendung von Druckwasser von 40° C. Das mit frischen Schnitzeln gefüllte Diffusionsgefäß wird durch Einblasen von Dampf erhitzt und so die Schnitzel bei etwa 104° gedämpft. Die Dämpfdauer beträgt $^1/_2$ Stunde. Der heiße Saft des vorletzten Gefäßes ist mittlerweile ebenfalls auf eine Temperatur von etwa 100° erhitzt und wird durch die gebrühten Schnitzel gedrückt. Dieser Brühsaft wird abgezogen. Die aus dem letzten Diffusionsgefäß mit dem warmen Wasser von 40° bis auf 0,22—0,5% Zuckergehalt ausgelaugten Schnitzel sind infolge der vorangegangenen Dämpfung natürlich sehr weich und lassen sich durch den geringsten Handdruck zerquetschen. Ein Abpressen ist unmöglich. Sie werden deshalb durch den Schnitzelbagger gehoben, in einem Rührgefäß aufgemaischt und dann durch eine Schwemmrinne den Sammelgruben zugeführt. In der Benutzung dieser Sammelgruben besteht die Eigenart dieses Verfahrens. Die vorgesehenen 6 Gruben aus Beton, der gegen den Säureangriff durch einen Goudronanstrich geschützt ist, sind 11 m tief. Man rechnet damit, vorläufig etwa die in 50 Tagen gewonnene Schnitzelmenge lagern zu können. Während bei der üblichen Lagerung der Schnitzel bzw. Preßlinge, wie im Abschnitt 21 angegeben, die Schnitzel in Milchsäuregärung übergehen und dann große Verluste eintreten, indem das ablaufende Wasser Nährstoffe mitnimmt, sucht man hier dieses Ablaufen zu verhindern. Wie beim Sauerkraut, bleiben die Schnitzel in ihrem Wasser vollständig bedeckt. Es entsteht in kurzer Zeit ebenfalls Milchsäuregärung. Durch die eigenen Verdauungsprodukte werden aber die Milchsäure-

9*

bakterien bald abgetötet und jede weitere Zersetzung hört auf. Die Schnitzel halten sich so eine beliebig lange Zeit. Das merkwürdigste aber ist, daß die nach dem Dämpfen weichen Schnitzel wieder vollständig hart werden, genau wie frische rohe Rübenschnitzel. Die Ursachen sind noch nicht ganz aufgeklärt. Man führt dies auf ein Ausflocken der Pektinkörper in der Zelle zurück, so daß diese wieder eine neue feste Struktur annimmt. Während die vorher aus der Diffusion gekommenen gebrühten suppigen Schnitzel das Vieh nicht nimmt, wegen des zu großen Wassergehaltes, frißt es jetzt diese fest gewordenen Ottlebener Eiweißschnitzel mit Vorliebe (deshalb Eiweißschnitzel, weil in 100 Teilen Trockengehalt 10,81% Eiweiß enthalten sind).

Der Vorteil dieser Arbeitsweise ruht also darin, daß Abpreßverluste wie in den Zuckerfabriken hier fortfallen und Brennmaterial für die Trocknung unnötig wird. Die Leistung geht allerdings bei der Verarbeitung der Rüben auf Sirup auf ungefähr ein Viertel der sonst üblichen Tagesleistung, d. h. von 11—12 000 Zentner auf 3000 Zentner tägliche Rübenverarbeitung zurück. Der Saftabzug von 100 kg Rüben beträgt 104 l. Dieser Rohsaft wurde anfangs mit 0,1% Salzsäure vermischt zwecks Inversion ohne weitere Filtration. Man wird aber auch Filtration mit gemahlener Braunkohle in den gewöhnlichen Filterpressen vornehmen. Die Eindampfung erfolgt in einer Dreikörper-Verdampfanlage, die gegenüber der Einkörperanlage (s. Abschnitt 42) nur noch etwa ein Drittel des dort für die Verdampfung erforderlichen Heizdampfes benötigt. Der Dicksaft wird in dieser Verdampfanlage bis auf 70 Brix eingedampft ohne Schaumbelästigung, weil die Anlage nur ein Viertel belastet ist. Dann wird der Dicksaft im Vakuum-Fertigkocher unter Verwendung von Abdampf bis auf etwa 78 Brix eingedickt. Ist diese Dicke erreicht, dann wird die Luftleere abgestellt und der Sirup auf 103 bis 108° erhitzt. Es wird hierbei die Inversion bis zum gewünschten Ende geführt, gleichzeitig bildet sich etwas Karamel und die Pektinstoffe gehen unter dem Einfluß der Säure Umwandlungen ein, so daß sich erst jetzt ein gewisser angenehmer charakteristischer Geschmack einstellt. Diese Umwandlungen machen sich auch durch eine innigfeine Schaumbildung bemerkbar, so daß der ganze Inhalt hochsteigt, das Erhitzen also unter entsprechender Vorsicht auszuführen ist. Diese Umwandlung, die Zeugung des gewünschten Geschmacks, erfordert 20 bis 90 Minuten und muß fortwährend von dem Bedienungsmann durch Probenahme sorgfältig beobachtet werden. Überschreitet man die Temperatur und Zeit, so wird der Sirup bitter. Ist die gewünschte, an Malz erinnernde Geschmacksprobe erreicht, dann wird der Sirup so schnell wie möglich in den vorhandenen Sudmaischen durch Wasser abgekühlt werden, möglichst unter 50° C. Die Ausbeute an Sirup wird zu 22% angegeben. Die ganze Arbeit erfolgte in den vorhandenen eisernen Apparaten, und sollen bisher Nachteile, sowohl in bezug auf die Güte des Sirups als auf die Haltbarkeit der Apparate, nicht bemerkbar sein.

Dadurch, daß es bei dieser Arbeitsweise (D. R. P. angemeldet) gelingt, die hydraulischen Pressen zu vermeiden und die Anwendung der außerordentlich leistungsfähigen Diffusion zu ermöglichen, scheint dieses Verfahren eine günstige Zukunft zu haben. Es ist aber notwendig, für die erzeugte Schnitzelmenge in der Nähe genügend Abnehmer zu finden, die in der Lage sind, die feuchten, gesäuerten und gelagerten Schnitzel unmittelbar an das Vieh zu verfüttern, denn weit verfrachten und handeln wird man diese Brühschnitzel nicht können.

Der Österr. Verein Aussig stellte mir eine Probe Ablaufsirup zu, der mit Karboraffin (S. 56) behandelt wurde. Tatsächlich war er heller, schwach im Geruch und annehmbar im Geschmack gegenüber dem unbehandelten Ablaufsirup.

64. Einige andere Herstellungsweisen und Verwendungsmöglichkeiten für Rübensirup.

Ich möchte noch kurz auf einige andere Herstellungsarten hinweisen und einige Verwendungsmöglichkeiten des Rübensirups anführen.

Über ein von *C. O. Towsend* und *H. C. Gore* in den Vereinigten Staaten zur allgemeinen (!) Verwendung genommenes Patent auf ein Verfahren zur Herstellung von Rübensirup für Speisezwecke wird mit dem üblichen Tam-Tam in des „Farmers Bulletin" berichtet. Sie wollen dies Verfahren erfunden und nicht nur im Laboratorium erprobt haben, sondern es sind auch unter Leitung von Technikern (!) durch Landwirte Versuche angestellt. Nach der „Intern. Agrartechn. Rundschau" (Berlin 1918) ist das Verfahren folgendes:

„Die Rüben werden sorgfältig gereinigt, indem man sie einige Minuten lang im Wasser läßt, dann wäscht und abbürstet. Über ein aufrecht stehendes Faß, dessen Deckel entfernt worden ist, bringt man einen Sauerkrauthobler mit drei Klingen oder irgendein anderes geeignetes Messer zum Schneiden sehr dünner Scheiben. Nun werden die Rüben in sehr dünne Schnitzel geschnitten, die in das Faß hineinfallen. Ist man mit dem Schneiden fertig, so gießt man sofort soviel kochendes Wasser über die Schnitzel, daß dieselben davon gut bedeckt sind. Dann wird das Faß zugedeckt und mit einem Tuche mehrmals umwickelt; so bleibt es eine Stunde lang, während welcher es von Zeit zu Zeit gerüttelt wird, ohne daß es dabei geöffnet wird. Dann wird die Flüssigkeit durch ein Tuch filtriert oder mittels eines am unteren Teile des Fasses angebrachten Hahnes abgezogen. Die filtrierte Flüssigkeit läßt man nun über offenem Feuer einkochen, bis sie eine sirupartige Beschaffenheit annimmt. 35 l Rüben ergeben 70 l Schnitzel, die mit 38 l kochendem Wasser übergossen werden. Nach dem Auslaugen werden die Schnitzel nicht ausgepreßt; da sie noch etwas Zucker enthalten, geben sie ein ausgezeichnetes Futter für Hühner, Schweine usw. ab. Während der Eindickung über dem Feuer ist der Schaum sorgfältig abzuschöpfen, dadurch wird dem Sirup der unangenehme Rübengeschmack genommen. Der noch heiße Sirup wird dann in Büchsen oder Flaschen gefüllt, die zur Verhütung von Schimmelbildung sorgfältig verschlossen werden."

Es handelt sich demnach nur um ein für die kleinsten häuslichen Verhältnisse zugestutztes Entsaften der Rüben nach dem Brühverfahren. Da aber das amerikanische Verfahren aus Rücksicht auf die Einfachheit im häuslichen Betriebe das Abpressen der gebrühten Rübenschnitzel vermeidet, so wird auch die Ausbeute eine außerordentlich geringe sein. Die größte Menge des wertvollen Zuckersaftes wird in den Schnitzeln verbleiben und der menschlichen Nahrung verloren gehen. Heute, wo in fast jedem Haushalte eine Fruchtpresse zur Verfügung steht, sollte man die Rübenschnitzel unbedingt abpressen.

Nach den dürftigen Angaben, besonders über die Ausbeute, müssen auf 35 l oder etwa 20 kg Rüben 38 kg kochendes Wasser gegeben werden. Das bedeutet eine außerordentliche Verdünnung, und trotzdem genügt dieser Wasserzusatz nicht, um die Rübenschnitzel genügend zu erhitzen. Man wird bei diesem Wasserzusatz nur eine Temperatur von 60 bis 65° erzielen. Wir wenden deshalb beim Brühverfahren nicht wie hier nur die doppelte, sondern die 6- und mehrfache Flüssigkeitsmenge an, um wenigstens 80 bis 85° im Brühtrog zu erhalten. Obige können kein genügendes Erweichen der Zellenwände bewirken, wie es für eine leichte und weitgehende Entsaftung erforderlich ist. Vor allen Dingen genügt aber die Temperatur überhaupt nicht, um den unangenehmen Rohgeschmack der Rüben durch den feineren Kochgeschmack zu verdrängen.

Nicht nur der Geschmack dieses amerikanischen Sirups wird minderwertig sein, sondern auch die geringe Ausbeute und der mit der großen Verdünnung verbundene bedeutende Aufwand an Brennstoff lassen dieses ganze Verfahren als wertlos erscheinen. Es kann sich daher mit dem in Deutschland üblichen Verfahren der häuslichen Rübensaftherstellung nicht messen. Es ist auch nicht ersichtlich, was daran eigentlich patentfähig sein soll.

Die Herstellung eines eiweißhaltigen Nährmittels aus frischer oder ent-
bitterter Abfallhefe und Rüben- oder Rohzucker erfolgt nach dem D. R. P.
305 254 v. 11. 2. 17 der Malta-Gesellschaft:

Feuchte Hefe wird durch Erhitzen unter Zusatz von Alkali abgetötet, die Masse
durch Verdampfen entwässert und nach Zusatz von Saccharose (Rüben- oder Rohrzucker) zu sirupartiger Konsistenz eingedampft. Darauf invertiert man teilweise den
Zucker mittels frischer Hefe und erhitzt das Produkt zur Geschmackverbesserung bis
nahe zum Siedepunkt. Hat man z. B. Hefe von 90 Proz. Wassergehalt und soll das Produkt auf 1 Gew.-Tl. Hefe 2 Gew.-Tl. Zucker enthalten, so entfernt man etwa 60 Proz.
des Wassergehaltes durch direkte Verdampfung bei unter 105° C vor dem Zusatz des
Zuckers. Die dann erhaltene Lösung verdampft man soweit, bis sirupartige Konsistenz
erzielt ist. Behufs Inversion des Zuckers wird die Masse mit 5—10 Proz. frischer, an
Invertase reicher Hefe versetzt. Je nach der Dauer der Behandlung ($^1/_2$ bis 24 St.) mit
solcher frischen Hefe kann man eine größere oder geringere Menge Invertzucker bilden
und dadurch die Menge des beim späteren Erhitzen unter Bräunung der Masse zerstör-
baren Invertzuckers auf ein Minimum verringern. Nach der Inversion des Zuckers wird
die Masse bis höchstens 108° C erhitzt, um das mit der frischen Hefe zugeführte Wasser
zu verdampfen und dem Produkt einen guten Geschmack zu geben. Statt des ursprünglich vorgesehenen Zusatzes von Zucker dürfte hier auch Rübensirup brauchbar sein.

Nach Prof. Dr. *H. C. Müller*, Halle (Deutsche Zucker-I. 1917, S. 766)
kann man ein schmackhaftes Rübenmus auf folgende Weise herstellen:

Im Dämpfkessel werden die Rüben bei hoher Temperatur gedämpft, weil die unangenehmen Geruchs- und Geschmacksstoffe bei 150° entweichen sollen. Eine Erhitzung
über 160° ist zu vermeiden, da dann das Mus bitter wird. Erst werden die gesäuberten
Rüben $^3/_4$ St. mit 4 Atm Dampf gedämpft, das Fruchtwasser wird abgelassen und 5 Minuten bei 6 Atm weitergedämpft. Der Druck wird dann schnell abgelassen, der Brei
über eine Passiermaschine geleitet, und im Kochkessel eingedickt. Zwecks Geschmacks-
aufbesserung werden Äpfel, Pflaumen oder 40 g Honigaroma auf 100 kg Rüben zugesetzt.
Das Rübenmus hat eine braune Farbe, die um so dunkler ist, je höher die Temperatur
beim Dämpfen war. Es enthält 63,36 Proz. Wasser, 2,07 Proz. Proteïn, 25,3 Proz. Gesamtzucker, 2,15 Proz. Rohfaser.

Dies Verfahren verdient hier deshalb Beachtung, weil nach ihm die unangenehmen Geruchs- und Geschmacksstoffe durch Hochdruckdämpfung
vermindert werden sollen.

Der Ernährungsphysiologe Geh. Med.-Rat *C. von Noorden*, Frankfurt,
hält die im Rübensirup vorhandenen eiweißbildenden Stoffe und Nährsalze,
die dem Reinzucker (Raffinade) fehlen, für unsere Ernährung als besonders
nützlich (Ernährungsfragen der Zukunft, Berlin 1918).

Von *Fr. Salomon*, Wiesbaden, wird der Zusatz von Kalk, Eisen und anderen Nährsalzen zum Rübensirup empfohlen, um ihn für ärztliche Zwecke
noch vorteilhafter anwenden zu können,

In der „Vegetarischen Warte" 9. 1. 1918, veröffentlicht *Luise Rehse*,
Hannover, verschiedene Vorschläge über die Verwendung von Rübensirup,
die sich gut bewährt haben.

1. **Aufstrich.** In erster Linie findet der Rübensaft als Brotaufstrich Verwendung,
aber auch bei der Zubereitung der Speisen leistet er gute Dienste.

2. **Kürbissuppe.** Zerschnittener Kürbis wird weich gekocht und durch ein Sieb
gerührt. Die Masse wird unter Zusatz von Milch oder Wasser aufgekocht, mit etwas Salz
und Zimt gewürzt und mit Rübensaft gesüßt.

3. **Buttermilchsuppe mit Heidelbeeren.** Man kocht die eingemachten oder rohen Heidelbeeren in Wasser, gibt einen Löffel voll in Buttermilch verquirltes Mehl hinzu und läßt unter Rühren aufkochen. Dann gießt man die übrige Buttermilch nach, läßt wieder heiß werden, ohne zu kochen und süßt mit Rübensaft. (Nahrhaft und wohlschmeckend.)

4. **Nudelsuppe.** Nudeln werden in Wasser weich gekocht, dazu weich gekochte Äpfel, ein wenig Salz und zum Süßen Rübensaft.

5. **Kürbistunke.** Roher geriebener Kürbis wird mit Zitronensaft oder Essig, zerschnittenen Zwiebeln sowie etwas Salz und Rübensaft gemengt. Die Tunke dient als Beigabe zu Pellkartoffeln.

6. **Braune Tunke.** Man bräunt Zwiebelschalen in ein wenig Butter, tut in Scheiben geschnittene Äpfel und kochendes Wasser hinzu und läßt beides gut weich werden. Dann bindet man die Soße mit etwas in Wasser verquirltem Mehl, gibt Salz und Zitronensaft hinzu und süßt mit Rübensaft.

7. **Rotkohl.** Ein fester Kohlkopf wird fein gehobelt und mit einigen zerschnittenen Äpfeln gar gekocht. Dazu kommt etwas Salz und Rübensaft. Zum Binden benutzt man eine rohe geriebene Kartoffel.

8. **Gefüllter Pfannkuchen.** Ein dünn gebackener Pfannkuchen (Eierkuchen) wird mit Rübensaft bestrichen und aufgerollt.

9. **Kürbissemmel.** Zu 1 Pfd. rohen, geriebenen Kürbis fügt man für 10 Pf. Hefe, 2 Eßlöffel Rübensaft, etwas Salz, Zimt und Anis und knetet soviel Mehl hinein, bis ein fester Semmelteig entsteht.

10. **Brauner Kuchen.** $1\frac{1}{4}$ Pfd. Rübensaft, $\frac{1}{4}$ l Magermilch, Buttermilch oder Wasser, etwas zerstoßener Kardamom, Aniskerne, Zimt und $\frac{1}{2}$ Teelöffel voll feine Gewürznelke, $1\frac{1}{2}$ Pfd. Weizenmehl oder halb Weizen- halb Roggenmehl, 2 Pakete Backpulver. — Rübensaft und Milch werden erhitzt, dann rührt man die andern Sachen hinein, zuletzt das Backpulver. Den Teig füllt man in eine Springform und bäckt den Kuchen bei Mittelhitze $1\frac{1}{2}$ St.

Auch kann man den Teig ausrollen, mit Formen ausstechen und kleine braune Kuchen darus backen.

Außerordentlich wohlschmeckend ist der Rübensirup in Verbindung mit sauren Milcherzeugnissen, wie Sauermilch, Buttermilch und Joghurt.

Als Honigersatz soll er vorteilhafte Verwendung in der Lebkuchenbäckerei finden können.

Auch einen wohlschmeckenden, erwärmenden, alkoholfreien Punsch soll man aus Rübensirup bereiten können, sowie ein alkoholfreies bierähnliches Getränk, unter Zusatz von Wasser, Zitronensaft, Natron und gegebenenfalls etwas Malzextrakt.

65. Die deutsche Kriegs-Rübensaft-Gesellschaft.

Zum Schluß möchte ich noch etwas auf die durch die Not des Krieges gegründete Kriegs-Rübensaftgesellschaft eingehen, weil deren Einrichtung dauernden Wert und diese vielleicht weiter als freie Vereinigung der deutschen Rübensirupfabrik bestehen bleiben wird. Sie könnte dann auf die Interessenvertretung, Verbesserung der Arbeitsweisen und Erzeugnisse einen ähnlichen günstigen Einfluß ausüben, wie der Verein der deutschen Zuckerindustrie auf die Herstellung des Rübenzuckers. Die K. R. G. sollte damals eine unbegrenzt steigende Verarbeitung von Zuckerrüben auf Rübensirup, zum Schaden der Zuckererzeugung verhindern und für eine gleichmäßige Verteilung des erzeugten Rübensirups sorgen.

Die Gründung erfolgte am 31. Januar 1916 von *Walter Boye*, Magdeburg, *F. Fudickar*, Rommerskirchen, und *R. Sonnenburg*, Finkenherd, als G. m. b. H. mit dem Sitz in Berlin und der Verkaufsnebenstelle in Köln a. Rh. Ihr konnten nur Erzeuger von Rübensirup (Rübenkraut, Möhrensaft) beitreten, die eine Jahreserzeugung von mindestens 5000 kg Rübensirup nachweisen konnten. Von den ersten 51 Gesellschaftern wurde ein Stammkapital von 46 500 M. gezeichnet.

Am 6. Juli 1916 verordnete der Reichskanzler, daß der Rübensirup nur noch mit Genehmigung der K. R. G. abgesetzt werden dürfte, und im Oktober wurde neben anderen Brotaufstrichmitteln (Marmelade, Mus, Kunsthonig) auch der Rübensirup rationiert.

Die Rübensiruphersteller waren verpflichtet, die Kaufsbedingungen über Rübenlieferung mit den Landwirten schriftlich niederzulegen. Kaufverträge mit Landwirten, die vertraglich verpflichtet sind, Zuckerrüben an Zuckerfabriken zu liefern, durften nur dann abgeschlossen werden, wenn diese Landwirte ausdrücklich eine schriftliche Erklärung abgaben, daß sie eine größere Anbaufläche, als vertraglich mit Zuckerfabriken vereinbart, mit Zuckerrüben bebauen würden. Alles um die Zuckererzeugung nicht auf Kosten der Rübensirupherstellung zu vermindern.

Von der K. R. G. wurden Richtpreise festgesetzt, die nicht überschritten werden durften. Für das Betriebsjahr 1918/19 hatte die Reichszuckerstelle bestimmt, daß keinesfalls mehr als

> 3,50 M für 50 kg Zuckerrüben ab Verladestation ohne Rückgabe von Preßrückständen,
>
> 3,30 M. für 50 kg Zuckerrüben ab Verladestation bei etwa 10 Proz. feuchten Preßrückständen

gezahlt werden dürfen.

Bei der Bedingung, 10 Proz. Preßlinge, also für 100 kg angelieferte reine Rüben 10 kg Preßlinge zurückzugeben, fehlt die Angabe über deren Wasser- bzw. Trockengehalt. Es ist doch ein Unterschied, ob ich 100 kg Preßlinge mit 35 Proz. Trockengehalt, also 35 kg nutzbaren Futterbestandteil bekomme, oder nachträglich gewässerte mit 86 Proz. Wasser, die dann nur 20 kg nutzbaren Futterbestandteil enthalten.

Wurden die Rüben mittelst Fuhrwerk frei Fabrik angeliefert, so durften die Rübensaftfabriken 1918/19 in keinem Falle mehr als 0,10 M. für 50 kg Fuhrlohnentschädigung zahlen.

Die Verarbeitung von Zuckerrüben, auch selbstangebauter, war an die Genehmigung der Reichszuckerstelle gebunden (R. G. Bl. S. 924 vom 18. Okt. 1917). Selbstangebaute und Kaufrüben mußten der K. R. G. auf vorgeschriebenen Formularen mitgeteilt werden. Wiederveräußerung der Rüben war ebenfalls nur mit Genehmigung der K. R. G. gestattet.

Der Preis des Rübensirups wurde festgesetzt für das

	Betriebsjahr	1916/17	1918/19	
Der Grundpreis beträgt für 50 kg ab Verladestation				
des Erzeugers, ohne Faß, netto Kasse	M.	25,50	32,—	
Beitrag zur Fracht-Ausgleichskasse	„		1,50	
Beitrag zur Preis-Ausgleichskasse	„		1,50	
Berechnungspreis des Erzeugers demnach für 50 kg				
Reingewicht	M.		35,00	ohne Faß.

	Im Jahre	1916/17	1918/19	betrug
der Großhandelspreis	M.	32,00	42,00	für 50 kg Reingewicht,
der Kleinverkaufspreis (Verbraucherpreis) .	„	0,80	1,12	„ 1 „
Krystallzucker kostete damals im Kleinhandel	„	0,64	1,08	„ 1 „

In obigem Großhandelspreis waren Rollgeld, Fastage- und Gewichtsverluste, sowie ein angemessener Gewinn für die Verteilungsstellen, Kommunalverbände und den Großhandel einbegriffen.

Die bundesstaatlichen bzw. provinziellen Verteilungsstellen waren Abnehmer der Ware; die Zahlung hatte unmittelbar nach Eingang des Duplikatfrachtbriefes zu erfolgen.

Um die Lieferung des Rübensirups an die Verteilungsstellen zu einem einheitlichen Preise zu ermöglichen, wurde ein Preis- und Frachtausgleich vorgenommen. Aus der Preisausgleichsstelle erhielten die kleineren und mittleren Betriebe, die erfahrungsgemäß ungünstiger arbeiten als die Großbetriebe, Zuschüsse nach Maßgabe besonders festgestellter Bestimmungen. Denjenigen Betrieben, die gegen die Absatzbestimmungen oder die für den Erwerb und die Verarbeitung von Zuckerrüben geltenden Bestimmungen verstießen, sowie solche, die mehr als 700 kg Zuckerrüben zur Herstellung von 100 kg Rübensirup verbrauchten, stand ein Anspruch auf Entschädigung nicht zu.

Die Hersteller waren verpflichtet, den Rübensirup restlos zur Verfügung der K. R. G. zu halten. Die Lieferung durfte nur gegen von der K. R. G. ausgestellten Bezugsscheine erfolgen. Vor Abnahme der ihnen zugewiesenen Mengen konnten von den Verteilungsstellen Proben von den Fabriken eingefordert werden. Entscheidungen über Beanstandungen fällte die K. R. G. unter Zuziehung von Sachverständigen.

Zur Deckung der Verwaltungskosten war eine Abgabe von 30 Pfg., sowie die Beiträge für die Fracht- und Preisausgleichkasse von je 1,50 M. für jede hergestellten 50 kg Rübensirup, insgesamt 3,30 Mk., die bis spätestens den 10. des der Lieferung folgenden Monats überwiesen werden mußten.

Bei Abgabe (Deputat) von Rübensirup an Angestellte, Arbeiter und Rübenlieferanten, sowie zu Wohltätigkeitszwecken (innerhalb des für diese Zwecke freigegebenen Deputats bis höchstens 1 Proz. der Jahreserzeugung) dürfte keinesfalls ein höherer als der Großhandelspreis berechnet werden. Im Jahre 1916 wurden für diesen Deputat-Sirup 80 Pfg. für 1 kg berechnet. Die in den Rübensirupfabriken anfallenden Preßrückstände mußten dem zuständigen Kommunalverband zur Verfügung gestellt werden, soweit sie nicht vertragsgemäß an die Rübenlieferanten zurückgegeben oder im eigenen landwirtschaftlichen Betriebe des Rübensirupherstellers verfüttert wurden. Im Betriebsjahre 1918/19 zum Preise von 2,35 Mk. für 50 kg ab Fabrik. Als angemessenes Verhältnis für die Rückgabe von getrockneten Preßrückständen an Stelle der üblichen Rückgabe von 10 Proz. Feuchtpreßlingen wurden maximal 4 Proz. der angelieferten Rübenmenge (reine Rüben) festgesetzt.

Die gewerbsmäßige Verarbeitung von Obst, Rhabarber u. dgl. unter Zusatz von Rüben oder Rübensirup zu „Brockenkraut“ oder anderen Aufstrichmitteln war grundsätzlich verboten, um Verschleierungen zu verhüten.

Gestattet war die Herstellung von Rübensirup für Rechnung der rübenbauenden Landwirte. Dieser mußte den Landwirten 1918/19 zum Preise von 3,50 Mk. für 1 Zentner Rübensirup zur Verfügung gestellt werden, wobei der Rübenpreis, wie vorher angegeben, ebenfalls 3,50 Mk. für 1 Zentner betrug.

Die Verteilung des Rübensirups erfolgte nach besonderen Verteilungsschlüsseln. Um unnötige Transportwege zu vermeiden, wurde er in den den betreffenden Fabriken umliegenden Bezirken verteilt. Dies hatte auch den Vorteil, ihn an solche Einwohner zu liefern, bei denen der Rübensirup schon beliebt und bekannt war.

Im Namen „Kriegs-Rübensaft-Gesellschaft“ müßte aus sprachlichen Gründen (S. 1) das Wort Rübensaft durch Rübensirup ersetzt werden.

Literaturverzeichnis.

Bartens, Dr. A., Blätter für Zuckerrübenbau. Berlin.

Bruckner, Dr. Bruno: Zucker und Zuckerrübe im Weltkrieg. Parey 1916, Berlin.

Buchka, Dr. K. von: Das Lebensmittelgewerbe, Bd. II., Akad. Verlag, 1916, Leipzig.

Bühler, F. A.: Filtern und Pressen. Spamer 1912, Leipzig.

Centralblatt für die Zuckerindustrie. Magdeburg.

Claassen, Dr. H.: Die Zuckerfabrikation mit besonderer Berücksichtigung des Betriebes. Magdeburg.

Deutsches Nahrungsmittelbuch. Verlag Carl Winter, Heidelberg.

Deutsche Zuckerindustrie (Zeitschrift). Berlin.

Frühling, Prof. Dr. R.: Anleitung zur Untersuchung der f. d. Zuckerindustrie in Betracht kommenden Rohmaterialien, Produkte, Nebenprodukte. Braunschweig.

Gebhardt, Paul: Die Produktionsbedingungen und wirtschaftlichen Verhältnisse der süddeutschen Zuckerindustrie. Inaugural-Dissertation 1914, Heidelberg.

Herzfeld, A.: Anweisung für einheitliche Betriebsuntersuchungen in Rohzuckerfabriken. Berlin 1910.

Kellner: Die Verfütterung der Zuckerfuttermittel. Parey 1909, Berlin.

Kiehl, A. F.: Ertragreicher Zuckerrübenbau. Parey, Berlin.

— — 60jährige Erlebnisse und Erfahrungen eines alten Rübenbauers. Parey 1918, Berlin.

Knauer, F. und *Dr. P. Holdefleiß*: Rübenbau für Landwirte und Zuckerfabrikanten. 1912. Berlin.

König, J.: Chemie der Nahrungs- und Genußmittel. Berlin.

König, J. und *E. Rump*: Chemie und Struktur der Pflanzen-Zellmembran. 1914, Berlin.

Lippmann, Dr. Edmund O. von: Die Chemie der Zuckerarten. Braunschweig.

Neumann, Dr. P. W.: Zucker und Zuckerwaren (Das Lebensmittelgewerbe, Bd. II, S. 99). 1916, Leipzig.

Steinitzer, Alfred: Die Bedeutung des Zuckers als Kraftstoff für Touristik, Sport und Militärdienst. Parey 1912, Berlin.

Stohmanns Handbuch der Zuckerfabrikation, neu bearbeitet von Dr. *A. Schander*. Berlin.

Stutzer, Zucker und Alkohol. Parey 1902, Berlin.

Wie füttert der Landwirt zweckmäßig Rübenblätter? Mitt. a. d. Gebiete d. Tierhaltung. Parey 1909, Berlin.

Windisch, Dr. Karl: Untersuchung von Most und Wein für Praktiker. 1904, Wiesbaden.

— — Tafel zur Ermittlung des Zuckergehaltes wässeriger Zuckerlösungen aus der Dichte bei 15° C. 1896, Berlin.

Zeitschrift für die Untersuchung der Nahrungs- und Genußmittel. Springer, Berlin.

Zeitschrift für Zuckerrübenbau. Schaper, Hannover.

Zeitschrift des Vereins der deutschen Zuckerindustrie. Berlin.

Fig. 57.
Teilweise auskrystallisierter Rübensirup.

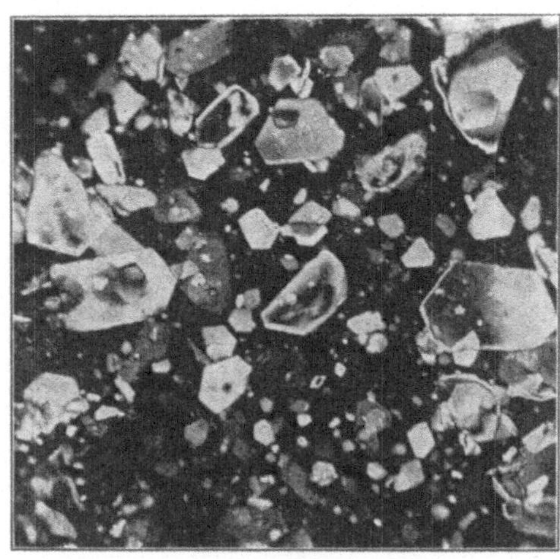

Fig. 58.
Krystallisierter Naturhonig.

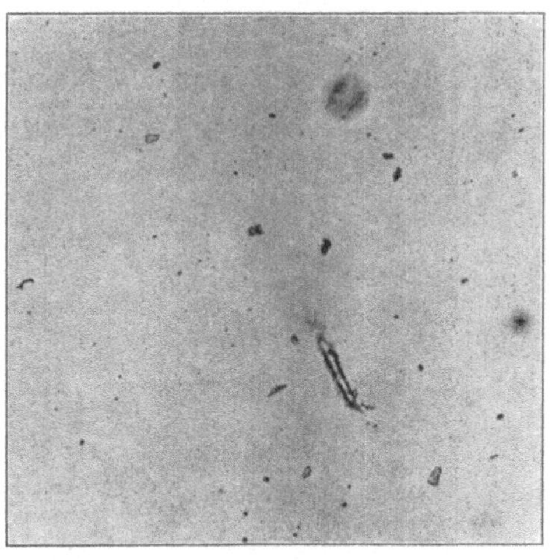

Fig. 59.
Krystallfreier Rübensirup mit Zellgewebeteilchen.

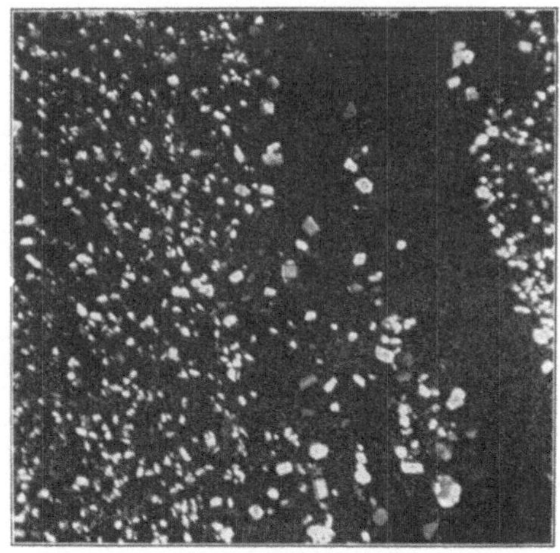

Fig. 72.
Auskrystallisierter Zucker-Speisesirup.

Verlag von Otto Spamer in Leipzig.

Sach- und Namenregister.

Rheinische Maschinen- und Apparatebau-Anstalt
Peter Dinckels & Sohn G. m. b. H. Mainz

SPEZIALITÄT:
Komplette Anlagen zur Herstellung von Rübensyrup

als **Rübenwäscher / Elevatoren / Diffuseure
Zerkleinerungsmühlen / Hydraul. Pressen
Raffinier- und Eindampf-Anlagen
Kondensatoren / Pumpen usw.**

EMIL PASSBURG

Maschinenfabrik
Versuchsstationen in
Berlin und Erfurt

Berlin NW 23,
Brücken-Allee Nr. 30

Vollständige Einrichtungen für Rübensirup-Fabriken

Dämpfkessel ⁄ Filterpressen
Offene Kochkessel

Vakuum-Eindampfapparate

mit außenliegendem, leicht zugänglichem
Umlauf-Heizkörper für stark schäumende
Rübensäfte, aus Kupfer, Aluminium, Stein-
zeug oder emalliertem Eisen.

Mehrkörper-Verdampf-Anlagen

mit geringstem Dampfverbrauch

Naßluftpumpen mit Einspritzkondensatoren,
Gegenstrom-Mischkondensatoren

mit barometrischem Fallrohr

Mulden- und Vakuum-Trockner

für Preßlinge und andere Zwecke

Dampfmaschinen

Einrichtungen für Kunsthonigfabriken

Sämtliche
Maschinen und Apparate zur Herstellung von
Rübensirup.

Verlag von Otto Spamer in Leipzig-Reudnitz

VERDAMPFEN UND VERKOCHEN
MIT BESONDERER
BERÜCKSICHTIGUNG DER ZUCKERFABRIKATION
VON
W. GREINER
Ingenieur in Braunschweig

Mit 28 Figuren im Text.   Geheftet M. 6.75, gebunden M. 10.—

Chemiker-Zeitung: In diesem Buche hat der Verfasser die Erfahrungen eines langen Lebens niedergelegt und für den der Belehrung Bedürftigen einen auf diesem schwierigen Gebiete besonders dankenswerten Leitfaden geschaffen; mit größter Klarheit bei äußerster Kürze werden die Grundlagen dargelegt, die bisherigen Arten ihrer erfolgreichen Anwendungen erörtert und die weiteren, für die Zukunft maßgebenden Entwicklungen besprochen. In jeder Hinsicht steht der Verfasser dabei auf dem Boden der Praxis, und dies verleiht seinem Werke ganz besonderen Wert; auch hinsichtlich des Druckes und der Ausstattung ist es allen Lobes würdig.

Zeitschrift des Vereins deutscher Ingenieure: Wie alles, was von Greiner stammt, ist auch dieses Buch in klarer und anregender Weise geschrieben, so daß es für das Studium ganz besonders empfohlen werden kann.

Wochenschrift des Zentralvereins für die Rübenzucker-Industrie Österreich-Ungarns: Und wenn der Verfasser nun sein vortreffliches Werk der Öffentlichkeit übergibt, indem er die Leser einladet, mit ihm einige Stündchen zu verplaudern, und annimmt, daß sie es nicht bereuen werden, so hat er recht darin. Das Buch bietet wirkliche Unterhaltung demjenigen, der sich für das Verdampfen und Verkochen in der Zuckerfabrik interessiert; Greiner hat es auf Grund seiner tiefen Fachkenntnis und reichen Erfahrung geschrieben, und es sollte in der Handbibliothek eines jeden Zuckertechnikers Platz finden.

Filtern und Pressen
zum Trennen von Flüssigkeiten
und festen Stoffen
Von
F. A. Bühler
Ingenieur

Mit 312 Figuren im Text.   Geheftet M. 8.75, gebunden M. 12.—

Zeitschrift des Verbandes deutscher Diplom-Ingenieure: Dieses Werk gibt eine durch viele sehr klare Zeichnungen erläuterte übersichtliche und erschöpfende Beschreibung der wichtigsten in der chemischen Großindustrie erprobten Filter und Pressen. Näher an dieser Stelle auf das vorzügliche Werk einzugehen, dürfte sich erübrigen, es möge genügen, es allen Interessenten aufs wärmste zu empfehlen, zumal da es das erste zusammenhängende Werk auf dem Gebiete der Filter und Pressen ist, das sich auch als Nachschlagewerk ganz besonders eignet.

Wochenschrift des Zentralvereins für die Rübenzucker-Industrie Österreich-Ungarns: Der Zuckertechniker, der ja mit Vorrichtungen zum Filtern und Pressen im Betriebe tagtäglich zu tun hat, wird an dem Werke Bühlers gewiß großes Interesse finden, um so mehr, als der Verfasser den Text durch Wiedergabe sehr sorgfältig durchgeführter Zeichnungen begleitet. Wer sich für die Filtration und ihre mechanische Seite interessiert, dem sei das vorliegende Buch aufs beste empfohlen.

Bis auf weiteres auf alle Werke 30 % Verlags-Teuerungszuschlag!

Chemisch-technologisches Rechnen

Von Prof. Dr. **Ferdinand Fischer**. 2. Auflage. Bearbeitet von **Fr. Hartner**, Fabrikdirektor
Geheftet M. 5.—, kartoniert M. 6.—

Chemische Industrie (Otto N. Witt): In bescheidenem Gewande tritt uns hier ein kleines Buch entgegen, dessen weite Verbreitung sehr zu wünschen wäre ... Es wäre mit großer Freude zu begrüßen, wenn vorgerücktere Studierende an Hand der zahlreichen und höchst mannigfaltigen in diesem Buche gegebenen Beispiele sich im chemisch-technischen Rechnen üben wollten; derartige Tätigkeit würde ihnen später bei ihrer Lebensarbeit sehr zustatten kommen. — Aber nicht nur als Leitfaden beim akademischen Unterricht, sondern auch in den Betrieben der chemischen Fabriken könnte das angezeigte Werkchen eine nützliche Verwendung finden, denn in der großen Mannigfaltigkeit der gegebenen Übungsbeispiele enthält es auch viele, welche sich direkt dazu eignen, vorkommendenfalls unter passender Modifikation als Handhabe für den Angriff eines gerade sich darbietenden Problems benutzt zu werden. Auch enthält das kleine Buch, allerdings zerstreut in den gegebenen Aufgaben, eine ganze Reihe von grundlegenden Daten, die man, wenn man sich in das Werkchen hineinarbeitet, jederzeit leicht wird aufschlagen und benutzen können.

Prof. Dr. H. Bucherer (in einem Brief an den Verlag): Ich habe mir das Büchlein inzwischen genauer angesehen und finde es ganz ausgezeichnet. Es wäre sehr zu wünschen, daß jeder Studierende der Chemie es einmal gründlich durcharbeitet. Er würde dauernden Nutzen davon haben. Ich freue mich, dies feststellen zu können.

Elektrochemische Zeitschrift: Das Werk kann in jeder Beziehung empfohlen werden, um so mehr, da es auch die bei der Lektüre ausländischer Zeitschriften usw. notwendigen Angaben für englische und amerikanische Maß- und Gewichtsverhältnisse enthält.

Kaufmännisch-chemisches Rechnen

Leichtfaßliche Anleitung zur Erlernung der chemisch-industriellen Berechnungen für Kaufleute, Ingenieure, Techniker, Chemotechniker usw. Mit Tabellen und Bücherschau. Zum Selbstunterricht und zum Gebrauch an Handelsschulen. Von Dr. phil. nat. **Gottfried Fenner**, Chefchemiker des Zentrallaboratoriums der Firma Beer, Sondheimer & Co., Frankfurt a. M. Geheftet M. 3.50, kartoniert M. 4.50

Inhalt:

I. Unmittelbare Anwendung bürgerlicher Rechnungsarten:
1. Der Dreisatz als allgemeine Ansatzform. — 2. Gewinn- und Verlustrechnung. — 3. Prozente im nassen und trockenen Material. — 4. Prozente im geglühten und im ungeglühten Material. — 5. Weiteres über Prozente im nassen und im trockenen Material. — 6. Der Prozentrechnung ähnliche Rechnungsarten. — 7. Mischungsrechnung. — 8. Über Genauigkeit von Zahlenangaben. — 9. Durchschnittswerte mehrerer Analysen.

II. Die chemischen Rechnungen und Bezeichnungen:
1. Symbole und Atomgewichte. — 2. Molekulargewicht. — 3. Verbindungen von Melekeln. — 4. Chemische Gleichungen — 5. Empirische Faktoren. — 6. Wertigkeit. — 7. Säuren, Basen, Salze. — 8. Ältere Benennungen von Säuren, Basen und Salzen. — 9. Ionen und Berechnung bei Totalanalysen. — 10. Berechnung für ein in mehreren Verbindungsformen in einer Substanz vorhandenes Element. — 11. Berechnung bei Ersatz von Chemikalien durch andere. — 12. Benennungen der Chemikalien. — Besondere Bezeichnungen und Abkürzungen.

III. Maß-, Gewichts- und andere Einheiten:
1. Metrische Maße und Gewichte. — 2. Ältere deutsche Maße und Gewichte. — 3. Englische Maße und Gewichte. — 4. Berechnungen mit Anwendung der Maß- und Gewichtssysteme. — 5. Spezifische Gewichte und Raumgewichte. — 6. Härtegrade des Wassers. — 7. Thermometergrade. — 8. Calorien. — 9. Brennmaterialien und Heizwerte. — 9a. Elektrische Einheiten.

IV. Tafeln und Winke zu deren Benutzung:
1. Über Löslichkeitstafeln. — 2. Über Benutzung von Tafeln spez. Gewichte. — 3. Atomgewichtstafeln. — 4. Die wichtigsten Säurereste. — 5. Spez. Gewichte und Raumgewichte fester Körper (Tafeln). — 6. Spez. Gewichte von Flüssigkeiten (Tafeln). — Bücherschau.

Zeitschr. f. angew. Chemie: ... hat es Verfasser ausgezeichnet verstanden, chemische Theorie zu meiden und trotzdem die chemischen Rechnungen allgemeinverständlich darzulegen ... Das sehr brauchbare Buch, dem man recht weite Verbreitung, auch in Chemikerkreisen, wünschen kann ...

Bis auf weiteres auf alle Werke 30% Verlags-Teuerungszuschlag!

CHEMISCHE TECHNOLOGIE

IN EINZELDARSTELLUNGEN

HERAUSGEBER: PROF. DR. FERDINAND FISCHER †

Bisher erschienen folgende Bände:

Allgemeine chemische Technologie:

Kolloidchemie. Von Prof. Richard Zsigmondy, Göttingen. Zweite Auflage. Mit 5 Tafeln und 54 Figuren im Text. Geheftet 26 M., gebunden 31 M.

Sicherheitseinrichtungen in chemischen Betrieben. Von Geh. Reg.-Rat Prof. Dr.-Ing. Konrad Hartmann, Berlin. Mit 254 Abbildungen. Geheftet 15.50 M., gebunden 19 M.

Zerkleinerungsvorrichtungen und Mahlanlagen. Von Ing. Carl Naske, Berlin. Zweite Auflage. Mit 316 Abbildungen. Geheftet 17 M., gebunden 22 M.

Mischen, Rühren, Kneten. Von Geh. Reg.-Rat Prof. Dr.-Ing. H. Fischer, Hannover. Mit 122 Abbildungen. Geheftet 5.75 M., gebunden 9 M.

Sulfurieren, Alkalischmelze der Sulfosäuren, Esterifizieren. Von Geh. Reg.-Rat Prof. Dr. Wichelhaus, Berlin. Mit 32 Abbildungen und 1 Tafel. Geheftet 7.50 M., gebunden 10.75 M.

Verdampfen und Verkochen. Mit besonderer Berücksichtigung der Zuckerfabrikation. Von Ing. W. Greiner, Braunschweig. Geheftet 6.75 M., gebunden 10 M.

Filtern und Pressen zum Trennen von Flüssigkeiten und festen Stoffen. Von Ingenieur F. A. Bühler. Mit 312 Abbildungen. Geheftet 8.75 M., gebunden 12 M.

Die Materialbewegung in chemisch-technischen Betrieben. Von Dipl.-Ing. C. Michenfelder. Mit 261 Abbildungen. Geheftet 13 M., gebunden 17 M.

Heizungs- und Lüftungsanlagen in Fabriken. Von Obering. V. Hüttig, Professor an der Technischen Hochschule, Dresden. Mit 157 Abbildungen. Geheftet 19 M., gebunden 23 M.

Reduktion und Hydrierung organischer Verbindungen. Von Dr. Rudolf Bauer (†), München. Zum Druck fertiggestellt von Prof. Dr. H. Wieland, München. Mit 4 Abbildungen. Geheftet 20 M., gebunden 25 M.

Ausführliche Einzelprospekte versendet der Verlag kostenlos!

Bis auf weiteres auf alle Werke 30% Verlags-Teuerungszuschlag!

CHEMISCHE TECHNOLOGIE
IN EINZELDARSTELLUNGEN
HERAUSGEBER: PROF. DR. FERDINAND FISCHER †

Bisher erschienen folgende Bände:

Spezielle chemische Technologie:

Kraftgas, seine Herstellung und Beurteilung. Von Prof. Dr. Ferd. Fischer, Göttingen-Homburg. (Vergriffen! Neue Auflage in Vorbereitung.)

Das Acetylen, seine Eigenschaften, seine Herstellung und Verwendung. Von Prof. Dr. J. H. Vogel, Berlin. Mit 137 Abbildungen. Geheftet 15 M., gebunden 18.50 M.

Die Schwelteere, ihre Gewinnung und Verarbeitung. Von Direktor Dr. W. Scheithauer, Waldau. Mit 70 Abbildungen. Geheftet 8.75 M., gebunden 12 M.

Die Schwefelfarbstoffe, ihre Herstellung und Verwendung. Von Dr. Otto Lange, München. Mit 26 Abbildungen. Geheftet 22 M., gebunden 26 M.

Zink und Cadmium und ihre Gewinnung aus Erzen und Nebenprodukten. Von R. G. Max Liebig, Hüttendirektor a. D. Mit 205 Abbildungen. Geheftet 30 M., gebunden 34 M.

Das Wasser, seine Gewinnung, Verwendung und Beseitigung. Von Prof. Dr. Ferd. Fischer, Göttingen-Homburg. Mit 111 Abbildungen. Geheftet 15 M., gebunden 18.50 M.

Chemische Technologie des Leuchtgases. Von Dipl.-Ing. Dr. Karl Th. Volkmann. Mit 83 Abbildungen. Geheftet 10 M., gebunden 13.50 M.

Die Industrie der Ammoniak- und Cyanverbindungen. Von Dr. F. Muhlert, Göttingen. Mit 54 Abbildungen. Geheftet 12 M., gebunden 15.50 M.

Die physikalischen und chemischen Grundlagen des Eisenhüttenwesens. Von Prof. Walther Mathesius, Berlin. Mit 39 Abbildungen und 106 Diagrammen Geheftet 26 M., gebunden 30 M.

Die Kalirohsalze, ihre Gewinnung und Verarbeitung. Von Dr. W. Michels und C. Przibylla, Vienenburg. Mit 149 Abbildungen und einer Übersichtskarte Geheftet 23 M., gebunden 27 M.

Die Mineralfarben und die durch Mineralstoffe erzeugten Färbungen. Von Prof. Dr. Friedr. Rose, Straßburg. Geheftet 20 M., gebunden 24 M.

Die neueren synthetischen Verfahren der Fettindustrie. Von Privatdozent Dr. J. Klimont, Wien. Mit 19 Abbildungen. Geheftet 6 M., gebunden 9.50 M.

Chemische Technologie der Legierungen. Von Dr. P. Reinglaß. I. Teil: Die Legierungen mit Ausnahme der Eisen-Kohlenstofflegierungen. Mit zahlr. Tabellen und 212 Figuren im Text und mit 24 Tafeln. Geheftet 38 M., gebunden 44 M.

Ausführliche Einzelprospekte versendet der Verlag kostenlos!

Bis auf weiteres auf alle Werke 30% Verlags-Teuerungszuschlag!